福田区宣传文化体育事业发展专项资金
Special Funds to Promote Publicity, Cultural
and Sports Development of Futian District

深圳市中心区城市规划史

The Urban Planning History of Shenzhen Central District

陈一新 著

福田区宣传文化体育事业发展专项资金

东南大学出版社·南京

作者简介

    陈一新，博士，1962 年生于江苏省常州市，深圳市规划和自然资源局原副总规划师、一级调研员。国家一级注册建筑师，高级建筑师。1984 年、1987 年先后获同济大学建筑学学士、硕士学位。2001 年获得法国总统奖学金赴法国短期进修。2013 年获东南大学建筑学博士学位。历任上海交通大学土木建筑系教师、深圳大学建筑系教师、深圳市城市规划设计院副院长、深圳市规划国土局市中心区开发建设办公室负责人。

    已经出版个人专著《中央商务区（CBD）城市规划设计与实践》《规划探索：深圳市中心区城市规划实施历程（1980—2010 年）》《深圳福田中心区（CBD）城市规划建设三十年历史研究（1980—2010）》《深圳城市规划简史》，合著《深圳福田中心区（CBD）规划评估》。

序

中国改革开放 40 多年来，深圳经济的腾飞给城市规划实践提供了前所未有的舞台，造就了这座速成城市在规划史上的黄金时代，深圳市中心区就是这个时代产生的典型范例和重要成果。

深圳在中国城市规划建设史上虽然"年轻"，但它是中国城市化、工业化、现代化速度最快的一座城市。深圳的发展不仅构成了一个快速城市化时代，而且已成为中国当代城市规划史上的一个研究典范。深圳市中心区 40 多年前在一片农田上超前规划选址，在逐步实现空间规划的同时取得显著经济成效，成为城市规划实践中最有研究价值的实例之一，因此，记载深圳市中心区城市规划史，总结其经验教训，有助于我们提高规划设计水平及规划实施能力。全国都在期待获悉深圳城市规划的建设经验和成功密码。

深圳市中心区位于深圳原特区的地理中心，具有交通区位优势，区内道路交通四通八达，借助轨道交通线网能便捷连接深圳机场、火车站、口岸、港口等重要地区，特别是京广深港高铁福田站可直达香港，有利于深港合作发展。《深圳市经济特区城市发展纲要（讨论稿）》中深圳市中心区最早选址于莲花山脚下，1987 年首次开展的城市设计也是国内最早的城市设计之一。深圳市中心区 1992 年确定详细规划后即开始市政道路建设。我是 1992 年到深圳负责东南大学建筑设计院深圳分院工作的，可以说，我也是深圳市中心区规划实施的见证者之一。近十几年，随着中心区金融总部办公建筑群的建成运营，深圳市中心区的经济总量和税收直线上升，经济效益目前位居全国第一梯队。

深圳城市设计相对比较成功，原因在于其先进性和实践性较其他城市先行一步。深圳市中心区自首次城市设计开始，就站在规划学科和市场经济的前沿，面对不断出现的新问题，探索新方法，反映出管理者和设计师较妥善处理开发商、政府、市民三者之间关系的成效，将规划刚性管控和市场弹性需求较好结合，把城市设计较好地传递到建筑单体设计等方面。深圳市中心区在城市设计方面做过许多积极有益的探索。

深圳城市发展经历了波澜壮阔的历史变迁。深圳前 40 年从农村变为城市，已基本完成空间城市化和产业城市化过程，并成功蝶变为国际化超大城市。尽管每个城市的区域位置不同、历史文化不同、所处发展阶段不同，深圳城市规划经验未必可复制，但值得借鉴参考。

深圳市中心区不仅与深圳特区同龄，其规划建设历程亦是深圳奇迹的缩影。深圳市中心区作为深圳城市规划史上的一个相对独立规划、完整实施城市设计的片区，经过 40 多年规划建设，现已形成行政、文化、金融商务、交通枢纽于一体的城市中心。我在《本原设计》中倡导的"健康、高效、人文"理念也适合深圳市中心区建设运营目标，中心区已基本具备健康、高效特征，未来需添加人文特色，营造城市活力。如果说中心区在规划实践上较超前的话，那么它在理论研究上需奋起直追。

陈一新作为深圳市中心区规划建设的亲历者之一，用自己长期收集积累的资料和照片，通过查阅大量文献资料，写成以 1980—2020 年为时间轴的编年体著作，全面系统地记载了深圳市中心区 40 多年的规划起源、土地储备、详细规划、城市设计、规划实施等整个发展历程，为今后业界深入研究深圳市中心区城市规划与城市设计提供了可靠翔实的历史资料。这部《深圳市中心区城市规划史》具有史料价值。

　　希望未来有更多的学者研究深圳城市规划历史，逐步反思总结和哲学提升，以形成城市规划界的"深圳学派"。

中国工程院院士
深圳市建筑设计研究总院有限公司首席总建筑师

凡　例

一、本书称"原特区"指 1980—2010 年 7 月期间深圳经济特区土地面积 327.5 km²，是临深圳河北岸，东西向长 49 km，南北向平均宽 7 km 带形范围，此范围以外称"特区外"。深圳经济特区范围从 2010 年 8 月起扩大到全市域 1 997 km²，此后，深圳不再区分"特区内"和"特区外"。

二、福田区成立于 1990 年，曾用名：皇岗区（规划成果曾使用，未见行政区命名）、上步区、福田新市区（规划成果曾使用，未见行政区命名）。

三、"福田中心区"名称及用地范围沿革

（1）1980—1988 年称"福田新市区"（包含福田中心区），东起福田河 800 m 绿化带与上步城区相接，西至小沙河，北倚笔架山，南抵深圳河、深圳湾。用地面积 44 km²。

（2）1986 年称"福田中心区"，以东是福田与上步两个区之间的 800 m 绿化分隔带，以南是鱼塘，以西是高尔夫球场，邻近香蜜湖度假村，以北是莲花山风景区。用地面积 5.4 km²。

（3）1992 年规划定位为"深圳 CBD"，以彩田路、新洲路、红荔路、滨河路这 4 条路为边界。总用地面积 4.1 km²。

（4）1995 年"福田中心区"更名为"深圳市中心区"。

（5）1998 年莲花山划入深圳市中心区范围，深圳市中心区面积扩大至 6.2 km²。

鉴于深圳城市是多中心组团结构，特别是《深圳市城市总体规划（2010—2020）》提出深圳城市双中心，即罗湖、福田中心合称为一个市中心，将前海地区称为第二个市中心。为方便定位，将深圳市中心加上"福田"区名。本书称"福田中心区"是深圳市级中心，简称"中心区"。

四、"深圳市规划国土局"单位名称沿革

本书称"市规划部门"指深圳市规划国土局，是市政府负责城市规划管理的主管部门。40 多年来，由于几次政府机构改革，该单位名称也几经变更。以下名称沿革，仅供阅读参考。

1979 年 3 月—1980 年 10 月，深圳市城市建设局

1980 年 10 月—1981 年 6 月，深圳市城市规划设计管理局

1981 年 6 月—1989 年 1 月，深圳市城市规划局

1988 年 1 月—1989 年 1 月，深圳市国土局

1989 年 1 月—1992 年 3 月，深圳市建设局

1992 年 3 月—2001 年 11 月，深圳市规划国土局

2001 年 11 月—2004 年 5 月，深圳市规划与国土资源局

2004 年 6 月—2009 年 7 月，深圳市规划局、深圳市国土资源和房产管理局

2009 年 7 月—2019 年 1 月，深圳市规划和国土资源委员会（简称"市规土委"）

2019年1月至今，深圳市规划和自然资源局（简称"市规资局"）

五、"中心办"指"深圳市中心区开发建设办公室"，1996—2004年间是深圳市规划国土局的内设部门，专门负责福田中心区开发建设的法定图则、地政管理、设计管理与报建、环境质量的验收，以及对区内整体环境、物业管理实行监督，组织实施和落实中心区的城市设计。"中心办"成立于1996年6月，2004年6月撤销，有效运行9个年头。

六、本书称"市规划委员会"指"深圳市城市规划委员会"，下设3个专业委员会分别为"发展策略委""法定图则委""建筑与环境艺术委员会"（又简称"建环委"）。

七、福田中心区总人口统计范围包括以下三部分：①福新、福中、福安社区的全部人口，②福山社区下辖辛诚花园、港丽豪园小区人口，③岗厦社区福田路以西人口。

八、本书称"中规院"指中国城市规划设计研究院；本书称"深规院"指深圳城市规划设计研究院；本书称"市政院"指深圳市市政设计研究院；本书称"发展中心"指深圳市规划国土发展研究中心。

九、高铁福田站，又名"广深港客运专线福田站或福田综合交通枢纽站"。

十、本书称"中轴线"分3段，包括7个地块：北中轴有33-7号、33-8号2个地块，"北中轴"曾用名"中轴线一期"；市民广场有市民广场33-2号、水晶岛33-3号、南广场33-4号3个地块，"市民广场"曾用名"中心广场""人民广场"；南中轴有33-6号、19号2个地块。市民广场和南中轴合称"城市客厅"。

十一、"市民中心"建筑曾用名"市政厅"（1995—1997年）、"市民广场"（1998年6月），1998年7月定名"市民中心"。

十二、本书称"两馆"是"深圳市当代艺术与城市规划馆"的简称。

十三、本书收集资料及统计数据截止时间为2020年12月底，少量图片截止时间延至2023年。

前　言

深圳用 40 年（1980—2020 年）时间创造了世界城市发展史上的奇迹，将一个县城规划建设成国际化大都市，市中心区是深圳奇迹的缩影。世界上只有很少几个城市"从无到有，从小到大"的规划建设历史可以让一代人亲历和见证，深圳就是其中一个。我作为深圳市中心区规划实施的参与者之一，撰写中心区城市规划史，是见证者书写当代史，它既体现一种历史使命，也是城市文化的一部分。

一、深圳奇迹具备"天时、地利、人和"

中国自古信奉"天地人"，"天时、地利、人和"成就了深圳。1980 年深圳建立特区，要兴办出口加工区，改善百姓生活质量，是为"天时"；深圳地理位置不仅毗邻香港，而且鸦片战争之前，深港两地均属新安县，人文民俗相通，利于深圳通过香港引进资金、人才、技术和管理经验，是为"地利"；深圳历届领导高瞻远瞩、实干兴邦，构建了社会主义市场经济体制环境，吸引了千万移民来深圳扎根创业，上下同心，谓之"人和"。

深圳城市规划是中国改革开放后在"一张白纸"上的精彩演绎。作为连接香港与内地的桥头堡，深圳在 1 997 km² 的土地上，经过 40 年（1980—2020 年）的规划建设，由一个县城迅速成长为超大城市，出现了工业化、城市化、信息化、国际化的快速蝶变，实现了社会经济的历史性跨越，创造了世界城市规划史上的奇迹。

二、深圳城市规划探索成功

深圳奇迹体现在社会、经济、文化等各方面，规划设计的物质空间属于"器物"层面的"石头史书"，规划建设的城市空间对制度层面的社会、经济、文化发展都起着重要作用。"城市不仅是居住、工作、购物的地方，更是储存文化、流传文化、创造文化的容器。"（刘易斯·芒福德）深圳城市卓有远见的规划和"组团式城市结构"构筑了富有弹性的城市"容器"，适应了深圳不同阶段的发展需要。从逻辑上讲，只有当这个"容器"规划建设好了，"容器"里产生的内容（社会、经济、文化）才可能健康发展壮大。城市"容器"只有超前规划并具有弹性容量，才能容纳不可预见的奇迹。所以，深圳奇迹证明了城市规划对社会经济发展的引领作用，也证实了规划科学是最大的推动力。如果说，深圳奇迹值得书写的话，那么，城市"容器"的规划建设史应首先记载。

深圳特区进行城市规划之前中国处于计划经济年代，也是中华人民共和国成立初期，国家工业化建设正处于高潮，迫切需要加强规划设计工作。1954 年，建工部城市建设总局城市设计院成立，学习借鉴苏联城市规划标准及编制程序进行我国八大重点城市规划建设（李浩《八大重点城市规划——新中国成立初期的城市规划历史研究（上卷）》）。1959 年又撤销了规划设计院，直到改革开放后才重新组建城市规划设计院，1981 年恢复规划院（宋启林 2014 年口述史），因此，1980 年，我们土生土长的规划师们也许在书本上学过一些城市规划理论，或在杂志上看过一些城市图片，大多没有出国看过现代化国际化城市，也没有实际规划设计建设的经验。可以说，深圳特区早期城市规划也是"摸着石头过河"。在深圳市城市规划委员会专家指导下，深圳早期城市规划基本没有走弯路，一直沿着正确道路前进，才使深圳抓住了历次转型发展机遇，实现了特区规划蓝图，创造了深圳奇迹。

深圳规划实施的 3 个核心要素是土地、资金、制度。深圳 1980 年代土地使用制度改革、较早统征统转土地、政府拥有国有土地资源是规划实施的前提，特别是深圳原特区（327.5 km²）内 1992 年前基本完成了土地征收，保证了原特区能够按照规划蓝图实施；深圳 1980 年代二次土地使用制度的改革，为特区建设取得了相当一部分自筹资金，且组团式开发保证有限资金在不同阶段集中投入，使规划实施展现阶段性成果；深圳城市规划委员会制度为深圳规划建设"保驾护航"，使深圳城市规划基本没走弯路。这是深圳城市的幸运。

三、深圳市中心区规划实施的关键

深圳 40 年奇迹是深圳市中心区规划建设的背景和前提。深圳市中心区位于深圳市"心脏"位置，1980 年规划选址于莲花山下，是深圳行政、文化、金融商务和交通枢纽中心。中心区规划设计是深圳 21 世纪迈向国际化城市的标志，在全国较早探索了新的城市中心兼具中央商务区（CBD）功能并成功建设，为许多城市 CBD 规划建设提供了借鉴参考。历经 40 年规划建设，深圳市中心区幸运地实现了城市空间规划和产业经济的双赢，并成为深圳城市设计最早实施的"城市名片"。深圳市中心区规划建设 40 年这段"独立成章"的城市规划史，凝聚了深圳市历届领导、国内外专家顾问、市规划国土局同仁们和设计师们的智慧和汗水，它是深圳城市规划史不可或缺的部分，具有重要的历史研究价值。

深圳市中心区规划实施离不开深圳社会健康成长和经济飞速发展的时代背景，它抓住了深圳二次创业开发的机遇，与市场需求基本同步建设。中心区得益于原特区内土地征收成功、城市规划超前弹性等政策制度和专家把关，以及 1996 年中心办务实的城市设计管控措施和城市仿真技术手段。市中心区规划成功实施的关键如下：

（1）地理及交通优势。鉴于深圳特区带状组团结构，1980 年代从罗湖和蛇口东西两端开始呈"哑铃式"建设，1990 年代深圳开发重点从东西两端向中间的深圳市中心区扩张，使中心区不仅具备了低成本开发的天然优势，而且中心区位于深南大道公交走廊上，使其具有交通便捷优势，还避免了新区建设难聚人气的劣势，这是深圳市中心区成功开发的首要条件。

（2）及时征地，预留储备土地才能实现中心区规划。1980 年选址定位中心区超前准确。1981 年，尽管深圳市政府与港商签订了福田新市区 30 km² 土地合作开发合同，但港商编制的福田新市区辐射式同心圆路网规划方案几次未通过市规划委员会的会议审议。因为有专家们鼎力把关，所以 1986 年政府成功收回福田新市区 30 km² 土地，成为历史转折点。1988 年率先统一征收（简称"统征"）福田新市区土地，1992 年完成深圳原特区内集体土地征转为国有土地，这是中心区规划实施的必要条件。此后中心区通过大规模拆除违章建筑和法定图则储备"发展用地"的方法预留了十几块商务办公用地。直至 2004 年，迎来了深圳金融创新升级为主导产业的好时机，这些"发展用地"全部用于金融办公总部建设，使中心区真正实现了 CBD 规划定位。

（3）规划建设高起点。深圳 1993 年以后不再需要中央财政补贴，中心区现场从原貌动土建设也恰好是 1993 年。市政府有较充裕的资金投入中心区市政道路和公建设施，这大概也是 1993 年能按中心区开发规模高方案设计建设市政道路工程的原因之一。1996 年首次举行城市设计国际咨询、1998 年市民中心等六大重点工程同时奠基、1999 年首创建立中心区城市仿真系统，以及法定图则预留发展用地（培植树苗）等等，这些做法都说明中心区开发建设有较充裕的资金保证。

（4）规划实施机制新。中心办是深圳最早的"总师制"，保证了中心区城市设计成功实施。1996 年深圳市规划国土局创立深圳市中心区开发建设办公室（简称"中心办"），全程统筹管理市中心区 6 km² 范围内的土地出让、城市设计修改、建筑报建、规划验收，保证了中心区规划实施"一张蓝图干到底"。"中心办"管理机制，其实是深圳片区城市设计实施过程中最早实行的"总师制"，保证了中心区详细城市设计落地实施。周干峙院士曾评价深圳市中心区（2011 年访谈）："深圳市中心区的形成，规划功不可没。要决定一个好的规模，决定一个片区的结构，不是一个人，是一个实施过程。深圳有'中心办'这么一个结合好的团队，能够长期坚持下来，太不容易了。其他城市很难拿出一个漂漂亮亮的大规模的市中心，这是不容易做到的。"

四、亲历者著书，保存一手史料

我自 1996 年起在深圳市规划国土局负责"深圳市中心区开发建设办公室"工作 9 年，深度亲历并见证了深圳市中心区开发建设过程中从规划修编到落地实施的过程，也留下了许多工作笔记和历史资料。2008 年，我博士论文开题时就计划撰写此书，目的是梳理中心区规划设计大事记及建设演变过程，记录中心区"成长史"。直到 2020 年福田区档案馆借用我 1996—2004 年在中心办工作期间 10 本笔记本和连续拍摄的中心区 20 多张照片，用于福田建区 30 周年展览时，才让我下决心重新整理中心区历史资料出版此书。本书写作原则是文字图片有依据、有出处，为尊重历史，有的图中的字保留了繁体字，目标是图文并茂地展现中心区 40 年规划建设成长史。

五、本书的历史价值

深圳城市规划 40 年的前瞻性和有效性是本书写作的重点。深圳是中国当代城市典型的新城规划样本，深圳城市规划史将是中国乃至世界当代城市规划史的重要篇章。研究城市规划历史，必须包括规划实施，否则纯属"纸上谈兵"。深圳市中心区是深圳 40 年唯一按照规划蓝图已经全面成功建成的城市中心区，也是深圳奇迹的缩影。我在深圳工作居住 30 多年，作为深圳奇迹的见证者和中心区规划实施的参与者之一，用积累了 20 多年的资料撰写此书，深感荣幸与责任。深圳市中心区城市规划史实证了深圳速度、深圳质量和深圳奇迹，本书展现了深圳市中心区 40 年规划建设的"足迹"，希望本书成为可研究、可追溯、可借鉴的素材，为深圳规划研究提供史料。

陈一新

2023 年 3 月

目 录

1 绪 论

城市是文明进步的工具，而城市规划是完善文明的工具。

—— 英国 帕特里克·阿伯克龙比

1.1 中心区^①与深圳城市规划

1.1.1 深圳历次总规定位市中心区

从深圳总规起步至今一直将福田中心区定位为市中心，并非历史的巧合，而是深圳历届领导和规划师的高瞻远瞩所得出的最契合城市发展的决策定位。深圳总规顶层规划连续保证了福田中心区核心功能地位，这是中心区规划成功实施的前提。

（1）第一版总规。1980年《深圳市经济特区城市发展纲要（讨论稿）》定位福田中心区是以第三产业为主的金融、贸易、商业服务区。1981年《深圳市经济特区总体规划说明书》提出深圳特区的市中心在福田区，定位为以新市政中心为主体，包括工业、住宅、商业并配合居住、文化设施、科学研究的综合发展区。1982年《深圳市经济特区社会经济发展规划大纲》将福田中心区的定位提升为特区的商业、金融、行政中心。1986年《深圳经济特区总体规划》将福田区定位为未来新的行政、商业、金融、贸易、技术密集工业中心，相应配套建立生活、文化、服务设施。1988年完成的《深圳经济特区福田分区规划》在保持1986年总规对中心区定位不变的前提下对中心区的用地功能进行

了深化。

（2）第二版总规。1992年福田中心区详细规划定位中心区是深圳中央商务区（CBD），以金融、贸易、综合办公楼为发展方向，区内以高层建筑为主。1996年《深圳市城市总体规划（1996—2010）》继续肯定了将中心区定位为体现国际性城市功能的CBD，为实现区域性金融、贸易、信息中心及旅游胜地的目标提供高档次的设施与空间条件，其发展定位为深圳市中心区塑造了21世纪城市形象。

（3）第三版总规。2010年《深圳市城市总体规划（2010—2020）》提出城市双中心的功能定位，福田中心区和罗湖中心区共同承担市级行政、文化、商业、商务等综合服务职能，前海中心未来将成为第二个市中心，体现了对城市中心功能的进一步延伸和分工。2010年总规明确以福田中心区为金融产业发展的主中心，以罗湖、南山为副中心，培育平湖后台金融服务基地，形成全市金融产业"一主两副一基地"的总体布局结构，并再次定位福田中心区为深圳金融主中心。

（4）第四版总规。2021年《深圳市国土空间总体规划（2020—2035年）》定位福田区职能是全市行政、文化、金融商务、国际交往中心，现代服务业和文化创意产业集

---

① 1986年称"福田中心区"，1995年更名为"深圳市中心区"，本书简称为"中心区"。

聚区，深港科技创新合作的重要基地。将现有福田中心区的高端金融服务功能延伸至香蜜湖片区，打造以"福田中心区、河套深港科技创新特别合作区、香蜜湖新金融中心"为核心的中央商务区新引擎。以中央商务区慢行系统为核心，以笔架山、中心公园休闲运动廊和塘朗山、安托山、园博园、红树林湿地景观廊为生态廊道，塑造山水连通的绿色生态网络，打造中央活力圈和大湾区文化艺术地标集聚地。新版总规赋予福田区和福田中心区更重要使命，希望其成为粤港澳大湾区的中央活力区和文化艺术高地。

1.1.2　中心区是深圳特区二次创业重点

深圳特区因临近香港而设立，深圳城市组团开发的先后时机也与香港口岸的通关时间有关。特区开发之初最早选择东西两端罗湖、蛇口，是因为 1911 年广九铁路通车后，罗湖火车站一直是祖国南大门；蛇口客运码头 1981 年开通。同理，1980 年把特区未来新的市中心（福田中心区）选址在莲花山脚下，也因其与香港落马洲位置较近。因此，1980 年代至 1990 年代，深圳市政府重点规划建设了罗湖商业中心，市招商局开发建设了蛇口工业区。1992 年当罗湖中心"建满"后，就开始向外延展，往东有梧桐山阻隔，往西是上步工业区（华强北），因此华强北就从 1993 年开始由市场推动"退二进三"，原电子工业厂房改为商业和电子零配件市场，逐步由工业区转型为产城融合、配套齐全的综合功能区。与此同时，政府也推进福田中心区开发。按照第三版总规定位，深圳社会经济跨越了三个台阶：1980—1995 年，总规定位建设以外向型工业为主的综合经济特区，罗湖商业中心边建边规划更新，并铺垫了带状多中心组团结构框架；1996—2010 年，总规定位建设华南区域经济中心城市，向特区外扩展建设了

网状多中心组团结构，中心区按城市设计建成；2011—2020 年，总规定位建设全国经济中心城市，新增建设前海中心尚待形成。这三阶段目标基本实现了。

深圳城市结构从 1980 年代特区带状多中心组团结构到 1990 年代全市网状多中心组团结构，深圳市政府 40 年重点打造了 3 个市级城市中心：A. 深圳前 15 年（1980—1995 年）成功规划实施了罗湖上步组团，伴随着深圳特区总规、福田分区的编制而逐步开展了福田中心区概念规划、城市设计及控制性详规，并进行了土地征收、中心区市政道路施工等，为中心区全面开发做好了准备。B. 深圳后 15 年（1996—2010 年）成功规划实施了福田中心组团，重点开发建设福田中心区作为深圳二次创业的新中心，中心区不辱使命，成功实现了深圳市行政中心、文化中心、金融商务中心、交通枢纽中心的"四个中心"功能定位。C. 深圳近十几年重点建设前海湾组团中心——前海中心，为深港合作、粤港澳大湾区建设提供了更大的城市空间范围。

1.1.3　深圳城市设计在中心区最早实施

福田中心区是深圳城市设计最早落地实施的片区。中国较早的城市设计是 1992 年上海市政府为浦东陆家嘴 CBD 组织了一次高水平国际竞赛，邀请了 5 家团队，其中英国罗杰斯事务所与伦敦大学建筑学院、剑桥大学建筑系合作完成的方案，获得陆家嘴规划咨询一等奖[①]，但获胜方案未实施。1996 年深圳举行市中心区城市设计国际咨询，邀请了 4 个团队，其中美国李名仪 / 廷丘勒建筑师事务所（简称"李名仪事务所"）的方案获胜并实施，现在中心区中轴线公共空间效果是 1996 年城市设计及后续深化完善并落地实施的结果。因此，福田中心区不仅是深圳城市设计最早成功实施的片区，而且是全国城市设计最早实施的实例。

---

① 薛求理. 中国设计院：价值与挑战 [M]. 北京：中国建筑工业出版社，2022：209–212.

齐康院士评价福田中心区：深圳福田中心区和苏州工业园是改革开放以来城市设计实施得最好的新区。福田中心区规划蓝图在短时间内迅速建成并成功实现规划功能定位，成为深圳乃至中国城市设计最佳实践区之一。本书记载福田中心区城市规划 40 年历史，福田中心区从"零"起步，经过 40 年规划、30 年建设成功建成了深圳市行政文化中心、商务中心、交通枢纽中心。福田中心区不仅实现了规划功能定位，成为金融产业集聚效应高产区，而且成功进入全国 CBD 经济排名第一梯队。福田中心区实现了城市空间规划和金融产业经济双丰收的成果，现正跨入公共空间品质提升、城市文化建设的高级阶段。笔者写福田中心区城市规划历史，也叙述中心区规划故事。

1.2 中心区规划建设 40 年历程

深圳市位于珠江口东岸，东接惠州市，西与珠海市相望，北邻东莞市，南隔深圳河与香港接壤。深圳位于香港北侧，仅一河之隔。深圳全市土地面积 1 997 km²，从 1980 年到 2020 年，深圳常住人口从 33 万人增加到 1 756 万人（年均增加约 43 万人）；城市建成区面积从 3 km²扩大到 973 km²（增长约 323 倍，年均增加约 24 km²）；全市建筑总量从 109 万 m² 增加到 11.62 亿 m²（增长约 1 065 倍）；深圳经济总量从 2.7 亿元增长到 2.77 万亿元人民币（增长约 10 258 倍）。[①]改革开放 40 多年，深圳从一个农业县迅速发展为国际化大都市，深圳奇迹是福田中心区规划建设 40 年蝶变的大背景。

1.2.1 概况

（1）中心区位置、范围及原貌 福田中心区占地面积 607 hm²（包括莲花山公园 194 hm²），其中城市建设用地 413 hm²。中心区位于深圳原特区几何中心（图 1-1），是一块背山面水的风水宝地。中心区北枕莲花山，南望深圳湾和香港，距离香港新界的直线距离约 2 km。由彩田路、滨河大道、新洲路、莲花路 4 条城市

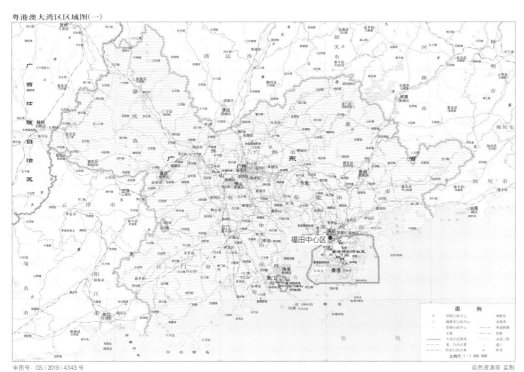

图 1-1　福田中心区在深圳市域图中位置
〔底图来源：http://bzdt.ch.mnr.gov.cn/〕

① 陈一新.深圳城市规划简史 [M].北京：中国社会科学出版社，2022：绪论 1.

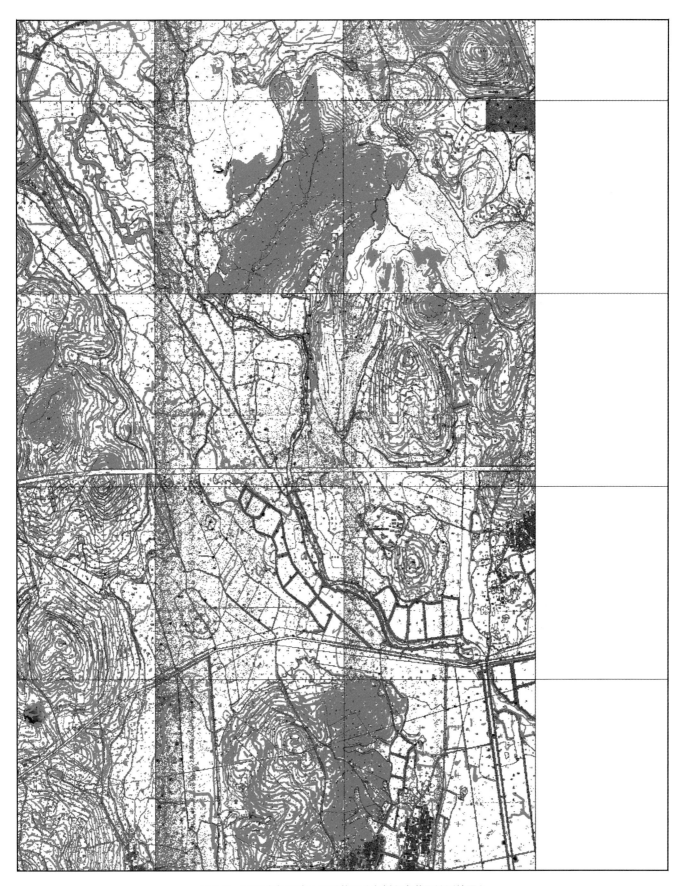

图 1-2　1980 年福田中心区现状图（东侧留白范围缺测绘图）
（来源：深圳市规划部门）

图 1-3 1987 年 4 月福田中心区航拍图
（来源：深圳市城市建设档案馆）

干道围合构成。1980年深圳总规选址新市中心时，中心区土地原貌（图1-2）仅有莲花山、农田、鱼塘及少量生产和生活民房。福田中心区规划几乎在"一张白纸"上与深圳特区规划同年"诞生"。1987年福田新市区土地统一征收前中心区航拍图见图1-3。

（2）中心区城市规划历史（表1-1）　中心区规划定位为深圳市级行政、文化、金融商务、交通枢纽中心，在4 km²建设用地上规划总建筑面积1 200万m²，整体毛容积率3。回顾福田中心区规划与实施40年历程，中心区从概念规划到详细规划；从城市设计的功能形态、交通规划、市政专项规划到地下空间与地上城市设计和交通综合修正规划；从城市规划到城市设计落实建筑单体建设。中心区城市设计从总体到局部，再从局部到单体的落地实施，快速提升了中心区城市设计水平。福田中心区

从1980年代规划深圳特区未来新市中心，到1990年代规划定位市级行政文化中心与CBD，又经过几次城市设计国际招标，引进了高水平的城市设计，再到2006年福田站选址中心区后逐步建成交通枢纽中心，与市中心CBD复合，反映了深圳城市规划设计与时俱进的过程。市中心区规划建设历程（表1-2）显示，深圳中心区40年规划设计、30年建设的历程，清晰反映出战略性预留储备土地、规划设计超前、政府公建引导、文化会展搭台、市场投资跟进、商务办公形成、金融总部建设、交通枢纽升级、功能逐步完善、空间品质提升等从无到有，从小到大逐步生长的过程。

（3）中心区建设历程　1990年成立福田区时中心区基本保持原貌（图1-4），1993年开始福田中心区现场道路建设，至1995年基本建成80%市政道路，同年中心区竣工建筑面

图1-4　1990年福田中心区航拍图
（来源：《深圳城市规划——纪念深圳经济特区成立十周年特辑》）

表 1-1 深圳市中心区城市规划历史简表

阶段	年份	主要规划	重点内容 确定内容	重点内容 已实施	被否定 / 未实施内容
第一阶段	1980 年	《深圳市经济特区城市发展纲要（讨论稿）》	中心区规划选址在莲花山下		
	1981 年	福田新市区最早规划设想	签订福田新市区 30 km² 土地合作开发合同		
	1982 年	规划福田新市区为行政金融中心			福田新市区 30 km² 放射型轨道路网规划
	1983 年	中轴线与深南路"十"字轴雏形			放射型轨道路网规划
	1984 年	中心区人车分流交通规划构思	中心区地下无断裂带 / "市民广场"萌芽		
	1985 年	提出福田新区机非分流制	准备开展中心区道路网规划		
	1986 年	中心区机非分流道路网规划			终止福田新市区 30 km² 土地合同
	1987 年	中心区首次城市设计			
第二阶段	1988 年	福田分区规划	方格路网将中心区划分为 20 个地块	福田新市区土地统征	
	1989 年	福田中心区详规征集方案	中轴线的建筑物层数不宜超过 3 层		道路机非分流（慢行交通自成体系）
	1990 年	专家审议中心区详规征集方案	确定中心区采用方格网道路格局		
	1991 年	优化综合 1989 年的征集方案	市规划委员会确定详规方案		
	1992 年	福田中心区详细规划	方格路网；中轴线及广场；功能布局	市政工程（高容量）规划设计	
	1993 年	福田中心区水利用可行性研究	福田中心区详细规划批复	地下按高方案施工，地上按中方案控制	集中供应水
	1994 年	福田中心区城市设计（南片区）	总建筑规模从高方案调整为中方案	市政道路工程施工建设	
	1995 年	筹备中轴线城市设计国际咨询	福田中心区更名为：深圳市中心区	完成80% 市政道路工程施工	
第三阶段	1996 年	中轴线城市设计国际评标	立体中轴线、购物公园和市民中心方案	成立市中心区开发建设办公室	两条南北向商业街及二层步道
	1997 年	地铁一期中心区站线方案比选	中心区交通详细规划	气球模拟市政厅大屋顶轮廓实验	
	1998 年	街坊 22、23-1 城市设计	确定六大重点设计方案、工程奠基	街坊 22、23-1 城市设计实施	行道树规划
	1999 年	地下规划咨询：十字地下街	李名仪事务所、罗兰 / 陶尔斯事务所市民广场景观方案	中心区城市仿真在世界建筑师大会上展示	李名仪事务所市民广场景观方案
	2000 年	批准中心区法定图则（第一版）	土地性质、市政配套、中轴线		中轴线两侧人工水系
	2001 年	深南路中心区段交通改造方案	中轴线城市设计实施筹备		雕塑规划
	2002 年	详细蓝图阶段成果	法定图则（第二版）审议	中心区城市设计 10 本丛书出版	
	2003 年	中心广场和南中轴景观方案招标	带动中心区规划实施	中心区六大重点工程完成土建	街道景观环境设计
	2004 年	市民广场（北）临时方案实施	签订广场和南中轴屋顶景观工程设计合同	六大重点工程陆续启用	中心办机构撤销
第四阶段	2005 年	储备地用于金融总部建设	中心广场及南中轴景观设计方案公示	中心广场水晶岛临时方案	
	2006 年		高铁福田站选址中心区	会展中心启用	高交会馆拆除
	2007 年	29-31-32 街坊二层步行规划	中心区新增 5 条轨道线		街坊步行规划成果
	2008 年	深交所片区城市设计竞赛	规划馆与艺术馆建筑方案招标	高铁福田站动工建设	
	2009 年	水晶岛方案国际竞赛评标	水晶岛"深圳之眼"二层高架圆环方案	中轴线成为双年展主场	
	2010 年	岗厦村更新规划通过审批	规划中心区轨道交通 8 条线	金融总部办公大规模建设	
	2011 年	法定图则（第三版）修编	公交枢纽总站建设		
	2012 年	水晶岛设计方案修改	水晶岛土地出让方式建议	北中轴二层步行平台接通莲花山	

年份	主要规划	重点内容		被否定/未实施内容
		确定内容	已实施	
2013年	"深圳之眼"二层高架环改地面环	法定图则（第三版）批准公示		中轴线二层连廊贯通备受关注
2014年	中心区及周边慢行系统规划	确定水晶岛规划设计原则	法定图则（第三版）公示意见备受关注	
2015年	中心区规划实施后首次评估		中心区经济规模全国第一	水晶岛"深圳之眼"方案
2016年	岗厦北交通枢纽站规划	空中连廊详规再启/平安金融中心封顶		
2017年	核心区地下空间规划研究	空中连廊详规公示		
2018年	中轴城市客厅及立体连接规划	法定图则（第三版）通过审议/福田枢纽站开通	空中连廊详规实施	
2019年	公共空间活力提升研究	空中连廊详规获奖/绿色出行升至76%		
2020年	街道空间品质提升工程设计	福田CBD经济居国内第一梯队	街道空间品质提升工程实施	南中轴未连通、未开放

（第五阶段 — 表格左侧第一列）

积 3.2 万 m²。1996 年成立中心办加快中心区开发建设并全过程管控中心区城市设计实施，但 1997 年亚洲金融危机对中心区土地出让造成了较大影响，市中心区抓紧"练内功"进行政府投资的六大重点工程设计建设，1998 年底六大重点工程同时奠基，增强了市场信心（图 1-5）。至 2004 年中心区竣工建筑面积达 421 万 m²（约占总建筑面积的 1/3），同年多家金融机构选址中心区建设办公总部，启动了中心区金融中心建设。2006 年京广深港高铁福田站选址中心区，中心区再次迎来发展机遇。2008 年全球金融危机爆发时，中心区商务办公楼已经建成 70%（图 1-6），受影响相对较小。2016 年平安金融中心建成，标志着中心区金融中心建设的高潮已基本完成。2018 年从高铁福田站通车直达香港西九龙。至 2020 年中心区竣工建筑面积达 1 243 万 m²（其中办公建筑面积 857 万 m²），即 1996—2020 年的 25 年间平均每年竣工建筑面积约 50 万 m²（图 1-7）。

（4）中心区规划已实施内容　A. 规划定位功能已实现，中心区已成为深圳市行政文化中心和金融商务中心；B. 中心区城市设计构架已实现（除南中轴线二层步行系统有待连通外）；C. 已实现深圳金融主中心功能定位；D. 轨道公交规划建设顺利，实现轨道公交+步行的绿色交通出行模式；E. 住宅及配套全部建成。

（5）建设成就　A. 中心区已成为中国当

图 1-5　1998 年从深南大道西侧看中心区
（来源：陈宗浩摄影）

表 1-2 深圳市中心区规划建设历程

阶段	1980—1987年	1988—1992年	1993—1995年	1996—1998年	1999—2000年	2001—2004年	2005—2008年	2009—2015年	2016—2020年
规划设计	总规选址 概念规划	详规征集方案比选 确定详规	城市设计（南区） 成果未采用	城市设计国际咨询、街坊城市设计；交通等专项规划深化、法定图则		街坊城市设计实施；雕塑规划、行道树规划未实施、莲花山公园规划；街道景观环境设计未实施	高铁福田站选址、两馆设计方案	水晶岛国际竞赛、成果未采用	暂不实施；空中连廊设计，成果采用；街道空间品质提升设计
政府投资		征收土地 预留用地	市政道路建设、形成路网；投资大厦、儿童医院、邮电枢纽大厦建成	六大重点工程规划选址；设计、开工奠基	六大工程建设	地铁一期建会展中心换乘站；六大工程建成使用；会展中心设计招标建设；中轴线启动建筑、景观工程设计；暂停	地铁二期工程设计建设；北中轴建设、接通莲花山	高铁福田站建设；两馆建成使用；中轴线二层步行连接	岗厦北枢纽规划建设；空中连廊工程建设；街道空间品质提升工程实施
市场投资	签订福田新市区30 km²土地合同 收回30 km²土地		中银花园建设 大中华建设；第一代商务办公楼	企业投资建设住宅	第二代商务办公楼	第三代商务办公楼；三个五星级酒店、首批商业项目建成；第四代商务楼；金融进驻投资		岗厦村更新方案确定、建成实施；第五代商务楼建设、金融总部办公建筑群建成	

图 1-6　1998—2014 年从莲花山顶广场看中心区变迁照片
（来源：陈宗浩摄影）

图 1-7　中心区 1996—2020 年变迁
（来源：马庆芳摄影）

代 CBD 规划建设的先行者和城市设计最早实践区之一，中心区除极个别未出让土地外，其余基本都已按规划蓝图建成（图 1-8）。市民中心及其周围的建筑群天际轮廓线已成为深圳城市名片（图 1-9、图 1-10）。中心区开创性的城市设计实践，反映了深圳二次创业时期的规划建设水平，并已成为深圳现代化国际性城市的形象代言片区。B. 中心区实现了城市空间规划与产业经济双赢，中心区40 年来从无到有，从小到大，不仅实现了总规定位的深圳市行政中心、文化中心、金融商务中心、交通枢纽中心于一体的城市规划功能，而且实现了金融主中心的产业功能定位，并在中国 2019—2020 年 CBD 商圈的经济规模排行榜中荣登全国 CBD 第一梯队，成为

中国 CBD 成功建设空间规划和经济产业的双赢典范。C. 中心区现已建成深圳唯一集行政中心、文化中心、金融商务中心和交通枢纽中心于一体的城市中心。中心区建设速度如此之快，并经历了两次经济危机的考验，在新冠疫情形势下，中心区 2020 年四季度办公空置率低于深圳全市平均数，在一定程度上说明中心区商务办公在市场中有竞争优势。未来，中心区凭借其地理和交通优势必将成为深港合作的最佳商务区，也将成为粤港澳大湾区的重要核心之一。

1.2.2　中心区 40 年蝶变图表

"中国的改革开放，使国家经历了翻天覆地的变化，这种变化强烈地表现在城市的天际线上。确实，中国城市建设速度和规模史无

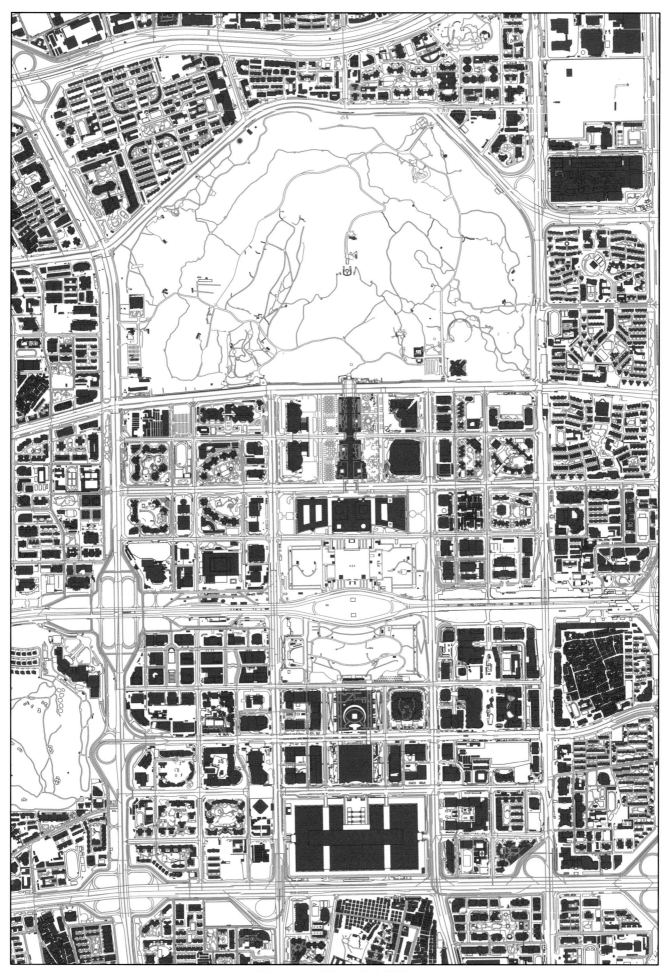

图 1-8　中心区 2021 年建成总图
（来源：深圳市规划部门）

图 1-9　2022 年 6 月深圳市民中心实景
（来源：邓肯摄影）

图 1-10　2022 年 5 月无人机从深圳市民中心上空西望深圳湾
（来源：邓肯摄影）

图 1-11　2022 年 6 月无人机从深南大道西侧拍摄中心区
（来源：邓肯摄影）

前例。"①深圳市中心区是典型代表之一（图 1-11）。图 1-12 至图 1-36 的照片是 1999—2023 年"中心区成长册"，笔者已连续 25 年，每年到莲花山顶广场②拍摄中心区面貌变化，积累了 25 张中心区实景系列照片，记录了中心区从无到有、从小到大的变迁历程，也实证了中心区在一片农田上奇迹般地建成国际化城市中心的蝶变过程。

以深圳市中心区规划建设的土地合同签订时间为序，列出中心区 40 年建设项目时间表（表 1-3），并对照图 1-37，说明中心区从第 1 个项目到第 130 个项目的建设顺序：从中心区规划进行建设的第 1 个项目——中银花园，1993 年 2 月签订土地出让合同，至 2018 年 4 月建设的第 130 个项目——莲花中学。截至 2022 年 8 月，中心区仍保留 5 个未出让地块，此乃中心区未来潜力用地，用以保证中心区可持续发展。

自 1980 年《深圳市经济特区城市发展纲要（讨论稿）》提出福田中心区规划选址，1981 年确定为深圳全特区的市中心，

1987 年首次城市设计，1992 年详细规划（以下简称"详规"）定性为行政文化中心、金融商务中心，1993 年开工建设市政道路，1998 年中心区六大重点工程奠基，2000 年法定图则（第一版）批准，至 2020 年已经全面建成并实现规划定位的行政中心、文化中心、金融商务中心、交通枢纽中心的城市功能，这组序列图表反映了中心区规划建设 40 年蝶变，清晰显示了中心区从农村景象到今天成为国际化超大城市的核心的神奇巨变，犹如人间"沧海桑田"。

1.2.3　中心区规划建设阶段划分

如何划分中心区规划建设阶段？关键在于视角。以下是从两种不同视角所做的阶段划分。

（1）以中心区规划建设归口管理的角度，可将中心区规划实施管理机构分为"中心办前""中心办""中心办后" 3 个阶段。

① 中心办前阶段（1980—1995 年）。中心区归深圳市规划国土局管理，局内未设中心区集中管理的专职部门。1991 年深圳市政府已经决定第二个十年的开发重点是福田中心区，

---

① 薛求理. 世界建筑在中国 [M]. 古丽茜特，译. 上海：东方出版中心，2010.
② 莲花山顶广场拍摄点与福田中心区地面的相对高差平均约 90 m。

从莲花山顶广场俯瞰中心区蝶变实景（1999—2023 年）

图 1-12　1999 年中心区实景
（来源：郭永明摄影）

图 1-13　2000 年中心区实景
（来源：郭永明摄影）

图 1-14　2001 年中心区实景
（来源：笔者摄）

图 1-15　2002 年中心区实景
（来源：笔者摄）

图 1-16　2003 年中心区实景
（来源：笔者摄）

图 1-17　2004 年中心区实景
（来源：笔者摄）

图 1-18　2005 年中心区实景
（来源：笔者摄）

图 1-19　2006 年中心区实景
（来源：笔者摄）

图 1-20　2007 年中心区实景
（来源：笔者摄）

图 1-21　2008 年中心区实景
（来源：笔者摄）

图 1-22 2009 年中心区实景
（来源：笔者摄）

图 1-23 2010 年中心区实景
（来源：笔者摄）

图 1-24 2011 年中心区实景
（来源：笔者摄）

图 1-25 2012 年中心区实景
（来源：笔者摄）

图 1-26 2013 年中心区实景
（来源：笔者摄）

图 1-27 　2014 年中心区实景
（来源：笔者摄）

图 1-28 　2015 年中心区实景
（来源：笔者摄）

图 1-29 　2016 年中心区实景
（来源：笔者摄）

图 1-30 　2017 年中心区实景
（来源：笔者摄）

图 1-31 　2018 年中心区实景
（来源：笔者摄）

图 1-32　2019 年中心区实景
（来源：笔者摄）

图 1-33　2020 年中心区实景
（来源：笔者摄）

图 1-34　2021 年中心区实景
（来源：笔者摄）

图 1-35　2022 年中心区实景
（来源：笔者摄）

图 1-36　2023 年中心区实景
（来源：笔者摄）

表 1-3 深圳市中心区各建设项目时间表

编号	宗地号	土地合同签订时间	规划许可时间	建设许可时间	规划验收时间	项目名称
1	B205-0002	1993-02-13	1994-06-09			中银花园
2	B119-0003	1993-05-17				金田新村
3	B119-0034	1993-06-23	1994-04-20			彩福大厦
4	B306-0006	1994-04-05	1993-07-18		2001-04-19	关山月美术馆
5	B203-0001	1994-11-11	2008-05-04	2010-04-09		儿童医院
6	B119-0032	1994-11-28	2014-05-05	2014-09-03	2015-07-13	兆邦基大厦
7	B119-0042	1995-02-13				福田福岗园
8	B116-0019	1995-06-16			2001-11-23	信息枢纽大厦
9	B305-0013	1996-01-31				民防应急中心
10	B204-0025	1997-01-06	1999-04-14	1999-09-28	2004-05-01	市民中心
11	B119-0114	1997-05-23	2013-02-20	2014-06-05	2016-07-21	中洲大厦
12	B306-0021	1997-05-26	1997-03-13	1997-07-14	1998-01-21	中国石化
13	B119-0079	1997-12-31	2000-10-18	2005-04-21	2007-11-30	时代财富大厦
14	B116-0052	1998-02-13	1998-02-27	1998-12-07	2000-11-02	中海华庭
15	B116-0051	1998-02-13	1998-02-27	1998-12-07	2000-11-02	中海华庭
16	B203-0006	1998-07-28	1999-02-04	2000-12-06	2000-12-18	黄埔雅苑
17	B203-0009	1998-07-28	1999-02-04	1999-08-16	2001-04-16	黄埔雅苑
18	B203-0011	1998-07-28	1999-02-04	2001-11-06	2004-01-14	黄埔雅苑
19	B203-0008	1998-07-28	1999-02-04	2001-06-26		黄埔雅苑
20	B203-0007	1998-07-28	1999-02-04	2002-05-22	2003-09-01	黄埔雅苑
21	B116-0046	1998-08-12	1998-06-29	2000-10-21	2005-07-01	丰立大厦
22	B116-0024	1998-09-28	1998-11-09	1999-05-07		城建购物公园
23	B116-0038	1998-09-28	2005-04-30	2005-06-24	2006-04-30	星河购物公园
24	B116-0059	1998-11-04				东山小区
25	B204-0006	1998-11-05	1998-09-04	1999-09-28	2004-12-20	少年宫
26	B204-0009	1998-11-09	1998-09-07	2000-04-25	2006-07-12	图书馆
27	B204-0008	1998-11-09	1998-09-07	2000-04-25	2007-05	音乐厅
28	B205-0005	1998-12-15	2002-03-14	2004-11-03		深圳海关
29	B203-0005	1998-12-26	1998-12-03	2001-02-16	2005-01-05	电视中心
30	B205-0007	1999-01-22	1999-12-03	2001-05-17	2004-03-29	天健小学
31	B205-0009	1999-01-22	1998-11-17	1999-08-25	2001-09-13	深业花园
32	B116-0023	1999-05-28	1995-01-25	1996-08-28	1999-06-22	投资大厦
33	B119-0057	1999-06-16	1999-11-30	2001-05-16	2003-07-03	恒运豪庭
34	B205-0014	1999-11-05	2001-07-18	2005-02-21		地铁大厦
35	B116-0039	1999-11-09	1999-10-22	2001-06-08	2004-06-16	城中雅苑
36	B116-0058	1999-11-22	1998-11-04	2004-03-30	2004-03-30	星河花园
37	B116-0055	2000-03-08	2000-01-20	2001-01-05	2002-01-10	商会大厦1
38	B116-0053	2000-03-14	1999-04-01	2001-09-29	2010-09-21	特美思广场
39	B116-0060	2000-06-12	1999-02-08	2018-02-08	2018-05-07	免税大厦
40	B116-0054	2000-07-11	1999-12-03	2001-09-10	2002-12-26	商会大厦2
41	B205-0008	2000-07-27	2001-03-15	2001-12-13		雅颂居
42	B203-0003	2000-08-29	1998-01-21	1998-12-23	2001-05-23	江苏大厦
43	B119-0001	2000-08-29	1999-07-30	2003-08-21	2005-01-10	嘉麟豪庭
44	B205-0011	2000-08-30	2001-08-01	2002-05-23	2019-07-31	变电站
45	B119-0083	2000-10-24	2000-12-01	2001-09-24	2003-9-23	港丽豪园
46	B116-0047	2000-11-13	2001-06-28	2002-03-14	2010-01-26	联通大厦
47	B116-0057	2000-12-27	2000-06-19	2002-02-26	2003-12-25	兴业银行
48	B119-0056	2001-02-12	2000-09-12	2001-07-18	2003-05-14	港丽豪园
49	B305-0005	2001-04-09				莲花山巴士站

编号	宗地号	土地合同签订时间	规划许可时间	建设许可时间	规划验收时间	项目名称
50	B205-0010	2001-04-09	1999-12-03	2001-05-17	2004-01-18	天健花园
51	B116-0050	2001-04-23	2000-11-03	2002-01-08	2003-07-18	中心商务大厦
52	B116-0048	2001-05-14	2001-05-22	2002-06-10	2005-02-03	发展兴苑
53	B116-0049	2001-05-14	2001-05-22	2002-06-10	2005-02-03	发展兴苑
54	B203-0012	2001-05-16	2000-08-09	2002-11-20	2008-10-15	荣超商务中心
55	B116-0056	2001-06-11	2001-09-10	2002-05-21	2003-12-09	时代金融中心
56	B205-0012	2001-06-11	2002-12-20	2005-09-12	2007-02-07	凤凰大厦
57	B116-0062	2001-07-12	2000-11-12	2003-04-15	2006-07-11	华融大厦
58	B116-0063	2001-10-23	2001-10-30	2002-04-23	2004-03-25	卓越大厦
59	B117-0009	2001-11-15	2007-01-08	2007-08-15	2009-10-29	卓越时代广场
60	B116-0064	2001-12-07	2002-08-29	2003-05-12	2005-01-27	新华保险大厦
61	B117-0019	2002-01-08	2002-01-28	2002-08-01	2004-11-29	国际商会中心
62	B205-0013	2002-01-23	2001-08-28	2003-03-25	2005-08-18	安联大厦
63	B117-0018	2002-03-18	2005-08-03	2004-02-11	2007-03-13	卓越时代广场
64	B116-0027	2002-06-10	1999-10-22	2001-06-08	2004-06-16	城中雅苑
65	B203-0015	2002-08-02	2002-04-27	2003-09-01	2019-06-06	福中一变电站
66	B117-0017	2002-08-02	2001-03-15	2003-10-28	2021-10-09	会展中心
67	B117-0007	2002-09-29	2005-05-11	2005-09-19	2006-10-23	怡景中心城
68	B117-0010	2002-10-08	2005-01-20	2006-04-30	2010-05-17	皇庭购物广场
69	B116-0065	2002-10-10	2002-10-11	2003-04-01	2005-07-15	航天大厦
70	B204-0015	2002-11-05	2006-03-08	2007-09-19	2007-11-29	深圳书城
71	B117-0015	2003-02-20	2003-02-28	2005-09-27	2008-01-30	星河发展中心
72	B117-0016	2003-03-11	2001-10-09	2004-03-03	2006-07-14	金中环商务大厦
73	B205-0016	2003-03-25	2008-11-12	2020-06-05		中银大厦
74	B205-0017	2003-05-12	2003-01-03	2003-12-05	2005-11-11	诺德金融中心
75	B203-0013	2003-08-20	2003-05-21	2004-06-24	2007-01-29	新世界商务中心
76	B116-0061	2004-03-03	2003-07-25	2007-08-29	2013-02-25	电力调度大厦
77	B205-0018	2004-07-31	2004-04-29	2005-06-08	2007-06-07	荣超经贸中心
78	B117-0020	2004-08-28	2004-07-07	2005-10-20	2009-07-16	香格里拉酒店
79	B117-0021	2004-08-28	2004-07-06	2005-10-11	2008-03-28	嘉里建设广场
80	B119-0086	2004-09-13	2004-05-31	2005-01-13	2006-12-14	星河世纪大厦
81	B116-0068	2004-10-18	2004-06-21	2020-05-07		佳兆业嘉园
82	B116-0069	2005-01-21	2004-11-04	2005-10-08	2007-03-22	新洲第二小学
83	B119-0084	2005-03-11	2005-02-07	2005-09-15	2007-12-25	现代商务大厦
84	B119-0054	2005-05-16	1996-12-30		1999-08-06	辛诚花园
85	B119-0087	2005-06-09	2007-06-16	2008-04-24	2011-08-10	卓越皇岗中心
86	B119-0088	2005-06-09	2007-06-16	2008-04-22	2011-05-20	卓越皇岗中心
87	B116-0070	2005-10-13	2005-03-28	2006-08-08	2009-03-20	福中变电站
88	B116-0071	2006-03-10	2005-07-28	2006-10-18	2009-04-22	港中旅大厦
89	B117-0004	2006-05-12	2007-04-30	2008-12-31	2012-09-03	嘉里建设广场
90	B203-0018	2006-10-31	2005-12-19	2008-06-20	2021-11-19	深圳证券交易所
91	B119-0093	2007-01-30	2006-11-15	2008-03-05	2015-04-16	岗厦华嵘公寓
92	B203-0019	2007-06-12	2007-01-10	2017-04-20		招商银行（深圳）
93	B203-0021	2007-06-29	2007-04-13	2017-05-22		深圳建行大厦
94	B203-0020	2007-07-04	2007-03-28	2011-11-29	2019-07-03	基金大厦
95	B203-0016	2008-04-11	2007-12-04			广电大厦
96	B116-0076	2008-04-18	2008-05-16	2011-01-18	2013-09-22	投行大厦
97	B116-0074	2008-04-18	2007-08-16	2016-03-10	2016-05-12	华安保险大厦
98	B203-0022	2008-04-18	2008-05-09	2011-01-24	2015-09-29	太平金融大厦

编号	宗地号	土地合同签订时间	规划许可时间	建设许可时间	规划验收时间	项目名称
99	B116-0075	2008-04-18	2007-11-22	2017-08-09	2017-10-18	招商证券大厦
100	B116-0080	2008-04-18	2008-06-23	2019-12-27	2020-01-20	国信金融大厦
101	B119-0053	2008-04-23	2008-07-03	2017-07-17	2017-10-23	能源大厦
102	B117-0022	2008-05-30	2009-07-09	2012-09-10	2017-07-14	鼎和大厦
103	B204-0024	2008-05-30	2008-06-23	2011-07-20		中国移动（深圳）
104	B205-0021	2008-07-30	2008-09-10	2010-09-28	2015-09-16	中广核大厦
105	B116-0078	2008-10-09	2008-11-04	2017-09-13	2018-04-24	中信银行（深圳）
106	B205-0020	2009-05-26	2007-07-09	2011-12-15	2013-05-08	荣超大厦
107	B204-0002	2009-06-22	2008-02-02	2016-08-18	2016-08-30	两馆
108	B116-0079	2009-10-16	2009-12-01	2017-11-06	2017-12-29	中国人寿大厦
109	B205-0015	2009-10-16	2011-04-26	2013-12-19	2021-09-26	国银金融大厦
110	B205-0022	2009-10-16	2010-05-07	2016-08-16	2016-12-15	民生金融大厦
111	B205-0001	2009-10-16	2009-12-17	2015-09-11	2016-10-13	生命保险大厦
112	B119-0085	2009-10-21	2009-07-01	2017-04-25	2017-06-02	京地大厦
113	B119-0015	2009-10-26	2009-08-04	2010-11-11	2014-01-24	汉森大厦
114	B116-0077	2010-11-18	2011-05-19	2015-05-14	2021-04-09	安信金融大厦
115	B117-0002	2010-11-24	2001-06-15	2003-07-03	2010-12-03	国际交易广场
116	B119-0105	2013-01-08	2014-03-28	2017-07-17	2019-09-06	岗厦天元花园
117	B119-0110	2013-01-08	2012-12-17	2014-04-24	2018-12-10	岗厦天元花园
118	B119-0064	2013-01-10	2013-02-20	2014-10-11		瀚森大厦地下车库
119	B116-0083	2013-02-01	2010-09-01	2015-08-14	2020-12-14	平安金融中心
120	B119-0107	2013-05-27	2014-03-28	2014-07-24	2018-06-29	岗厦天元花园
121	B119-0106	2013-05-27	2014-03-28	2019-04-11	2019-12-18	岗厦城
122	B119-0102	2013-05-27	2012-10-11			岗厦汇花园
123	B119-0101	2013-05-27	2014-01-23	2017-06-27	2018-06-08	天祥小学、幼儿园
124	B119-0104	2013-05-27				岗厦汇花园
125	B116-0045	2013-10-28	2016-04-08	2021-06-24	2021-07-19	黄金交易所（深圳）
126	B119-0111	2014-01-02	2014-03-28	2015-11-02	2017-05-12	岗厦皇庭大厦
127	B119-0112	2014-07-01	2013-04-12	2014-08-07	2021-11-25	福华变电站
128	B119-0113	2015-07-03	2015-04-29	2016-04-25		福中变电站
129	B116-0028	2017-01-23	2018-02-01	2018-10-30		平安财产大厦
130	B119-0115	2018-04-23	2017-11-10	2020-09-04	2021-09-18	莲花中学
131	未出让					
132	未出让					
133	未出让					
134	未出让					
135	未出让					水晶岛

注：1. 此表按各地块土地合同签订时间排序，各项目宗地位置见图1-37。
　　2. "规划许可时间"指发"建设用地规划许可证"时间。
　　3. "建设许可时间"指发"建筑工程规划许可证"时间。
　　4. "规划验收时间"指工程完工后规划验收时间。

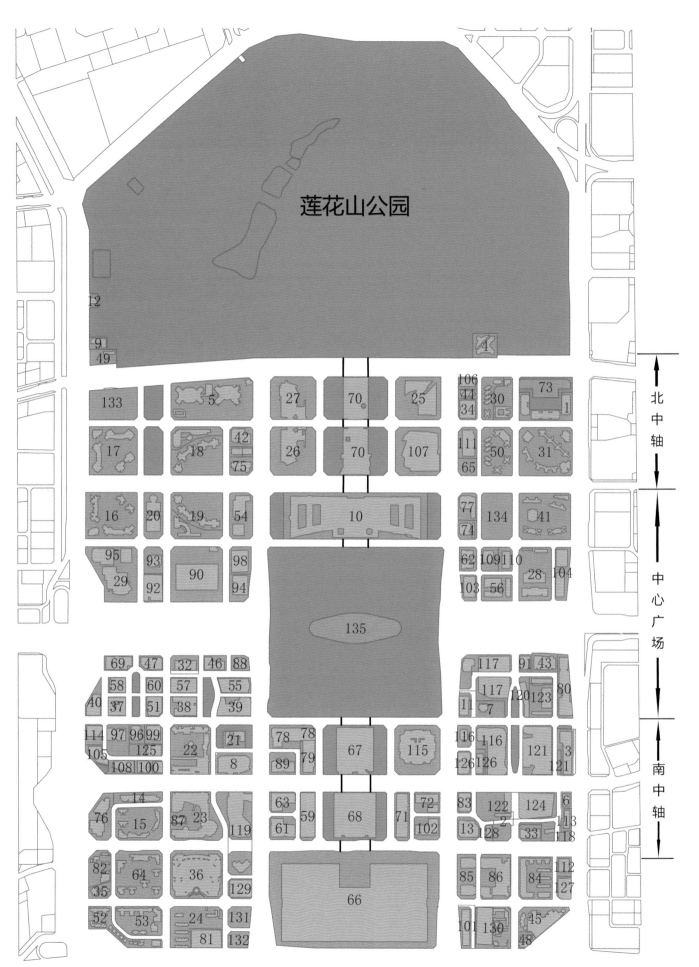

图 1-37　深圳市福田中心区建设项目时间顺序图（各编号相应的项目名称见表 1-3）
（来源：作者自制）

1993—1995 年中心区开发已经进入大规模拆迁和市政工程"七通一平"阶段，中心区规划建设业务仍分别由相关业务处室管理。

② 中心办阶段（1996—2004 年）。1996 年，市政府确定要高水平开发建设中心区，1996 年 6 月在市规划国土局内专门设立了"深圳市中心区开发建设办公室"（简称"中心办"）。由主管副市长挂帅主任、规划局局长任副主任的中心办，在中心区规划实施过程中推动了一系列高品质城市设计和规划修改，负责管理中心区的土地出让、规划设计、城市设计、建筑报建、规划验收等全过程工作。1996 年，笔者等 4 个人找来 4 张办公桌和 4 把椅子，在建艺大厦 517 室"成立"了中心办。我们在门上贴一张比 A3 还要小的深红卡纸，写上"深圳市中心区开发建设办公室"，中心办就这样算是"开张了"。当然，后来在大家积极努力下，市编办补发了一份中心办编制的红头文件，中心办"开张"很低调，没有挂牌剪彩，没有工作交接，大家仅从局内城市设计处找到一张中心区总图（A3 黑白图），上面标明已出让土地的受让者公司名称和位置，还有地政处给的手写 3 页纸，表明中心区土地出让情况。笔者作为中心办日常工作的负责人，一直十分重视中心区档案管理工作，指定专人管理中心区技术成果、专家会议等电子文件档案。1996—2004 年中心办高效运行了 9 个年头，至 2004 年 6 月规划国土两局"分家"时撤销中心办，却未见任何撤销中心办的文件或有关说明。幸亏中心办在 2002—2004 年间整理了中心区城市规划、城市设计、专项规划和建筑设计成果资料，并全部记录成电子文件，正式出版了 10 册"深圳市中心区城市设计与建筑设计 1996—2002"系列

丛书、2 册"深圳市中心区城市设计与建筑设计 1996—2004"系列丛书[①]。这些丛书记载了中心区在城市设计咨询、建筑方案招标及修改、城市仿真及成果选择等全过程，完整保留了中心区规划设计资料档案。

③ 中心办后阶段（2005—2020 年）。中心区规划建设分别由市规划局城市设计处和福田管理局分工管理。2004 年 6 月以后，中心区规划实施管理工作由市规划局城市设计处负责，原中心办的两位同志到城市设计处继续负责中心区工作，并且有中心区 12 册系列丛书资料，理论上讲，中心区城市设计实施能够较好地连续。但由于中心区管理人员数量减少、工作范围却增大，他们难以集中精力管理中心区，使中心区规划实施工作既欠速度，也欠力度。由于规划成果的实施要素难以用文字精准表达，往往造成上阶段决策内容难以有效传递到下阶段，可以说，中心办之前无交接会议，中心办之后也无交接会议。直到 2022 年中心区仍有许多未尽事宜。

（2）以中心区规划实施的角度，从福田中心区 40 年城市规划建设的政策、事件、节点中选取 4 个重大事件（1987 年中心区第一次城市设计；1995 年市政道路网已基本建成，中心区大框架已定；2004 年中心办组织优化城市设计并实施管理了 9 年后撤销；2012 年中心区第三版法定图则修编，提升了品质）为节点将福田中心区历程划分 5 个阶段（图 1-38）。

① 第一阶段（1980—1987 年）中心区规划选址、收回土地、首次城市设计。福田中心区规划构想最早诞生于 1980 年深圳经济特区城市发展纲要，确定中心区选址在莲花山下，是未来城市金融贸易和商业中心。1981 年，市政府确定特区中心在福田，并与港商签订福田

---

① 第 1—10 册是"深圳市中心区城市设计与建筑设计 1996—2002"系列丛书，第 11—12 册是"深圳市中心区城市设计与建筑设计 1996—2004"系列丛书，深圳市规划与国土资源局编，由中国建筑工业出版社出版。

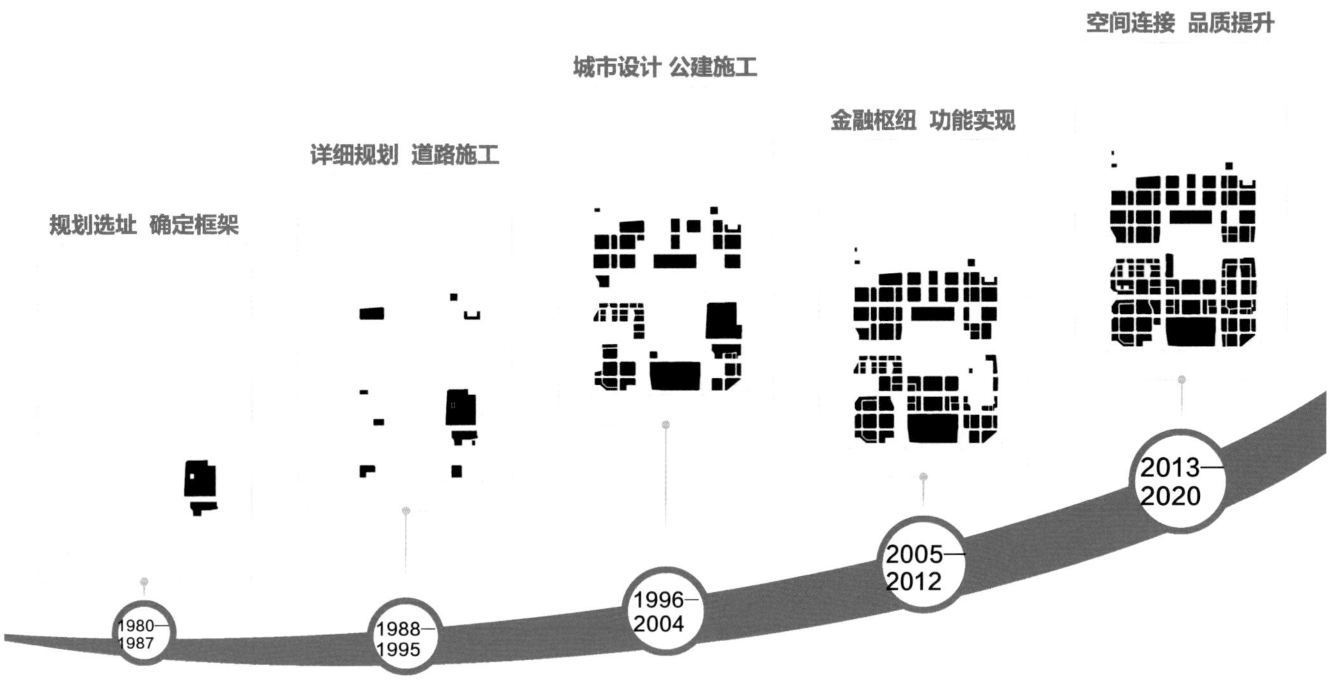

空间连接 品质提升

城市设计 公建施工

金融枢纽 功能实现

详细规划 道路施工

规划选址 确定框架

| 1980—1987 | 1988—1995 | 1996—2004 | 2005—2012 | 2013—2020 |

图 1-38 中心区规划实施阶段划分
（来源：佟庆编制）

表 1-4 福田中心区城市设计实施进程

阶段	1980—1982年	1983—1986年	1987—1988年	1989—1991年	1992—1995年	1996—1998年	1999—2000年	2001—2004年	2005—2007年	2008—2020年
规划设计	总规、分区规划		概念规划比选		详规、城市设计	交通等专项规划深化、法定图则 城市设计国际招标		街道景观环境规划	街坊城市设计实施 规划展馆、艺术馆方案	水晶岛招标、未实施
政府投资					市政道路建设、形成路网 投资大厦、儿童医院、邮电枢纽大厦建成	六大重点工程设计招标 （市民中心、图书馆、音乐厅、少年宫、电视中心、地铁水晶岛站）	六大工程建设	地铁一期工程建成 六大工程建成使用 （会展中心设计招标建设） 北中轴建设	地铁二期工程设计建成	·地铁二期建设 ·地铁三、四期在建 ·实现行政、文化、交通中心功能 ·规划展馆、艺术馆建成使用 ·中轴线、二层步行连接
市场投资					中银大厦建设 大中华设计建设 第一代商务楼启动	大企业投资住宅 第一代商务楼建成	商务办公地出让 第二代商务楼	大企业投资第二代、第三代商务楼 （中轴商业准备） 首批商业建成 （第四代商务楼；金融进驻投资）	（三个五星级酒店建成）	·实现CBD产业功能 ·平安金融中心建设 ·岗厦村改造实施 第五代商务楼建设 形成金融主中心

新市区 30 km² 土地合作开发合同。1984 年深圳特区总规深化了福田中心区规划。1986 年政府收回福田新市区 30 km² 未开发土地，预留储备了福田区的大部分土地。1987 年英国规划师首次研究编制了深圳特区和福田中心区城市设计方案。

② 第二阶段（1988—1995 年）中心区征集方案、详规定稿、统征土地、道路施工。1989—1992 年间市政府将原特区包括福田中心区的集体土地成功统征转为国有土地。1992 年福田中心区确定中心区详规，完成了市政工程设计，为施工建设的前期做好了准备。1993 年进行中心区市政道路工程建设，1994 年基本呈现方格网道路构架。1995 年已完成中心区 80% 道路施工。

③ 第三阶段（1996—2004 年）城市设计边修改边实施。这是中心办负责规划实施的 9 年，一边通过城市设计国际咨询修改详规，一边试编法定图则，一边实施规划（表 1-4）。1996 年基本形成道路网后，正当加快中心区开发之际，突遇 1998 年亚洲金融危机，幸亏该时期深圳市政府财政经济投资力度较大，集中投资中心区六大重点工程，启动公建给予市场投资信心。2004 年市民中心竣工使用，其他重点工程陆续建成。该阶段中心区城市设计最频密、规划实施最高效，基本奠定了城市设计整体轮廓。中心办经过这 9 年城市设计深化修改、交通规划设计调校、地下空间规划增补、街坊城市设计示范、创新采用城市仿真系统等工作，保证了中心区建筑单体不添败笔，为中心区赢得了优美的整体公共空间效果及漂亮的天际轮廓线。

④ 第四阶段（2005—2012 年）为商务中心建设高潮时期，形成了深圳行政文化中心、金融商务中心、交通枢纽中心。2005 年以后中心区储备发展用地出让给十几家金融企业建设办公总部，2008 年福田交通枢纽站动工

建设，2010 年岗厦旧村改造更新等，中心区城市功能更加丰富，规划定位逐步实现。

⑤ 第五阶段（2013—2020 年）中心区经济成效显现、公共空间品质进一步提升。福田中心区地上建筑面积从 1995 年的 3 万 m² 增长到 2020 年几乎全部建成竣工，并实现了较好的经济产值和税收。深圳社会经济与中心区建设进度对应表（表 1-5）统计了中心区历年竣工建筑面积。该阶段金融企业办公总部陆续建成并使用，实现了深圳金融主中心的规划定位。中心区金融产业集聚的经济效益居中国 CBD 经济前列，中心区真正建成了以金融业为主导产业的 CBD。此外，该阶段多次修改水晶岛设计方案并建议实施未果。

1.3 研究方法与内容

1.3.1 资料来源

关于中心区城市规划设计与建设过程资料，无论中心办前还是中心办后的资料笔者都尽力收集，例如，1980—1995 年有关中心区规划设计资料，虽然中心办工作期间，笔者等 4 个人已经尽力收集，但仍缺乏 1980 年代初深圳特区总规起步时对福田中心区的最初构想。直到 2008 年笔者博士论文开题后，又专门向局内老同志打听老资料，得益于孙俊先生系统收集整理了 1980 年代初期深圳城市规划资料，他也清楚记得许多规划故事，使早期年代的资料能够连续，甚是庆幸。1996—2005 年都是笔者获得一手资料，2006—2020 年笔者也坚持关注中心区城市设计实施进展并及时收集有关资料。本书资料主要来源：

（1）深圳市规划与国土资源局主编的 10 册"深圳市中心区城市设计与建筑设计 1996—2002"系列丛书、2 册"深圳市中心区城市设计与建筑设计 1996—2004"系列丛书较全面汇集了中心区 1996—2004 年的 9 间

表 1–5 深圳社会经济与中心区建设进度对应表

年份		全市人口 / 万人	全市 GDP/ 亿元	建筑普查面积 / 万 m²	建成区面积 /km²	中心区建筑 / 万 m²	
						竣工建筑面积	其中：办公面积
第一阶段	1980 年	33.29	2.70		3		
	1981 年	36.69	4.96				
	1982 年	44.95	8.25				
	1983 年	59.52	13.12				
	1984 年	74.13	23.42				
	1985 年	88.15	39.02				
	1986 年	93.56	41.65				
	1987 年	105.44	55.9		47.6		
第二阶段	1988 年	120.14	86.98		55.0		
	1989 年	141.60	115.66				
	1990 年	166.78	171.67		139		
	1991 年	226.76	236.67				
	1992 年	268.02	317.32				
	1993 年	335.97	453.14				
	1994 年	412.71	634.67				
	1995 年	449.15	842.79			3.2	
第三阶段	1996 年	482.89	1 050.51		299.5	32.7	
	1997 年	527.75	1 302.30		299.92	32.7	
	1998 年	580.33	1 544.95		310.3	32.7	
	1999 年	632.56	1 824.69		320.3	38.9	
	2000 年	701.24	2 219.20	33 923	467.5	70	
	2001 年	724.57	2 522.95		343.90	125.30	
	2002 年	746.62	3 017.24		495.28	164.5	
	2003 年	778.27	3 640.14		516	228.5	
	2004 年	800.8	4 350.29		551	421	
第四阶段	2005 年	827.75	5 035.77		703	478.2	
	2006 年	871.10	5 920.66		719.88	565.8	
	2007 年	912.37	6 925.23		764	630.7	
	2008 年	954.28	7 941.43	75 168	788.24	668.1	232
	2009 年	995.01	8 514.47	81 176	813	696.2	
	2010 年	1 037.20	10 069.01	86 683	830.01	759.9	
	2011 年	1 046.74	11 922.81	89 912	840.91	826.0	359.7
	2012 年	1 054.74	13 496.27	94 433	863.43	864.1	444.2
第五阶段	2013 年	1 062.89	15 234.24	97 624	871.19	887.2	
	2014 年	1 077.89	16 795.35	101 520	890.04	1 093.7	652.1
	2015 年	1 137.87	18 436.84	104 941	900.06	1 137.1	704.2
	2016 年	1 190.84	20 685.74	108 019	923.25	1 130.6	759.4
	2017 年	1 252.83	23 280.27	110 358	925.2	1 139.7	768.4
	2018 年	1 302.66	25 266.08	111 200	927.96	1 175.6	786.6
	2019 年	1 343.88	26 927.09	113 815	954.43	1 175.7	789.1
	2020 年	1 756.01	27 670.24	116 229	973.5	1 243.9	857.3

注：本表为多种数据合成，仅供学术研究参考。

所经历的城市设计、专项规划以及建筑设计的全部方案、评审纪要、修改过程等资料。

（2）笔者1996—2004年在中心办工作期间手写的10本工作笔记本及积累的10~20箱工作资料和图片。

（3）笔者从1996年至今20多年来收集的有关深圳城市规划和中心区规划设计图文资料。

（4）笔者连续20多年到中心区现场拍摄的实景照片。

（5）笔者著《规划探索——深圳市中心区城市规划实施历程（1980—2010年）》。

（6）笔者著《深圳福田中心区（CBD）城市规划建设三十年历史研究（1980—2010）》。

（7）笔者和刘颖、秦俊武合著《深圳福田中心区（CBD）规划评估》。

（8）其他同事和学者公开发表的有关福田中心区规划的文章和口述历史访谈资料。

1.3.2 研究方法

（1）文献调查法　此研究方法贯穿于全书各章节。

（2）归纳法　它是从个别特殊到一般普遍的研究方法，属于实验性或试验性分析方法。从大量收集的中心区规划设计历史资料中归纳出具有一般意义的、抽象概念或同类问题的结论。例如，第1章绪论；第2章至第6章各章的背景综述；第7章和第8章都采用归纳法，总结提炼中心区规划设计和规划实施过程的经验教训或相关结论。

（3）质性研究法　笔者和同事多次在中心区实际场景中，采用访谈调研、现场观察方法，对中心区进行深入整体性探究。例如，笔者接受有关媒体和专业人员到福田中心区现场采访和拍摄等，有关内容参见附录1中"故事1-2 中心区十件大事"。

（4）案例分析法　本书通过对中心区城市设计的案例分析，剖析中轴线及水晶岛城市设计历程及其经验教训（参见第7章）；通过对CBD街坊22、23-1城市设计案例分析，阐明城市设计实施的前提条件、技术路径和管理方法（参见附录1中"故事1-6 '十三姐妹'城市设计"）。

（5）统计分析法　本书力图厘清中心区规划建设40年过程中定性与定量的关系，使图文与数据、结论三者相辅相成、互相印证。通过实证量化的统计分析福田中心区40年的建筑面积、人口、就业、经济GDP逐年增长速度，与直观图片的变化对比，既客观呈现中心区40年规划建设奇迹，又反思其经验教训，并区分哪些经验具有可复制性，哪些教训可以避免。定量分析为定性分析提供基础和依据，定性描述和反思结论形成于定量分析的基础之上。本书定量统计分析了以下数据表格：福田中心区城市规划历史简表，深圳经济建设与福田中心区竣工面积对应表，福田中心区各建设项目时间表等。

1.3.3 研究内容

根据黑格尔《历史哲学》对历史研究的三个层次及其功能划分为：白描型历史（"过去是什么"）、反思型历史（"现在为什么"）、哲学型历史（"将来干什么"）。本书研究内容包括福田中心区白描型历史和反思型历史两个层次。"历史研究也应当是规划实施研究的一种重要方法，乃至于必不可少的手段，因为城市的建设、发展和变化是一个漫长的过程，只有立足于较长的时间跨度，才能更加客观、理性地审视规划实施的有关问题。""纵观城市规划历史方面的既有研究，通常都会对规划实施情况有所涉及，但其讨论内容较多以城市建设情况方面为主，专门以历史研究方法来探讨规划实施问题的成果尚较少见。之所以如此，一个重要原因便在于史料搜集上的困难，一般情况下不少城市规划编制成果的搜集已属不易，更别奢谈规划实施情况的丰富史料。"① 因此，本书研究内容既包含中心区规划历史，又包含规划实施过程，也必然涉及中心区开发建设过程。本书既有规划历史，又有规划故事。历史由故事承载，故事因历史久传。本书以40年时间轴为主线，通过中心区历年重点规划设计的文字说明，加上规划图与实景图的穿插对比，呈现中心区40年从建设规划概念、城市设计到建设实施的变迁历史。

本书以时间为经，以事件和人物为纬，图文并茂地"还原"中心区规划建设40年历史。本书各章节内容：全书由绪论、正文、专记、附录四大部分组成，正文以编年史体裁、图文并茂、逐年阐述中心区规划建设40年历史（白描型历史）；绪论和中轴线城市设计及实施历程、深圳市中心区规划实施经验教训两篇专记及附录等纵向串联中心区40年规划历史，既弥补缝合编年史逐年"碎片化"叙述的烦琐，又反思总结历史经验（反思型历史）。本书在认真扎实考证史料的基础上力求接近客观真相。笔者希望本书既是中心区规划建设实录，也是中心区规划建设成长册。

1.3.4　写作原则

（1）本书写作原则是"多补充、少重复"，凡已出版过的图文，非必要不重复。本书着重补充三方面内容：一是较详细补充中心区1980—1995年从规划构思到详规确定的规划过程，特别需要补充中心区前15年规划图及现场照片；二是笔者从1999年起连续25年在莲花山顶广场拍摄的中心区俯瞰照片；三是续写2011—2020年中心区规划提升，例如提升中心区公共空间活力的城市设计及现状照片。本书旨在全面系统梳理中心区40年规划建设的资料和400多张图片，全过程展

现中心区沧海桑田般历史巨变，将笔者长期收集的中心区所有资料贡献给社会共享。

（2）本书与已出版其他有关深圳市中心区的出版物相比，主要有"三个不同"：A.时间跨度不同。之前出版的书是中心区前30年城市规划历史研究；本书是中心区40年城市规划历史。B.写作体裁不同。本书是编年体裁写中心区40年城市规划历史，之前仅有30年大事记等"白描型历史"，也有笔者博士论文"反思型历史"和"哲学型历史"。C.重点内容不同。本书与之前出版书的文字和图片尽量做到"非必要不重复"。若极少数图文内容必须重复，才能保持历史内容的连贯性和完整性，才少量谨慎重复。以下详列本书与之前关于中心区的出版物的区别：

① "深圳市中心区城市设计与建筑设计1996—2002"和"深圳市中心区城市设计与建筑设计1996—2004"丛书，属于"白描型历史"，是深圳市规划与国土资源局主编的、中心办在1996—2004年9年间主持经历的中心区所有专项规划、城市设计与建筑设计的历史资料汇编，于2002—2005年间陆续出版了12册，分门别类记载了2004年之前中心区规划历史资料。

② 《中央商务区（CBD）城市规划设计与实践》，属于"反思型历史"，是笔者2006年出版的个人专著，首次把深圳CBD放在世界坐标系里"鸟瞰"对标，通过世界主要CBD的研究，总结CBD的普遍规律。

③ 《规划探索——深圳市中心区城市规划实施历程（1980—2010年）》，大部分属于"白描型历史"、小部分属于"反思型历史"，是中心区前30年大事记。这是2013年3月笔者完成了博士论文答辩后，2014年将论文

---

① 李浩.八大重点城市规划：新中国成立初期的城市规划历史研究（上卷）[M].北京：中国建筑工业出版社，2016：318.

写作过程的素材整理修改后投稿并入选"深圳改革创新丛书"（第2辑），该书于2015年3月出版，以编年体裁梳理了中心区规划建设30年大事记和市民中心建筑工程专记。

④《深圳福田中心区（CBD）城市规划建设三十年历史研究（1980—2010）》，大部分属于"反思型历史"、小部分属于"白描型历史"和"哲学型历史"。该书包括了福田中心区三层次历史研究：附录为"白描型历史"；正文是"反思型历史"和"哲学型历史"。该书是笔者2013年通过博士论文答辩后又经过两年修改，并增补附录（福田中心区城市规划建设30年记事），于2015年6月出版。现引用香港城市大学薛求理教授曾在《世界建筑》杂志为此书撰写的书评："1980年以来，我国开启了城市建设的热潮，建成的城区和房屋数量惊人，而深圳从一个边陲小镇，发展成国际大都市，可视为我国城市发展的一个缩影。建设草创迅猛，新旧建筑更迭变动频仍，许多城市的巨大变化，发生在几年之间，业界学界尚未认真总结，大量闪光的想法和有意义的过程，淹没在对美轮美奂建成品的一片颂扬声中。幸好，深圳福田中心区的规划过程被陈一新博士的这本大著及时地记录下来。深圳在1980年代初建市，没有历史包袱，不仅开辟了城市规划的新格局，在建筑设计方面也部分延续了岭南建筑的风韵。1990年代初，深圳在将市区从罗湖推进到福田的过程中，积极引入城市设计方法（在那个年代城市设计是个新学科）和城市设计国际竞赛，这些举措为国内其他城市做出了良好榜样。由于福田规划的细致深入，无论深圳向东西拓展到多远，市民中心和广场始终是深圳人民公认的城市心脏。

陈博士二十几年来参与并见证了福田中心区规划的所有重要步骤和过程，因此这本书对该区规划描述资料极其翔实权威，具体到各次规划变更的原因、方案的比较、重要发言者的照片、各年代的施工过程，都一一列出。除了记录外，作者回顾和检查了其中的经验教训。作者参考了欧洲城市的著名实例，并将深圳的建设和香港的互动联系起来。这种视野使此书超越了一般的工程和事件记录。"衷心感谢薛教授的高度评价，让笔者励志续写新作。

⑤《深圳福田中心区（CBD）规划评估》，在笔者倡导下首次进行福田中心区规划实施后的规划评估。该课题始于2014年，鉴于中心区规划历史资料较齐全，具备做详规实施后评估的条件，因此通过收集2014年中心区规划实施后的社会经济人口和房地产等基础数据做出经济效应综合评估。2017年，笔者和刘颖、秦俊武合著此书。

⑥《深圳城市规划简史》是笔者2022年出版的新作，此书采用编年体，每年以"三段式"（背景综述、重点规划设计、规划实施举例）撰写深圳40年（1980—2020年）城市规划历史。深圳城市规划成功实践是福田中心区规划实施的大背景，福田中心区作为深圳特区二次创业的规划空间主场，在深圳1990年至2004年城市规划简史中占有一定篇幅和较重分量。

⑦本书《深圳市中心区城市规划史》属于"白描型历史"和"反思型历史"各占一半。本书正文以编年体裁书写福田中心区40年城市规划历史，附录是亲历者讲述福田中心区故事，以不同形式、从不同视角叙述中心区规划历史，两者相辅相成。

2 第一阶段：规划福田新市区，深港合作开发（1980—1987）

城市不仅是居住生息、工作、购物的地方，更是储存文化、流传文化、创造文化的容器。

——美国 刘易斯·芒福德

2.0 背景综述

第一阶段（1980—1987 年）是深圳特区总规与片区建设并行、建设产城融合的出口加工区，从农业向传统工业转型的初创阶段。深圳常住人口从 1980 年 33 万人增加到 1987 年 105 万人，年均增加约 10 万人，这在当时属于人口增长速度过快的城市。深圳市生产总值（以下简称"GDP"）从 1980 年 2.7 亿元增长到 1987 年 55.9 亿元，年均增长约 7.6 亿元，这一阶段是深圳经济缓慢起步阶段。深圳市行政辖区包括深圳经济特区和宝安县（现为宝安区）两部分。特区下辖 5 个管理区：罗湖管理区（原深圳镇、附城公社）、上步管理区（原福田公社）、南头管理区（原南头公社）、蛇口管理区（原蛇口公社和蛇口工业区）和沙头角管理区（原沙头角盐田公社）。福田中心区属于上步管理区范围。

该阶段深圳城市规划起步较快，特区总规与片区详规及开发建设并行。市政府城市规划和投资建设重点是罗湖中心区，但这时期深圳市场对商务办公建筑面积需求量十分有限，福田中心区已在规划构思酝酿之中。

深圳以接受香港制造业的转移为契机，发展"三来一补"劳动密集型加工制造业及配套的商贸服务业，迅速完成了从第一产业向第二、三产业的转型。该阶段深圳特区总规带状多中心组团结构沿深南大道布局了十几个工业区，规划每个工业区都有厂房宿舍、商业、文教体卫等配套。例如，上步、八卦岭、蛇口工业区是企业较早投资建设形成的片区。

2.1 特区规划选址福田中心区（1980 年）

2.1.1 中心区地形原貌

1980 年福田中心区范围主要是山岭、农田、鱼塘、少量民房等原地形地貌。当时以虚线标注的深南大道临时土路，路北标注名称有莲花山苗圃场、花山、莲花山[①]、马蹄凹、九江龙、钓鱼台、淡水井、黄岗坡、布尾岗、猫颈田、龙塘、简边；路南标注名称有交通部第四航务工程队、岗厦、岗厦大队（民房）、牛陂、竹园、牛角坑、百斗种、元丁头（小山）、水坑岭、上围、皇岗仔、皇岗（民房）、南门口等（图 2-1）。因"天时"和"地利"优势，1980 年福田中心区规划选址时，原地貌仅有岗厦村、皇岗村的部分民宅建筑群，以及小学和厂房等配套建筑，其余大多是农田、水塘、河流、荔枝林。

---

① 莲花山原名：大和岭。因村子坐落于山岗之下，故称岗下，后改名岗厦。来源：深圳市史志办公室.深圳村落概览（第二辑）福田南山卷[M].广州：华南理工大学出版社，2020：27.

图 2-1 1980 年福田中心区范围航拍图
（来源：美国地质勘探局已解密数据集，档案号：D3C1216-300662F047，摄于 1980 年 9 月 11 日，刘新宇提供）

2.1.2 福田区在莲花山下

1980 年，《深圳市经济特区城市发展纲要（讨论稿）》在一片希望的田野上构思莲花山脚下的皇岗区是未来以第三产业为主导的金融、贸易、商业服务区。1980 年成立深圳特区之前，广东省领导委托省建委邀请 108 位全国专家来做深圳特区规划[①]，专家们共同组成规划办公室和各种专业的设计组，分工协作，齐头并进开展工作[②]。1980 年 6 月，深圳市经济特区规划工作组编制完成的《深圳市经济特区城市发展纲要（讨论稿）》[③]重点内容包括：

（1）城市性质　深圳市是我国南方主要的外贸和旅客进出口岸，毗邻香港，利用外资，引进技术，吸引华侨和游客，建成以工业为主的、工农结合的经济特区。

（2）规划年限　近期 1980—1985 年，远期 1990 年或更长一些时间。

（3）特区范围　东起大鹏湾揹仔角，西至西沥水库、南头、蛇口，东西长 49 km，南北平均宽 7 km，面积 336 km²。

（4）特区人口规模　1979 年底现状人口 7.18 万人（一半农业，一半非农），规划估计近期人口 30 万人，远期人口 60 万人。

（5）城市规划用地　城市现状建成区面积 3.04 km²，规划从旧城向西发展，成为一带形城市，分为罗湖区、上步区、皇岗区（现名：福田区），总规划面积为 49 km²。

（6）商业、行政中心　城市 3 个区，分别设 3 个中心。罗湖区提供对外过境旅客服务；上步区为全市的行政中心；皇岗区设在莲花山下，为吸引外资为主的工商业中心，安排对外

的金融、商业、贸易机构，为繁荣的商业区，为照顾该区居民生活方便，在适当地方亦布置一些商业网点，用地 165 hm²。这是深圳特区规划首次将福田中心区选址在莲花山下。

（7）对外交通运输　对外口岸通道，现有文锦渡桥，客货车辆混行。另在皇岗渔农村，对面为新界的落马洲，建一桥梁，接通九龙青山公路。还有铁路、公路、港口码头、飞机场等。

此外，还有工业布局、仓库区、居住区、城市道路网、给水、排水防洪、供电、电讯、煤气、环境保护、建筑基地及市政建设基地等项内容，不一一赘述。参见 1980 年深圳经济特区总体规划示意图（图 2-2）。

2.1.3 深南路是简易路

1980 年建设的深南路分 2 种不同宽度施工：从蔡屋围至上海宾馆段宽 45 m，从上海宾馆至车公庙段（经过福田中心区）路宽为 10~15 m 的简易路。原因是深圳市基建资金不足，材料缺乏，市政建设工作困难，如上步新区深南路，即由蔡屋围至车公庙一段路，市委原计划预算投资 519 万元，从 1979 年 8 月开始施工，至 1980 年 6 月底完成工作总量 363 万元（但上级仅拨款 299 万元），完成蔡屋围至车公庙路长 11.8 km，路基宽：蔡屋围至福田路宽 45 m，福田至中心区、车公庙路宽 15 m[④]。这是至今查到的有关深南路建设最早的文字记载。所以，1980 年深南路中心区段是 15 m 宽简易路。

2.2 政府与港商合作开发福田新市区（1981 年）

1981 年深圳特区总规确定了带状多中心

① 罗昌仁口述史料《深圳规划国土发展口述史料汇编》，口述时间 2014 年 9 月 5 日。
② 深圳市规划和国土资源委员会.深圳改革开放十五年的城市规划实践（1980–1995 年）[M].深圳：海天出版社，2010：7.
③ 《深圳市经济特区城市发展纲要（讨论稿）》，深圳市经济特区规划工作组，1980 年 6 月，第 4–5 页。
④ 《深圳市城市规划局 1980 年上半年城建工作报告》，1980 年，第 4–7 页。

图 2-2　1980 年深圳经济特区总体规划示意图
（来源：深圳方志馆）

组团式结构，深圳特区发展公司代表市政府与香港合和公司签订了建设福田新市区（30 km² 土地）的合作开发协议。

2.2.1　总规定位特区中心在福田

1981 年 11 月，《深圳市经济特区总体规划说明书（讨论稿）》[1]确定组团式布置的带形城市，福田新市区位于深圳特区的几何中心，也是深圳多中心组团结构的关键环节。规划的 30 km² 福田新市区是工业、居住综合区。规划的主要内容包括：

（1）根据 1980 年《广东省经济特区条例》规定的精神，深圳经济特区总体规划已于 1981 年 5 月基本完成。当时全特区人口规模按 1990 年 30 万人，远期 50 万人考虑。

（2）1981 年 11 月修改总规的缘由。1981 年 6 月，外商来深圳投资的项目增多，特别是较大财团的港商愿意承包大面积成片开发项目。近半年时间，特区已与外商签订

了一些意向书和协议书，例如：与香港合和实业公司联合开发福田 30 km² 的工业、住宅为主的综合区；与大宝地产公司联合开发车公庙 6 km² 以工业为主的综合区；联成企业公司准备综合开发后海一带 6 km² 的商住、文化区；以新世界发展公司为首的集团在大鹏湾大梅沙地区开发一个大型娱乐中心；等等。由于这些变化，原规划中的大部分内容已经不能适应这些新的发展要求。为此，根据特区发展的具体情况，对原总规进行了必要的修改和补充。

（3）1981 年 11 月新总规核心内容：
A. 深圳特区规划范围包括蛇口工业区、沙河华侨工业区、后海联城新区、福田市区、旧城、罗湖区及盐田、沙头角、大小梅沙，总面积 327.5 km²，其中可供规划的城市建设用地总共 98 km²，这次总体规划考虑人口规模按 1990 年 40 万人口，2000 年 100 万人口控

---

① 《深圳市经济特区总体规划说明书（讨论稿）》，深圳市城市规划局，1981 年 11 月 20 日。

制。B. 根据特区为一狭长地形的特点，总体规划按照组团式布置的带形城市设计，将全特区分成 7~8 个组团，每个组团居住 6 万 ~15 万人不等，组团与组团之间按地形用绿化带隔离，每个组团本身各有一套完整的工业、商住及行政文教设施，工作地点与居住地点就地平衡，全特区的市中心在福田市区。各组团间有方便的公路连接。这样布局既可减少城市交通压力，又有利于特区集中开发。

2.2.2　福田新市区 30 km² 土地合同签订

1981 年 11 月 23 日签订福田新市区 30 km² 土地合作开发合同（图 2-3），这是福田新市区第一份土地合同，由深圳市经济特区开发公司代表深圳市政府（深方）与香港合和中国发展（深圳）有限公司（港方）签订合作开发福田新市区合同。该合同（草稿）[①] 主要条款包括：

（1）深港双方合作组成"深圳经济特区新市开发公司"，由深方提供土地 30 km²，东起福田，西至车公庙，南起深圳河滩，北至莲花山、笔架山（笔者根据上述文字拟定示意图，见图 2-4），合作期限 30 年。

（2）经营项目以出售工厂、商业、住宅用地和经营商业、住宅楼宇为主营项目，并经营有利于新市区发展的各项事业。公司负责整个新市区的市政公共建设（短程铁路、新火车站、供水、供电、道路、电讯、下水道、市政大楼、工人新村及消防所等），以促使整个市区现代化早日实现，并在此基础上继续发展。

（3）投资金额、利益分配。港方负责筹建资金 20 亿港元。企业为合作性质，所得收益除开支外先偿还港方的本息，之后，将所得纯利分三部分分配：深方占 50%、港方占 30%、其余 20% 作为市政建设发展基金。合同期限届满后，该基金所有权益无条件归予深圳市经济特区政府。

2.2.3　福田新市区最初规划设想

港方当时设想将福田新市区建设为以工业为主体，兼有商业、住宅、各种文化福利设施以及连接铁路、公路和海运的城市综合区 [②]。港方对福田新市区充满信心，设想开发建设新火车站，签订意向书拟引进电气化铁路开往落马洲。深圳市政府要求香港合和公司在两年内投资建设。这是福田新市区最早规划设想。

2.3　福田新市区规划纲要（1982 年）

1982 年香港合和公司提出《福田新市发展规划纲要》，该纲要规划在福田新市区采用同心圆放射型并布局 70 km 长的轻轨铁路网的交通系统，后经几次专家会评审被否定。

2.3.1　福田新中心为特区行政、金融、商业中心

1982 年 4 月，市政府召开了由国内 70 多名专家学者参加的《深圳市经济特区社会经济发展规划大纲》评审会，9 月又请香港专家学者评议，1982 年 11 月全部完成该大纲上报广东省政府和国务院审批 [③]。该大纲明确"福田新市区中心地段为特区的商业、金融、行政中心。在罗湖、上步、福田新市、南头 4 个地段，集中安排商业、金融、贸易机构，建立繁荣的商业闹市区" [④]。

2.3.2　总规简图出现中轴线雏形

为了配合《深圳市经济特区社会经济发

---

① 《关于印发省委负责同志对开发新市地区的批示和省委办公厅的批复的通知》，深圳市委办公室文件，深委办〔1981〕32 号，1981 年 11 月 4 日。来源：深圳市档案馆。
② 陈铠. 新世纪神话 [M]// 刘佳胜. 花园城市背后的故事. 广州：花城出版社，2001：354-357.
③ 陈一新. 规划探索：深圳市中心区城市规划实施历程（1980—2010 年）[M]. 深圳：海天出版社，2015：29-31.
④ 《深圳市经济特区社会经济发展规划大纲》，1982 年 11 月 30 日。

图 2-3 1981 年 12 月 24 日《深圳特区报》刊登：开发福田新市（30 km²）合同在深圳签字

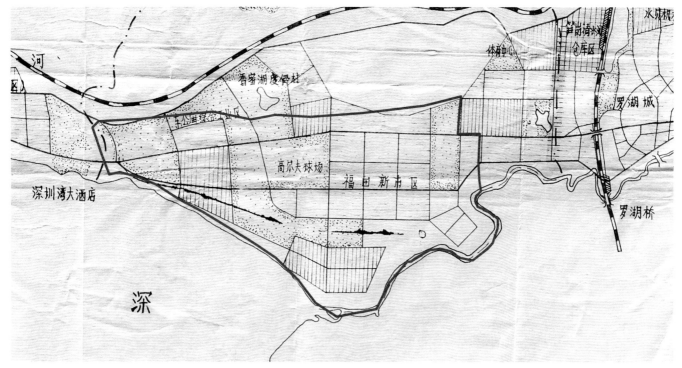

图 2-4　1981 年深港合作开发福田新市区 30 km² 范围示意图
（来源：在规划部门档案图上作者加红线）

展规划大纲》专家评审会做准备，1982 年 3 月，市规划局根据深圳地形图按组团式结构布局组织编制深圳特区总体规划简图，包括深圳市地理位置图、深圳特区总体规划示意图[①]、特区已建用地位置图、口岸位置图、二线布置示意图。1982 年 10 月印制了这本《深圳经济特区总体规划简图》。深圳特区总规示意图清晰显示：A. 规划东西向两条主干道——深南大道、北环路（注：从布吉火车站向西引一条铁路线到妈湾港，再往南边移动确定了北环路位置）。B. 福田新市区位于深圳特区的中部，规划了大块的方格网主次干道。C. 从莲花山麓向南规划示意了一条中轴线。这是福田中心区最早的中轴线雏形。

2.3.3　福田新市区辐射式同心圆路网规划

1982 年 8 月，香港合和公司《福田新市发展规划纲要》[②]规划方案（图 2-5）由潘衍寿建筑事务所提供，规划目标为发展工业、商业、住宅、旅游，吸引一部分香港人口来深圳定居。不仅可以提供市内消费力量及增强深圳市各行业的服务能力，同时可大量提供深圳亟须的资金及先进科技等，形成了福田 30 km² 的开发计划。构想在福田区采用"蜘蛛网"交通线路方案建立较密的轻轨交通网，为香港来深圳的人士提供到达福田区的便捷交通。该规划纲要在空间发展模式上提出了福田新市区"花园城市加轨道"的规划方案图，形成了福田新市区 30 km² 辐射式同心圆路网规划（图 2-6）开发计划。

2.4　专家否定福田新市区规划（1983 年）

2.4.1　中心区首现"十字轴"

1983 年深圳总规草图首现中心区十字轴雏形。深圳特区在前几年工作基础上，于 1983 年继续调研，广泛听取各方意见，编制

---

① 孙俊先生，高级规划工程师，1956 年起在东北建筑设计院工作，富有各类建筑工程与规划设计实际经验。1982 年 2 月被国家建委设计局选调到深圳市城市规划局工作，1982 年 3 月执笔画这张图，是为了配合 1982 年 4 月召开的深圳市经济特区社会经济发展规划大纲专家评审会。他参与深圳特区早期规划建设，并较完整保存了自己在规划局工作期间的规划历史资料和工作笔记。1989 年起他历任南头区建设局局长、南山区住宅局局长，直至 2002 年退休。
② 《福田新市发展规划纲要》，香港合和中国发展（深圳）有限公司，1982 年 8 月 10 日。

图 2-5　福田新市及罗湖城远眺
（来源：《福田新市发展规划纲要》，香港合和公司，1982 年）

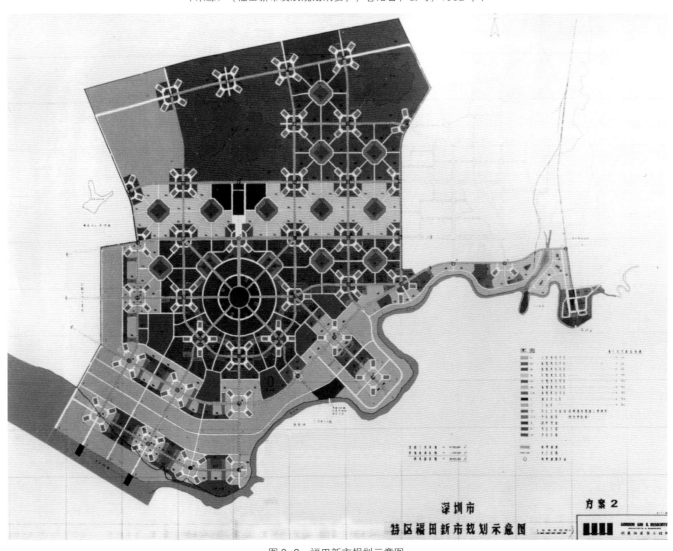

图 2-6　福田新市规划示意图
（来源：《福田新市发展规划纲要》，香港合和公司，1982 年）

了深圳特区总体规划草图。这次总规考虑将来特区开发到相当规模时，市政府部分机构迁址莲花山下，罗湖区政府区委仍在罗湖区原址不动。上步区政府建议在福田公社进行安排①。该草图显示中轴线与深南路十字轴雏形，深圳作为一个东西向带状城市，福田中心区首次创造了城市南北向主轴线，从莲花山向南的福田中心区规划了一条主要以商业办公建筑围合而成的景观中轴线，与东西向景观大道的深南大道（两侧也是商业办公建筑围合）垂直相交，形成中心区十字轴规划的第一次草图。

2.4.2 专家否定辐射式同心圆路网规划

（1）从 1982 年 5 月至 1983 年期间，深圳市城市规划局数次举行专家会②讨论福田新市区规划的放射型轻轨铁路网方案，专家意见指出：A.轻轨是一种新型交通工具，适于长距离、大运量、低能源的定向交通。深圳市因规划布局成组团形式，大量交通要求在各组团间各自平衡，如采用轻轨，可考虑各区间的东西向交通联系。B.福田区内不可能有大运量，轻轨与城市道路交叉次数太多，工程量浩大，维护困难，对行人、自行车交通均不利。因此，在福田区内全部采用轻轨交通是不合适的。

（2）专家们同意福田区路网布局以方格网型布局为主，考虑道路功能、客货运分流，方便与东西两区道路联系，应该与总体规划的全市路网相协调。局部可以采用放射环状，以利于商业中心的形成和步行交通的便利。但否定了 1982 年《福田新市发展规划纲要》提出辐射式同心圆路网。

2.5 中心区地质初勘情况较好（1984 年）

2.5.1 福田新市区交通规划

（1）港方规划福田新市区的三项原则③ 福田新市区位于深圳特区的中心地段，离罗湖车站 6 km，特区成立不久，香港合和公司提出开发福田为新市区。那时香港房地产业正兴旺，投资方设想把罗湖火车站迁至福田新市区中心，或将香港新界元朗的轻轨交通延伸至落马洲—皇岗大桥，然后进入福田新市区中心。后因港方拒绝而使这种设想告吹，因为该区距离罗湖远，交通路网系统也存在很多实际问题，地势又有较大部分是低洼地，开发成本较高，为此拖延的三四年间，香港合和公司曾先后做过很多的方案中，以下三项原则一直没有变：A.辐射式同心圆方案，新市区主要干道全部采用轻轨；B.从罗湖站出轻轨交通干线直插福田新市区中心，然后接入南头地区；C.福田新市区规划人口为 100 万人以上。

在这三项不变的原则中，说明了香港合和公司认识到没有快速交通工具到福田，那么福田新市区开发后的价值不大，另外推行强中心方案，即推行集中人流的繁华商业中心，才有吸引力，以便可以提高地价；如果福田区开发后的 30 km² 内没有能安排 100 万人口，那么福田区的开发成本费用高，回不了本，就是不经济。

（2）专家指出香港合和公司规划方案的问题 对于香港合和公司规划方案，市领导极为重视，先后请了国内各方面的专家，对香港合和公司的方案展开过很多次的讨论与研究，均认为胡先生的方案在新市区采用轻轨，

---

① 《深圳经济特区已开发土地（20 km²）详细规划说明书（暂定稿）》，深圳市城市规划局，1983 年，第 8–9 页。
② 《关于福田新市区路网规划座谈会纪要》，深圳市城市规划局，1983 年 3 月 22 日。
③ 摘自孙俊先生在深圳市城市规划局工作期间于 1984 年 5 月 15 日所做的笔记，这是一段对福田区交通问题具有前瞻性和深度的研究文字，弥足珍贵。

而且是在全部主要道路上运用是行不通的，轻轨仅能在长距离、大运量交通运输中采用，可作为带状地形的现代化城市，选用轻轨在一定程度上是符合实际的，但只能采用1~2条。并认为香港合和公司的布局方式是从房地产商角度出发的，所考虑的问题，未能从整个城市交通和布局进行规划安排。但又考虑到吸引外商投资开发，中规院院长做了一个方案，其特点是道路系统既与目前已建路网系统相呼应，又吸收了香港合和公司的强中心这一构思，并与深南路紧靠，便于香港合和公司首先开发，又考虑到了城市整个交通，特别是东西向之间交通通畅问题。中规院的方案更重视了整个城市的远期交通及其建筑密度等问题。

根据上述分析，深圳特区或福田新市区的客运交通，近期取以公共交通为主，远期考虑轻轨的发展方针是正确的。总之，必须考虑各种交通方式相结合的综合交通体系，特别是远期采用轻轨来解决东西向的快速交通问题，而港方的单一模式是欠妥的，在福田区范围内采取以轻轨交通为主的方式尤其不妥当。当然，所谓轻轨交通在已建的罗湖区穿行可以采用地铁，在将来的福田市中心穿越时也可采用地铁。换言之，称为轨道交通系统更合适一些。

2.5.2 "市民广场"萌芽

1984年1月，深圳市城市规划局为全市绿化规划拟文，高瞻远瞩地提出了关于城市公园的规划，提出"在市政府对面及福田中央干道北面尽端建设广场公园，广场中央设置大型大鹏城徽"。这个绿化规划思路成为后来福田中心区中轴线规划选址的最早提议。估计就在1983年福田中心区十字轴的南北轴上，此后多年，中心区城市设计形成的中轴

线"城市客厅"大致就是1984年"广场公园"的位置了。参见《深圳市自然资源与经济开发图集》，图中显示福田区位置范围旧称"上步区"，莲花山公园与"广场公园"的绿色连续。这是"市民广场"最早的萌芽。

2.5.3 中心区地下没有"断裂带"

1983—1984年间，深圳市城市规划局孙俊先生按工作程序给地质勘探公司布置任务，要求对福田中心区（参见图2-7）进行了地质初步勘探，每平方千米布设了1~2个勘探点。孙俊先生说："我做过各类建筑工程，钻孔勘探后一看中心区地下没有什么断裂带，那我就放心了。勘探的结果是福田中心区地质条件较好，这里可以规划布置高层建筑。"[①]1984年福田中心区地质初勘，为中心区规划提供了科学依据。

2.6 中心区详规启动（1985年）

1985年深圳经济特区总规编制过程中，特别对福田中心区范围4 km²进行城市设计空间研究，深入浅出地确定了路网和功能，特别是南北中轴与深南路的交叉交通枢纽。此外，中规院对武汉市钢铁设计院深圳分院原来做的福田中心区的竖向设计进行优化（据朱荣远2023年5月回忆）。1985年首次提出福田中心区人车分流交通规划构思，准备开展中心区详细规划。

2.6.1 提出人车分流、机非分流

（1）1985年《深圳经济特区总体规划》（图2-8）将福田新市区定位为未来新的行政、商业、金融、贸易、技术密集工业中心，相应配套建立生活、文化、服务设施。福田中心区处于整个特区城市的中心位置，采用方格网棋盘式布局。以一条正对莲花山峰顶

---

① 2022年1月28日孙俊先生口述历史，地点：规划大厦753室，陈一新、杜万平参加记录。

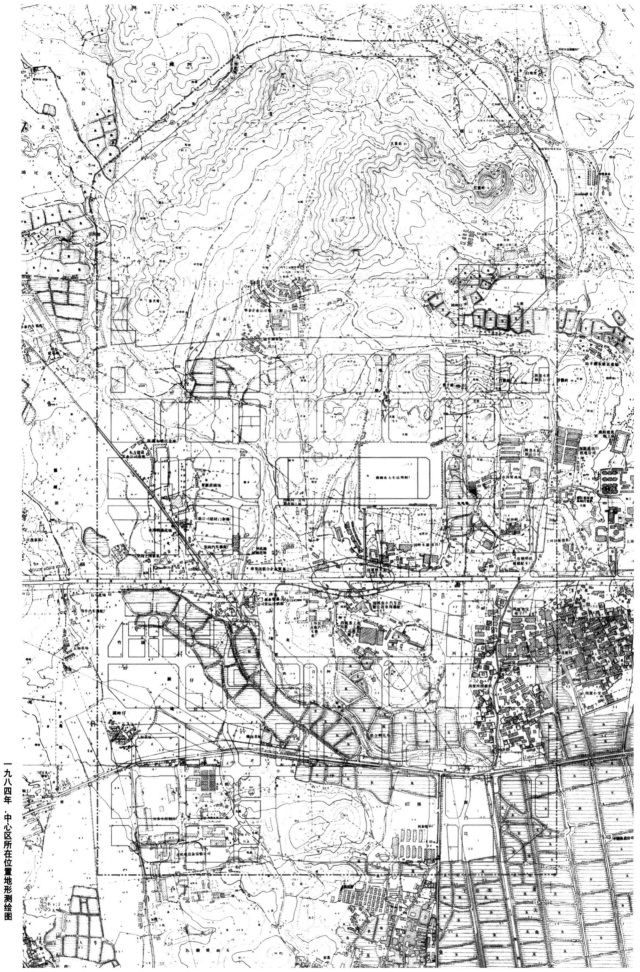

一九八四年·中心区所在位置地形测绘图

图 2-7　1984 年中心区地形图（底图黑色线，表层红色线表示 1998—2000 年间中心区路网）
（来源："深圳市中心区城市设计与建筑设计 1996—2002" 系列丛书 1）

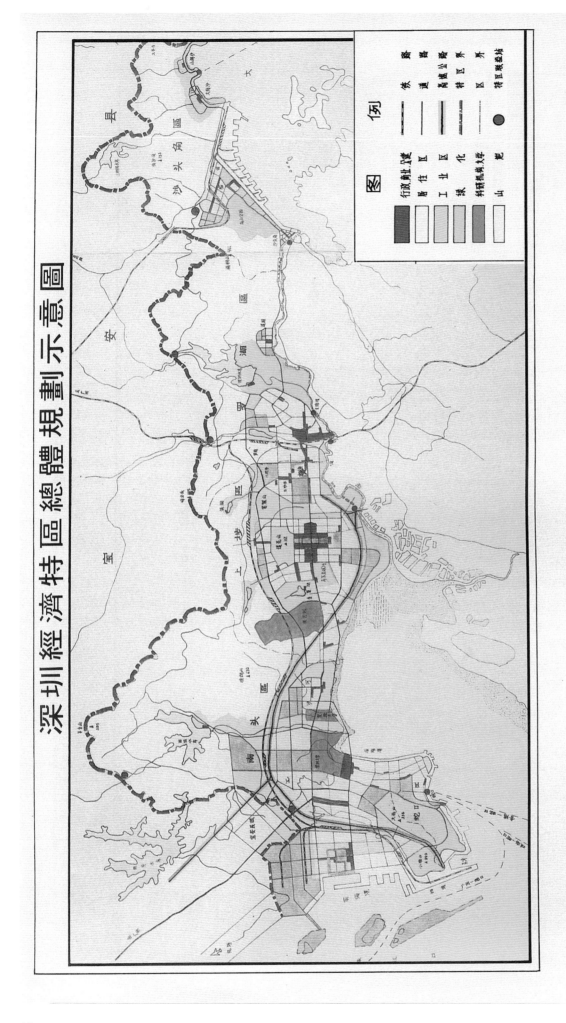

深圳經濟特區總體規劃示意圖

图2-8 1985年深圳经济特区总体规划示意图
（来源：《深圳经济特区年鉴 1985（创刊号）》）

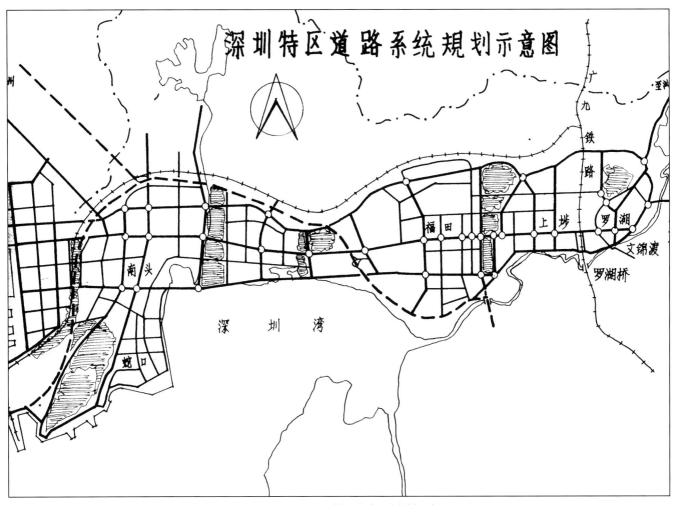

图 2-9 1985 年深圳特区道路系统规划示意图
（来源：孙俊先生提供 编者注：图中"上埗"应为"上步"）

的 100 m 宽的南北向林荫道作为空间布局的
轴线，与深南路正交，形成东西、南北两条
主轴。在中心区南北和东西各 2 km 多的范围
内，实行人车分流、机非分流的道路交通系统。

（2）1985 年首次提出福田中心区人车分
流的交通规划构思，"根据深圳城市组团式布局，
全特区建立 14 个中心商业网点，其中于罗湖、
上步、南头建设大型商业中心，相应地建立金
融中心和外贸中心。商业中心地段的人流、车
流尽可能采用立体交叉布置"[1]。这些都是富
有前瞻性的规划构思。

（3）提出福田新区机非分流制。在深圳
市城市规划局、深圳特区城市建设住宅开发
公司、深圳市公安局交通自动化工程研究所
等单位的协助和支持下，中规院于 1985 年 7
月完成了《深圳特区道路交通规划咨询报告》
主张深圳特区建立以公共交通为主的交通结
构。组团内的道路格局在福田新区等地区应
做到快、慢车分流，建成机动车和自行车两
个系统，已建的罗湖、上步等老区也要因地
制宜地逐步实现机非分流制[2]。

① 孙俊. 深圳经济特区总体规划简述 [M]// 广州地理研究所. 深圳自然资源与经济开发. 广州：广东科技出版社，
  1986：302-310.
② 陈一新. 规划探索：深圳市中心区城市规划实施历程（1980—2010 年）[M]. 深圳：海天出版社，2015：42.

图 2-10 1986 年福田中心区构想图
（来源：《深圳经济特区总体规划》，深圳市规划局、中规院）

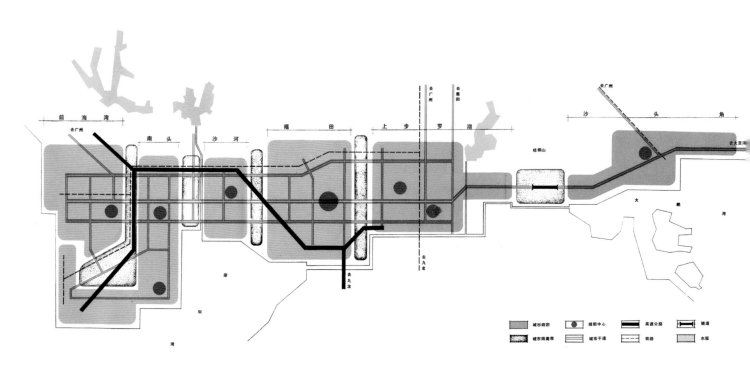

图 2-11 1986 年深圳特区组团结构分析
（来源：《深圳经济特区总体规划》，深圳市规划局、中规院）

2.6.2　委托福田新市区进行防洪规划

为了进一步配合三防指挥部搞好福田新市区防洪规划工作，1985年6月22日，深圳市城市规划局委托上海市政工程设计院深圳分部对福田新市区的排水、污水系统和竖向工程（与防洪工程相协调）进行规划设计。规划范围如下：北至北环路北山脚，东至福田路，南至深圳河，西面界线包含两处：深南路以北从香蜜湖以东算起（不包括香蜜湖），深南路以南从红旗岭以东算起[①]。

2.6.3　拟编制中心区道路网规划

至1985年底，深圳特区罗湖、上步已经开发的面积达38.7 km²，根据当时特区现状，下一步准备开展福田区道路坐标和竖向设计、福田区详规、福田中心区（5 km²）详规、罗湖区详规、上步区详规、沙河区（除华侨城、工业园）详规等多项规划[②]。1985年编制深圳特区总规时，市政府已着手开发福田新区，迫切要求提供新区的几条主干道路网的控制点坐标标高[③]。深圳市城市规划局根据特区总规组织了10多个规划设计部门全面开展了详细规划和各专项规划，先后完成了交通规划（图2-9）、分区规划、各开发区的建设规划以及中心市区、一批工业区和居住区车站、旧城、皇岗口岸等局部地段的规划和城市设计，并制定了一批设计标准、管理条例[④]。这是特区成立以来集中编制的第一批专项规划和详细规划，其中包含了福田中心区道路网规划。

2.7　收回福田新市区30 km² 土地（1986年）

2.7.1　总规关于福田新市区规划

1986年《深圳经济特区总体规划》定位福田区为特区主要中心，将逐步形成以金融、贸易、商业、信息交换和文化为主的中心区。1986年总规明确了福田中心区是未来新的行政、商业、金融、贸易、技术密集工业中心，相应配套建立生活、文化、服务设施；还确定了福田中心区棋盘式布局，以一条正对莲花山峰顶的南北向100 m宽的林荫道作为空间布局的轴线，与深南路正交（以二层高架平台和高层建筑跨过深南路）（图2-10），形成东西、南北两条主轴。

1986年总规有关福田新市区规划内容主要包括：

（1）罗湖上步建成区旅游宾馆已较集中，新建的重点应逐步转向待开发的福田、沙河组团（图2-11）。

（2）福田组团以国际性的金融、商业、贸易、会议中心和旅游设施为主，同时综合发展工业、住宅和旅游，规划福田中心区居住人口9万~10万人。

（3）本市目前最主要的东西向通道深南路，从福田路口往西长20 km（包括福田中心区段），宽仅10 m（临时路面），往东进入主要市区长6 km（正式道路）。

（4）规划在福田建水厂一座，解决福田新市区用水问题。水源由深圳水库供给。

（5）规划整治福田河和皇岗河两条排洪

---

① 深圳市城市规划局文件，深规字〔1985〕74号。1985年6月22日，抄送：三防指挥部、市基建办、总工程师室。

② 《关于解决城市规划局经费问题的请示》，深规字〔1985〕138号，深圳市城市规划局，1985。

③ 周干峙.在努力攀登先进水平的城市规划道路上前进[M]//深圳市城市规划委员会，深圳市建设局.深圳城市规划：纪念深圳经济特区成立十周年特辑.深圳：海天出版社，1990：11–12.

④ 孙克刚.深圳城市规划和规划管理[M]//深圳市城市规划委员会，深圳市建设局.深圳城市规划：纪念深圳经济特区成立十周年特辑.深圳：海天出版社，1990：69.

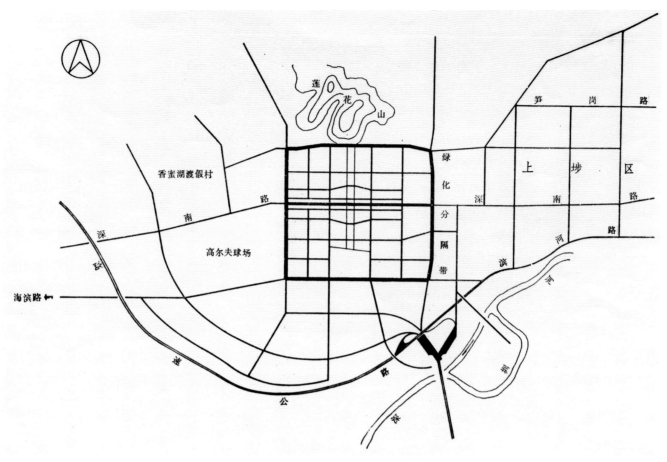

图 2-12 1986 年中心区位置与周围关系图
（来源：《深圳特区福田中心区道路网规划》，中规院）
编者注：图中"香蜜湖渡假村"应为"香蜜湖度假村"，"上埗区"应为"上步区"。

渠道，将皇岗河中下游改道至高尔夫球场东侧直接入海，为开发福田新市区中心创造有利条件。

2.7.2 中心区机非分流道路网规划

1986 年完成的《深圳特区福田中心区道路网规划》[①]提出：A. 中心区[②]用地面积 5.4 km²，中心区采用方格形道路网（图 2-12），道路分格为 350~500 m 布局，带有中国传统特点，中轴线设计了一条宽 100 m、长 1 700 m，由绿地、广场和散步道组成的林荫大道。B. 中心区道路网采取机非分流交通设计，自行车、

人行道与汽车道完全分离形成独立的慢行系统（图 2-13）。

中心区交通方案设计与罗湖、上步区在构思上有不同之处：A. 有明确的中轴线，100 m 宽的开阔林荫大道与风景区自然环境融合；B. 在深南路的上部建造一个步行平台，在平台上再建造一座横跨道路的建筑物，道路从平台的下面穿过，从远处就能看到中心的标志建筑；C. 鉴于中心区规划人口密度较高（图 2-14），所以规划一个步行道连续的立体的步行活动区，交通线都布置在步行平

① 《深圳特区福田中心区道路网规划》，中规院深圳咨询中心，1986 年 2 月。
② "福田中心区"以东是福田与上步两个区之间的 800 m 绿化分隔带，以南是渔塘，以西是高尔夫球场，近邻香蜜湖度假村，以北是莲花山风景区。来源：1986 年《深圳特区福田中心区道路网规划》。

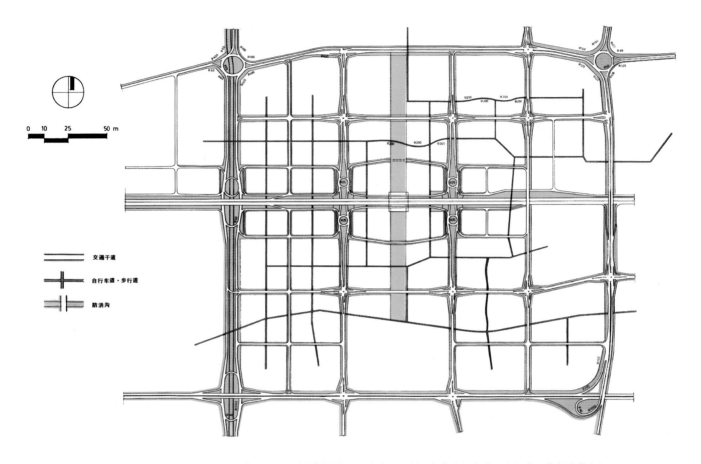

图 2-13 1986 年福田中心区道路网机非分流规划方案（绿色交通干道，红色自行车道·步行道，蓝色防洪沟）
（来源：《深圳经济特区总体规划》深圳市规划局、中规院）

图 2-14 1986 年中心区居住人口密度规划
（来源《深圳经济特区总体规划》,深圳市规划局、中规院）

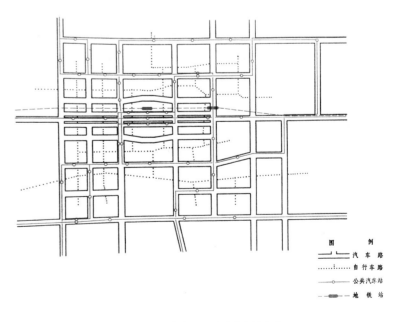

图 2-15 1986 年中心区公共汽车站点布置图
（来源：《深圳特区福田中心区道路网规划》，中规院）

台的底下，地铁、小站公共汽车线、快速公共汽车线在此设站（图 2-15），便于人流迅速集散。

2.7.3 终止福田新市区合作开发土地合同

1986 年成立国家土地管理局并颁布土地管理法，由于全国经济宏观调控收紧，深圳市迅速压缩基建规模，及时制定了城市统一规划、统一开发，不整片出让土地的政策，并开创性制订了土地招拍挂计划，让深圳在基建资金紧缺的年代看到了一线曙光。

1986 年初深圳特区发展公司曾 3 次致信香港合和公司，告知 1981 年签订的福田新市区 30 km² 土地合作开发合同约定，2 年内不开发就收回土地。当时已经超期未开发，仅建了一个混凝土厂，没有道路建设。最后双方确定，以 500 万元收回福田新市区 30 km² 土地[①]，终止了福田新市区 30 km² 土地合作开发合同。收回的这 30 km² 土地相当于现今福田区土地面积的"半壁江山"。1986 年市领导果断收地，保证了深圳特区规划建设的整体性，这对"深圳城市建设奇迹"具有深远历史意义。

2.8 中心区首次城市设计（1987 年）

2.8.1 中心区地貌

从 1987 年福田中心区现状图（图 2-16）可以看出，中心区仍保留着农田、鱼塘、荔枝林等原地形地貌，深南大道以北的建构筑物标注名称包括：深圳市火车站预制厂、上步区区委、上步区公安分局、岗厦职业技术中学、市岗厦职工技术学校、市勘探公司、市岗厦鸡场、上步区装饰家私厂、岗厦铁木

加工厂、园岭木器家具厂、市皇岗联合企业贸易公司、皇岗汽车修配厂、皇岗上围家私厂、深圳进出口机电公司、朝阳建筑第二施工队、圳荣水泥制品厂、四航局一公司沥青加工场、塘尾坑等，深南大道以南的建构筑物标注名称有：深圳市小汽车出租公司皇岗修配厂、上步区出租汽车修配厂、四航务工程局第一工程公司第五施工处、园岭仔、人和菜场、上步区商业贸易公司食品经销部、岗厦美宝电子厂、岗厦村、岗厦河园新村、岗厦楼园新村、岗厦小学、皇岗派出所、黄岗坑、佛岗菜场、联合孵化场、百斗种、氹湖塘岭头、众多鱼塘等。

从江式高先生 1987 年站在当时深南大道最西端建筑——上海宾馆的屋顶上向西拍摄的照片上也可较清晰地看到中心区的形貌（图2-17）。

2.8.2 英国规划师编制城市设计

1987 年深圳首次城市设计，其中包含对福田中心区第一次高水平的城市设计章节。当深圳特区已经历了第一次开发建设高潮后，1987 年由英国海外开发署资助，委托英国著名规划师瓦特·鲍尔（Walter Bor）带领的伦敦陆爱林戴维斯规划公司（Llewelyn-Davies Planning Co. London England）与深圳市城市规划局合作开展深圳城市设计研究工作。1987年初对深圳城市规划现况（包括住宅、工业、道路和交通系统）调研了 2 个月，同年 4 月完成了《深圳城市规划研究报告》[②]，这是深圳首次城市设计研究。该报告含有"深圳福田中心区开发建议"专门篇章，提出了福田中心区的总体构思、土地利用、交通规划、城市详细设计指导方针、详细的风景规划以

---

① 罗昌仁口述史料《深圳规划国土发展口述史料汇编》，口述时间 2014 年 6 月 24 日 /2014 年 9 月 5 日。
② 陆爱林戴维斯规划公司，深圳市城市规划局，王红，等 . 深圳城市规划研究报告 [R]. 中规院情报所，1987：61–66.

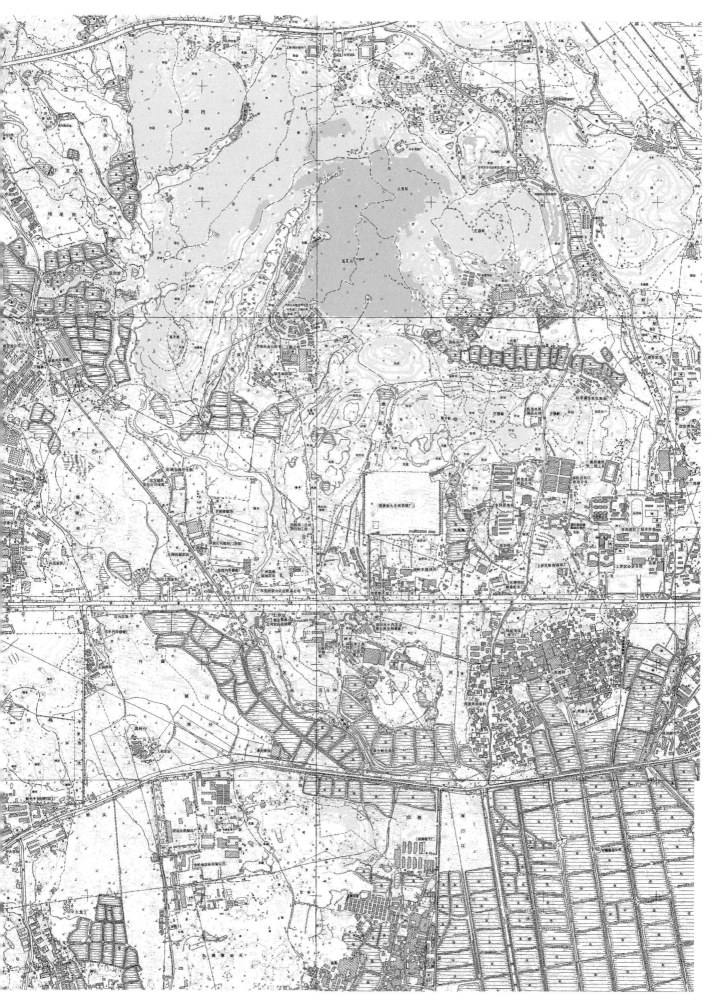

图 2-16 1987 年福田中心区现状图
（来源：市规划部门）

图 2-17 1987 年福田中心区原貌，左为福田村、岗厦村；右为田面村、中心公园；右前方为莲花山
（来源：江式高 1987 年摄于深南大道旁上海宾馆屋顶）

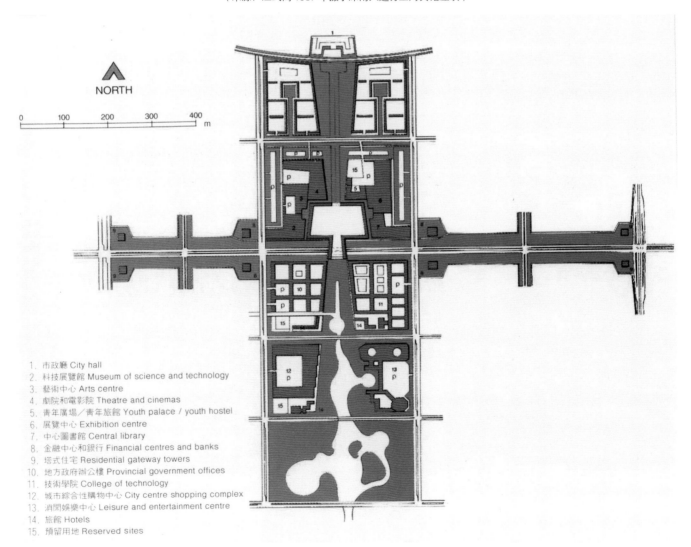

1. 市政廳 City hall
2. 科技展覽館 Museum of science and technology
3. 藝術中心 Arts centre
4. 劇院和電影院 Theatre and cinemas
5. 青年廣場／青年旅館 Youth palace / youth hostel
6. 展覽中心 Exhibition centre
7. 中心圖書館 Central library
8. 金融中心和銀行 Financial centres and banks
9. 塔式住宅 Residential gateway towers
10. 地方政府辦公樓 Provincial government offices
11. 技術學院 College of technology
12. 城市綜合性購物中心 City centre shopping complex
13. 消閒娛樂中心 Leisure and entertainment centre
14. 旅館 Hotels
15. 預留用地 Reserved sites

图 2-18 1987 年福田中心区城市设计
（来源：《深圳城市规划研究报告》，英国伦敦陆爱林戴维斯规划公司与深圳市城市规划局合作）

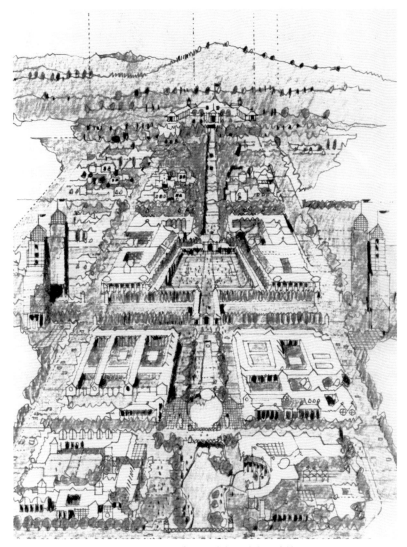

图 2-19　1987 年中心区城市设计中轴线效果图
（来源：《深圳城市规划研究报告》，英国伦敦陆爱林戴维斯规划公司与深圳市城
市规划局合作）

及实施意见等六部分内容。

福田中心区中轴线规划在 1986 年以前是二维平面规划。1987 年该城市设计成果首次采用三维效果图，让当年的深圳市城市规划局首次领略"城市设计"。该三维图内容较齐全且具可操作性。该成果提出了以下城市设计原则。

（1）中轴线公共景观空间是开阔的南北向带状绿地，在深南大道北侧建设步行中央广场，两条人行天桥连接中央广场并跨越深南大道　原文："福田区中心应有引人入胜的景观，包括开阔的南北向带状绿地（图 2-18），两侧主要用作城市公建用地和中心公园，风

景建设将在福田区中心起着非常重要的作用。""两条人行天桥连接中央广场并跨越深南路，深南路在人行天桥下面通过。要修建一条连续的自行车/人行道路网：沿着主要车行道但与车行道之间有一条宽阔的绿带相隔，在交叉口与车行道平面相交。"

（2）市民广场　原文："在深南路北侧的中轴线上建步行中央广场（图 2-19），它不仅是福田区的中心，而且是整个深圳城市的中心。"

（3）骑楼　原文："拟建两条南北向商业街，设有骑楼的商业街将是福田中心区的一大

特色。"

（4）标志性建筑控制广场界面及天际线　原文："在中央广场旁边拟建两幢高层办公大楼，这是深圳最高最好的高层建筑，是城市在全国的重要性及其取得成就的标志，其所在位置，可主宰城市天际线。"

上述 4 项原则虽未能连续传导实施[①]，因为在 1988—1995 年间所有中心区规划成果未曾提及 1987 年城市设计成果，但幸运的是 1996 年以后中心区城市设计国际咨询优选方案又"不谋而合"地基本实施了上述 4 项原则，仅跨越深南路的"两条人行天桥"尚未实施。可见，中心区前后两代规划师的"接力棒"虽未能有效传递，但"英雄所见略同"。这无疑验证了福田中心区城市设计成果的经典价值。这是福田中心区的幸运。

2.9　第一阶段小结

第一阶段（1980—1987 年）福田中心区规划选址、概念规划、城市设计富有远见。1980 年代深圳特区总规对福田新市区和城市中心的规划选址和准确定位，是福田中心区规划成功实施的基石。例如，1984 年中心区地质初勘证实其地质条件可以支撑高层建筑，1985 年提出中心区人车分流的交通规划构思，1987 年首次城市设计等都为中心区规划做出了有益的探索。特别是 1981 年深圳市政府与港商签订的福田新市区（30 km² 土地）的合作开发协议，1986 年终止协议收回土地，为深圳福田区（包含福田中心区）的发展预留了大片土地。这是深圳规划史上的重要故事。

[①]　1987 年城市设计成果未能直接指导中心区开发建设。1996 年成立中心办，我们从深圳市规划国土局城市设计处承接的中心区历史资料包括：中心区土地出让情况示意简图、1992 年中心区详规复印件、1995 年南区城市设计。直到 2004 年中心办撤销，我们从未知悉 1987 年城市设计成果。2009 年笔者写博士论文开始收集中心区前 15 年（1980—1995 年）老旧资料才发现该成果。

3 第二阶段：确定中心区详规，道路施工建设（1988—1995）

人类的建筑创造活动，不仅是建造房子，而是要创造居住与工作环境，包括了优美城乡环境的创造；它不仅仅是物质文明的建设，还是精神文明的建设。

——中国科学院和中国工程院 两院院士 吴良镛

3.0 背景综述

第二阶段（1988—1995 年）是按深圳城市规划建成 11 个工业区，从传统工业向高新技术产业转型阶段。深圳常住人口从 1988 年 120 万人增加到 1995 年 449 万人，年均增加 47 万人，人口增速快。深圳 GDP 从 1988 年 87 亿元增长到 1995 年 842 亿元，年均增长超过 100 亿元。这时期深圳人口、经济都飞速增长，市场对住宅和办公的需求量迅速加大。该阶段深圳重点开发建设的罗湖上步组团呈现欣欣向荣的经济活力和城市面貌。市政府鼓励发展高新技术、物流等第三产业，并积极创新金融业体制转变。特区初创取得的成就，鼓舞了深圳二次创业、再创辉煌的信心。这阶段深圳规划的目标是迎接香港回归，深圳 1990 年代实现城市现代化的进程中，再没有比"再造一个香港"这一目标更使人憧憬美好的未来。

1990 年成立福田区，市政府对外宣布，深圳第二个 10 年将要开发建设福田中心区和南山中心区，以及深圳湾地区、龙珠工业区、盐田港区、大小梅沙、香蜜湖等片区。纵观福田区的创立和规划建设历程，可以洞见建设福田中心区在深圳迈向国际性城市进程中开发的关键作用。福田中心区是深圳特区二次创业的重中之重，1992 年前完成了特区内土地征收后，除香蜜湖度假村、高尔夫球场等有少量建设外，福田区大部分建设用地由政府规划控制预留，为福田中心区开发做好了准备。

3.1 第一份开发策略（1988 年）

3.1.1 福田新市区开发策略

1988 年市国土局向市政府提交了福田新市区第一份开发策略《关于开发福田新市区的报告》[①]。该报告包括深圳特区的开发建设现状、福田新市区概况、土地使用情况、开发设想、开发策略、投资估算、福田新区土地开发基金投入产出估算、征地贷款方案、近期（1988—1991 年）开发安排以及项目资金安排等内容。这是一份既有远见又可操作的开发策略，报告内容包括：

（1）指导思想 A. 贯彻以开发工业区为主，在满足工业用地的前提下，带动居住、商业和其他用地的开发；B. 基础设施建设先行，贯彻开发一片、建设一片、收益一片的方针，创造良好的投资环境；C. 以经济效益为目标，有效运用资金，降低开发成本，合

① 《关于开发福田新市区的报告》，深国土字〔1988〕41 号，深圳市国土局，1988 年 8 月。

理安排土地开发基金，有计划地组织贷款，使土地开发得以良性循环；D. 由政府统一组织开发，统一出让土地，以便形成地产市场，积累土地开发资金，使房地产业逐步发展为特区经济的支柱行业。

（2）三种开发方式　福田新市区的土地开发以政府开发为主，政府开发与企业开发并举的原则进行。A. 政府直接开发，开发出来的土地由政府以拍卖、招标、协议的形式组织出让，如彩电、梅林、皇岗食品工业区等；B. 政府出让毛地，企业组织开发，开发出来的土地由开发企业进行转让，市国土局办理转让登记，核发土地证书，收取转让费或进行利润分成，如车公庙工业区、福田加工区；C. 企业开发，开发后的土地以一定的比例交由企业经营或转让，其余土地交还政府。

（3）开发策略　A. 采取先外围后中心的原则。先开发北环路开发带（包括彩电、梅林、猫颈田工业区及配套生活区）、深圳湾半月状开发带（包括车公庙、沙咀、皇岗、福田工业区、皇岗口岸区及配套生活区），面积约 19 km²，后开发福田中心区，面积约 6 km²，形成"两带一块"的开发格局。B. 要求 3 年形成骨架，5 年基本完成土地开发，10 年基本建成。为了加快骨架的形成，必须在开发"两带"工业区同时，打通皇岗路、福民路、福金路、福厦路、南环路、梅林路、新洲路及南北莲花路，改造深南西路、北环路，完成相应的水、电、通信等配套工程。

（4）投资估算及资金筹措　开发福田新市区的总费用估算为 42 亿元（不包括电力、通信、立交、排海工程），采用"滚雪球"的方法筹措土地开发基金。开始时，须向银行贷款一部分资金，用于征地及起步工程建设。

（5）征地工作　此时特区内土地征用费比较便宜，但 1988 年比 1987 年上涨近三成。征地价格看涨，征地日趋困难。因此，拟向银行一次性贷款 2.5 亿元，将福田新市区内土地一次性征用。这样对土地开发、管理均有好处。

（6）管理机构　为了加强领导，建议市政府成立福田新市区开发指挥部，由相关部门主要领导参加，便于协调管理。

3.1.2　福田新市区统征土地

1980 年代深圳规划建设最艰巨工作是农村集体用地的征收。福田新市区 1988 年起统征土地，需在上步区范围内征用土地 44 km²。其中 1988—1989 年底前征用 24 km²。首期在梅林片区征收 2 万多亩（1 亩 ≈ 666.7 m²），约 13 km² 土地。为了加强领导，上步区成立了征地领导机构，有关部门进行地契调查、放桩等征地的前期准备工作[①]。1988 年 9 月，市国土局和上步管理区开始对福田新市区征地以来，已先后与岗厦、新洲、沙尾、渔农村、上梅林、水围等村委签订了征地合同，共征地 3 947 亩，还有 3 家待签合同，面积共 7 784 亩，征地成绩显著，但这仍赶不上开发工作的需要。市领导要求 1989 年春节前完成新洲路以东的征地任务。以村为单位，尽快把福田新市区范围内的农村集体所有土地一次全部征完，不留"尾巴"[②]，以确保福田新市区开发工作的顺利进行。

3.1.3　福田分区规划有关中心区

1988 年完成《深圳经济特区福田分区规划》[③]（图 3-1），内容包括：

---

① 《开发福田新市区的征地工作已拉开序幕》，《深圳信息》第 60 期（总 187 期），深圳市委办公厅编，上步区委办供稿，1988 年。
② 《关于福田新市区征地工作的会议纪要》，深国土字〔1988〕79 号，深圳市国土局，1988 年 12 月 2 日。
③ 《深圳经济特区福田分区规划》，深圳市城市规划局，中规院深圳咨询中心合编，1988 年 11 月。

图 3-1　1988 年福田分区规划图
（来源：中规院）

（1）福田新市区用地平衡表[①]　确定福田新市区[②]将建成以金融、贸易、商业、信息交换和文化为主的市中心区。规划年限，近期至 1992 年，远期至 2000 年。按照各类产业的建设需要和自然条件，规划在中心区东西南北分别建立 4 个片区中心，每个片区中心人口控制在 8 万 ~9 万人之间，有完备的生活服务设施。福田新市区总面积 44.52 km²，其中可用的建设用地约 36.87 km²。规划工业用地 553.23 hm²，居住用地 823.6 hm²，仓库用地 20.67 hm²，公共建筑用地 368.36 hm²，

道路用地 409.5 hm²，对外交通用地 211 hm²，交通、公共交通系统 41.97 hm²，旅游用地 373.78 hm²，科研用地 179.98 hm²，绿化地 562.46 hm²，市政设施用地 17.44 hm²，特殊用地 10.7 hm²，预留地 113.87 hm²，总建设用地为 3 686.56 hm²。全区规划常住人口 27 万人，暂住人口 9 万人，远期控制在 36 万人。区内已建或正在建的大型工业区有车公庙工业区、彩电工业区、上步工业区和国际工业村等。

（2）福田分区规划　①规划范围：福田中心区用地面积 528.76 hm²。范围包括皇岗

[①]　"1988 年福田新市区规划"《深圳经济特区年鉴 1989》，深圳经济特区年鉴编辑委员会，广东人民出版社，1989 年，第 157 页。

[②]　"福田新市区"（包含福田中心区），东起福田河 800 m 绿化带与上步城区相接，西至小沙河，北倚笔架山，南抵深圳河、深圳湾，用地面积 44 km²。来源：1988 年《深圳经济特区福田分区规划》。

中心区土地利用分析表

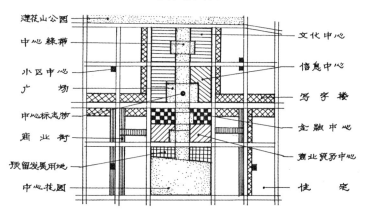

图 3-2　1988 年中心区土地利用分析
（来源：1988 年福田分区规划）

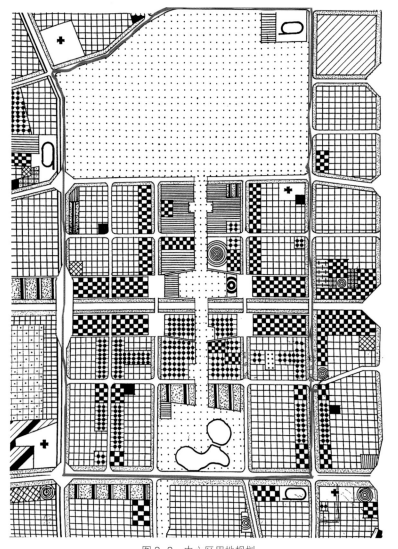

图 3-3　中心区用地规划

［来源：1988 年福田分区规划（图例（用地性质）：方格为居住，黑白圆点为金融商业，黑白方块为旅馆办公，横线为文化）］

表 3-1　1988 年中心区规划用地平衡表

用地分类	占地面积 /hm²	占比 /%	人均面积 /m²
①居住用地	163.07	30.9	23.3
②公建用地	167.38	31.7	23.9
③绿地广场	100.96	19.1	14.4
④道路用地	90.10	17.0	12.87
⑤交通设施	4.11	0.8	0.59
⑥市政公用设施	1.20	0.2	0.17
⑦特殊用地	1.73	0.3	0.25
总　计	528.55	100.0	

注：1. 道路用地中未包括居住区内部道路。
　　2. 交通设施包括公交站场、社会停车场及 20% 公共建筑停车场用地。
　　3. 本表来源：福田分区规划说明书 1988。

路至新洲路，红荔路至滨河路。② 用地功能规划，具体制定了中心区规划用地平衡表（表 3-1），规划中心区的住宅、公建、道路绿地广场用地各占约 1/3。③ 规划布局：A. 金融、贸易、商业、信息交换中心和文化中心沿中心绿带两侧建设。文化中心、信息中心布置在深南路北侧，金融、商业贸易中心布置在深南路南侧（图 3-2、图 3-3）。B. 在深南路的南侧东西两边分别规划两条步行商业街，综合布置购物中心、高档商店及中低档商业。C. 福田分区规划福田中心区十字轴，1988 年对中轴功能进行再研究。深南路、彩田路两侧除布局商业办公和公共建筑外，其余多为居住用地。④ 道路交通规划，中心区路网格局基本沿用棋盘式方格网道路结构，采取人车分离、机非分流交通组织方法，将中心区划分为 20 个地块（图 3-4）。创新点是在中心区两端入口处设社会停车场和公交总站，为外来车辆和中心区公共汽车提供必要的停车站场，各大型公建处分别要安排停车空间。⑤ 中心区空间形态、中轴线的空间组织及功能布局、步行商业街设计等内容十分详细且具可行性[①]。这是非常具有远见的规划构想。

　　① 陈一新 . 规划探索：深圳市中心区城市规划实施历程（1980—2010 年）[M]. 深圳：海天出版社，2015：56-59.

3.2 首次征集规划方案（1989 年）

1989 年首次邀请征集福田中心区规划方案，取得 4 个比选方案。

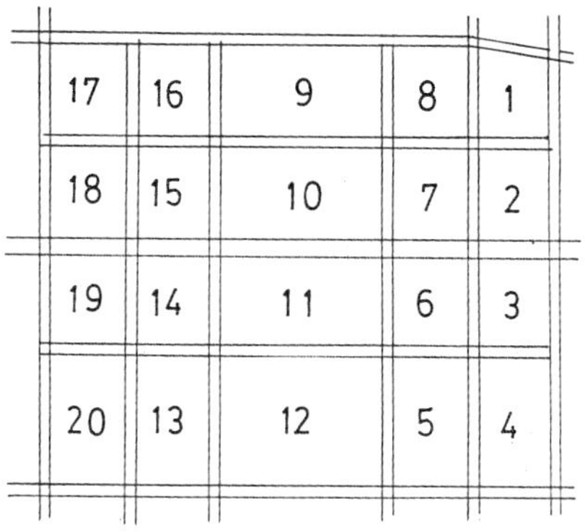

3.2.1 福田中心区规划宣传册

1989 年由深圳市建设局、中规院深圳咨询中心联合编印的《21 世纪国际性都市的标志：福田中心区》宣传册（图 3-5）[①]深圳总规图（图 3-6）显示福田中心区莲花山以南约 5 km 长的中轴线绿色生态系统：从莲花山向南连接的中轴线连续呈绿色，至中轴线南端是由水面和小山丘[②]形成的蓝绿色，滨河大道向南继续形成一条较宽的绿色生态体系，直到广深高速公路为止。该宣传册内容还包括：A.福田中心区背山（莲花山）面海（深圳湾），与香港新界隔海相望，紧临皇岗口岸。规划中心区中轴线（城市轴线）、方格网道路系统和标志性广场；用地功能分区明确，形成包括商贸金融核心区、绿化广场、文化中心、国际会展中心、一般居住及办公楼的布局；建立机非分流交通结构，并建立轻轨与公交的集中换乘枢纽，以及中心区与深圳湾、皇

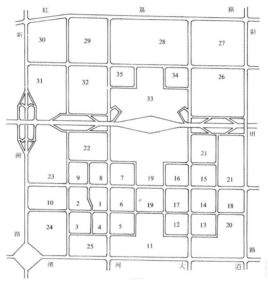

图 3-4　1988 年中心区用地分块编号
（来源：1988 年福田分区规划）

图 3-5　1989 年中心区规划平面图
（来源：《21 世纪国际性都市的标志：福田中心区》宣传册，深圳市建设局）

图 3-6　1989 年深圳特区总体规划图
（来源：《21 世纪国际性都市的标志：福田中心区》宣传册，深圳市建设局）

[①] 《21 世纪国际性都市的标志：福田中心区》宣传册，深圳市建设局，1989 年。
[②] 注：这座小山是原有小山丘，约 30 m 高，于 2001 年会展中心重新选址福田中心区后推平，该地块用于建设会展中心。

57

岗口岸和全市交通体系的便捷联系。B. 中心区规划总居住人口为 11 万人，规划总建筑面积 1 218 万 m²，其中：写字楼 663 万 m²，宾馆及公寓 75 万 m²，住宅 216 万 m²，商业服务 146 万 m²，综合文化 85 万 m²，居住配套 33 万 m²。

3.2.2 征集方案的规划前提条件

1989 年市政府委托中规院深圳咨询中心、同济大学建筑设计院深圳分院、华艺设计公司、新加坡阿契欧本建筑师规划师公司（Archurban Architects Planners, PACT International）等 4 家单位对中心区详规做专门研究。其目的是要找出适合中心区规模大小的城市环境的基本要

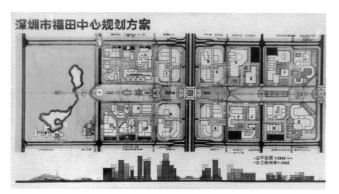

图 3-7 1990 年福田中心规划方案
（来源：中规院）

图 3-8 1990 年福田中心规划方案模型
（来源：中规院）

素，使之满足居住、工作、交通、休闲的需要。1989 年 10 月福田中心区规划方案征集前，深圳市建设局已确定以下规划前提条件：

（1）规划范围：北起莲花山公园，南至滨河路，东起皇岗路，西至新洲路，总用地为 528.71 hm²。将规划面积扩到上述范围，主要是为了解决交通及城市中心与分区的关系问题。但核心地段东西宽 700 m，南北长 2 188 m，扣除城市道路用地面积为 117.28 hm²（现金田路、益田路之间）。

（2）中心区性质定位为城市文化、信息、金融、商业贸易中心。

（3）中心区设城市中轴线的最基本原则构想不变。

（4）除南北向的皇岗、新洲路，东西向的红荔西路、深南路、滨河路的坐标不得改变外，其余路网可根据方案调整，但应考虑在中心区实行机非分流。

（5）建筑容积率按原规划要求控制在 2~6 之间，公建的建筑密度控制在 30%~50% 之间。靠近莲花山的街区建筑物高度控制在 100 m 以内，中心公园的建筑物层数不宜超过 3 层。

3.2.3 规划应征方案

本次征集方案始于 1989 年 7 月，于 1990 年 2 月完成，主要探讨中心区的城市设计理念、功能布局、地块划分、中轴线公共空间的形态设计等内容。4 家单位编制福田中心区规划应征方案的特点[①] 如下：

（1）中规院深圳咨询中心方案（图 3-7）保持总规确定的南北轴线，深南路为东西轴线，两条轴线交会处安排会议中心、信息中心、金融中心和商贸中心，并在中轴线上设一标志性建筑（图 3-8），深南路北为城市中心广场，路南为休息活动广场。采用

① 深圳市城市规划委员会，深圳市建设局 . 深圳城市规划：纪念深圳经济特区成立十周年特辑 [M]. 深圳：海天出版社，1990：131–133.

方格式路网的大格局，道路力求规整，使中心区具有轴线分明、布局严谨的中国城市传统特色。用地分为3段共10组建筑群，适当加大建筑密度以提高效益，使良好环境与土地效益并重。深南路通过中心地段实行立交和快慢车分道，道路实行机非分流，建立自行车道和完善步行系统，预留轻轨交通用地。该方案[①]的功能和布局如下：以100 m 宽的绿化带为主轴，建筑组群采取对称布局的大格局，体现中国传统特点的分区布局结构形式，将占地面积528 hm² 的中心区用地分为20个大地块编号示意图，通过主轴线和城市干道方格网将整个福田中心区划分为20个方整的地块。

（2）同济大学建筑设计院深圳分院方案　1989年到1990年两轮方案的变化（图3-9、图3-10），以3条轴线（绿色中轴、深南路交通轴、深南路与滨河路之间的平行商业轴）为中心区骨架，中心地段城市设计框架采用基本对称的格局，从北向南由庄重到繁华，表现出不同的环境氛围。保持中心区机非分道系统（图3-11、图3-12），中心区绿地结合自行车专用道和步行通道，同城市绿地构成整体网络。土地利用模式大致分为3个圈层：内层为商业及重要公共设施用地，中层为混合用地，外层为居住用地。绿色中轴呈喇叭形，与若干广场结合，与莲花山结合处设置全市集会广场，形成南北向绿色空间序列。在纵横轴交点处做行人与绿化平台，设城市标志。从图3-13、图3-14中发现，1989年同济大学建筑设计院深圳分院规划的中心区道路系统规划方案更合理，因为中心区及周边的主、次干道数量相对较少，有利于中心区形成公交和步行结合的交通模式，

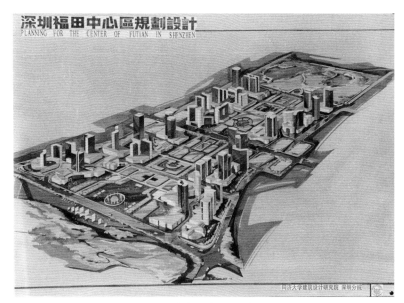

图3-9　1989年福田中心区规划设计方案
（来源：同济大学建筑设计院深圳分院）

图3-10　1990年同济大学建筑设计院深圳分院方案模型
（来源：同济大学建筑设计院深圳分院）

有利于形成人气活力。

（3）华艺设计公司方案[②]（图3-15）　采用1条轴线（南北主轴），2个广场（深南路北城市广场，路南文娱广场），3个建筑中心（将27项公共建筑内容相对集中成3个建筑中心：科技信息中心、商业金融中心、行政图书馆、音乐厅），4条放射道路（放射型街道与围绕中心广场的2条环形车道结合，有机联系区内各部分）的规划结构。规划了自行车专用道和

①　《深圳福田中心区规划方案说明书》，中国城市规划设计研究院，1989年12月。
②　陈世民，《福田中心区规划方案简介》，华艺设计顾问有限公司，1990年3月。

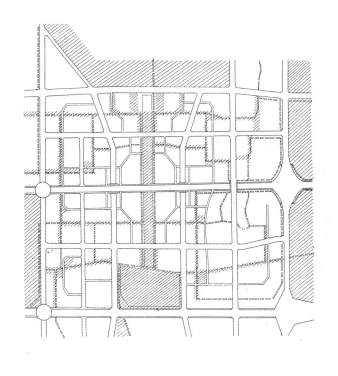

图 3-11 1990 年机非分流绿地系统图
（来源：同济大学建筑设计院深圳分院）

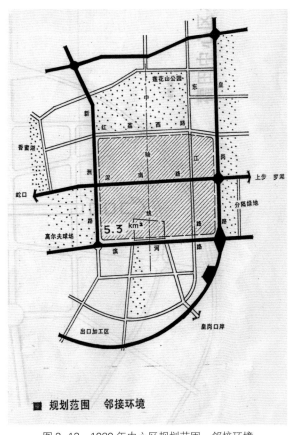

图 3-13 1989 年中心区规划范围、邻接环境
（来源：同济大学建筑设计院深圳分院）

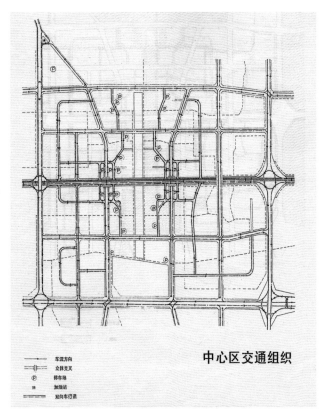

图 3-12 1989 年中心区交通组织方案
（来源：同济大学建筑设计院深圳分院）

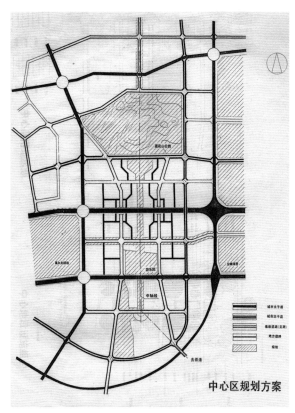

图 3-14 1989 年中心区道路系统规划方案
（来源：同济大学建筑设计院深圳分院）

图 3-15　1990 年 3 月华艺公司方案模型

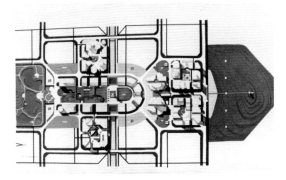

图 3-16　1990 年 3 月华艺公司方案总图

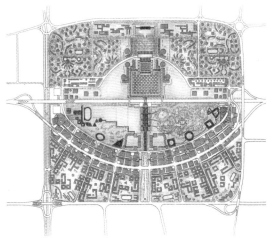

图 3-17　1990 年 8 月新加坡 PACT 公司福田中心区方案

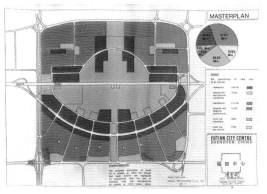

图 3-18　1990 年新加坡 PACT 公司用地功能图

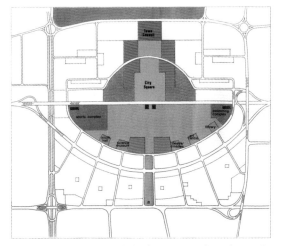

图 3-19　1990 年 8 月新加坡 PACT 公司福田中心区路网格局方案

步行系统，尽可能实现人车分流。该方案规划福田全区规划自行车专用路总长 76 km，共有 64 个自行车地道和一个天桥（图 3-16）。

（4）新加坡阿契欧本建筑师规划师（PACT）公司方案　采用了与上述 3 个方案截然不同的总平面布局（图 3-17）、用地功能图（图 3-18）和路网格局方案（图 3-19）。该方案规划设计理念是过境交通与地区交通相分离，并以建筑群的体量和布置，创造一个城市中心的绿地空间。福田中心区赋予特色的中央开放绿地空间，既是城市中心休闲公园及文娱活动场所，也是城市行政与文化建筑的背景。商业带呈弓形形状，沿中央公园的南边布置。引人注目的现代化塔楼群的天际轮廓线，仅仅在弓形的中央部分中段强调南北轴线和加强莲花山的显著程度。规划居住人口 20 年内达到 20 万人，并规划相应的居住区和教育设施。商业区人口中，安排20% 为本区居民作为职住平衡考虑。

3.3　征集方案评审（1990 年）

1990 年福田区道路交通规划采用机非分流系统方案。

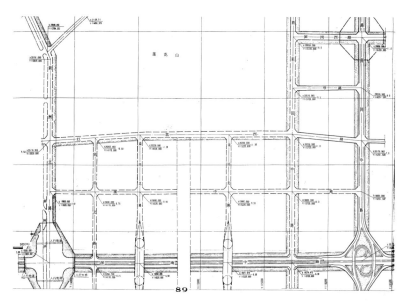

图 3-20 中心区北区路网
（来源：1990 年深圳市交通运输图册）

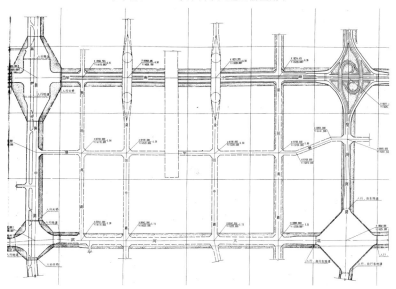

图 3-21 中心区南区路网
（来源：1990 年深圳市交通运输图册）

3.3.1 福田区道路系统规划设计

1990 年 2 月，深圳市建设局、中规院完成《深圳福田区道路系统规划设计》[①]，是深圳总规、分区规划确定后的进一步细化，福田区准备开发，要求道路系统规划在总规确定的干道系统基础上，按照机非分流原则设计一个能够付诸实施的方案，

中规院应深圳市建设局的委托，由倪学成高工负责此项设计，从 1989 年 7 月起，经过半年的工作，该方案提请市规划委员会审议。1990 年深圳市交通运输图册中有福田中心区北区路网（图 3-20）和南区路网（图 3-21）。1990 年中心区现状仍保留较多原始地貌（图 3-22、图 3-23）。

（1）福田区用地、人口、交通情况 福田区位于深圳特区的中部，福田区以东是上步区，以西是沙河区，南部以深圳河为界，北部以特区二线为界[②]。全区用地总面积 44.52 km^2，其中用于建设的面积 37 km^2，规划居住人口 40 万人左右。特区经过 10 年建设，大部分地区已经开发，福田区除香蜜湖度假村、高尔夫球场及靠近边缘的地方有一些建设以外，大部分建设用地由规划控制，一直未动用。福田区已计划全面开发，土地使用经过分区规划已较具体，通香港的皇岗新口岸设施及新干道皇岗路已经建设，高速公路进入施工阶段，特区内部东西交通 3 条主干线道路，2 条已通车。道路的主骨架正按照总体规划的方案逐步实现。交通的先行建设，对福田新区土地开发起促进作用，所以全区道路的全面铺开建设已提到计划日程。

（2）道路系统规划机非分流设计方案 由福田中心区机非分流设计扩展到福田区的规划，道路系统设计有各种模式，本方案采用机动车与自行车分道模式，基于福田区处在特区东西交通必经之路与南北过境交通的交会处，汽车交通将非常繁忙，机非分流有利于提高交叉口通行能力，更好发挥干道的交通效率。本方案要点包括：① 该模式不考虑干道的自行车交通，干道只供机动车交通用，干道平面交叉口做渠化设计，采用

---

① 《深圳福田区道路系统规划设计》，深圳市建设局、中规院，1990 年 2 月。
② 该项目所指"福田区"规划范围同"福田新市区"。

信号灯控管理系统，形成无自行车干扰的干道机动车运转系统。②建设单独供自行车双向行驶的专用路，在自行车专用路上不准汽车进入。③自行车专用路布置在干道与干道之间，进入小区内部。自行车专用路是连续的，全区连成网，并且同相邻区域的自行车道衔接，与外界连通。④自行车专用路穿过干道的地点做简立交，使两个系统置于不同的平面上。⑤自行车专用路的选线与土地使用规划结合，自行车能够从家门口到达各自的目的地，同时自行车专用路的线型设计也要兼顾路下布置管道的需要。⑥自行车专用路分两级。第一级为区级干线，有两种标准断面：A.车道宽7 m，两侧人行道各3 m，总宽13 m；B.车道宽5 m，两侧人行道各2 m，总宽9 m。两种标准断面根据线路的负荷情况选用。自行车专用路的间距考虑为300~500 m。第二级是从区级干线接到公共建筑的支线，车道宽3 m。⑦小区内部另有与干道连接的汽车支路，以供本小区为目的地的汽车、摩托车以及救护车、消防车、垃圾车、搬运车等交通用，也容许自行车通行。⑧汽车支路与自行车专用路相间布置，两者的距离考虑为100~150 m，大体上能并列布置两栋住宅楼的位置。宅前路一端接支路，一端接自行车专用路，两者共用，以便汽车、摩托车从支路方向，自行车从专用路方向，都能到达同一座住宅楼的楼门。⑨为吸引行人走自行车地道，公共汽车站一般都布置在自行车专用路的地道口附近。公共建筑、公共汽车与自行车地道结合布置。⑩公共交通的布线考虑为居民提供方便，站点服务半径以300m为限，面积大的小区要有公共汽车线路进入。⑪步行道离开干道布置，以道路绿化带与车行道隔开，以减少横穿干道的机会。根据以上设计方案，福田全区规划自行车专用路总长76 km，共有64个自行车地

图3-22　1990年初中心区现状照片1
（来源：华艺设计公司·福田中心区规划方案）

图3-23　1990年初中心区现状照片2
（来源：华艺设计公司·福田中心区规划方案）

道和1个天桥。福田是一个新区，打算在建设新路时把自行车路与干道的立交设施一次做成。

（3）自行车专用路方案同三块板路自行车道方案的用地和造价比较（具体内容略）。

（4）按照福田区机非分道方案（图3-24）的初步分析，建设自行车专用路系统不需要增加投资，技术也并不复杂，而使用效果将与通常的三块板路系统大不相同。待方案原则确定后，按计划对管网和竖向进行调整（管网和竖向在分区规划中已做安排），道路从初步设计做到施工图设计，完成福田新区开发前期工作中的道路建设设计程序。

3.3.2　征集方案专家评议

1990年11月，市政府召开福田中心区规

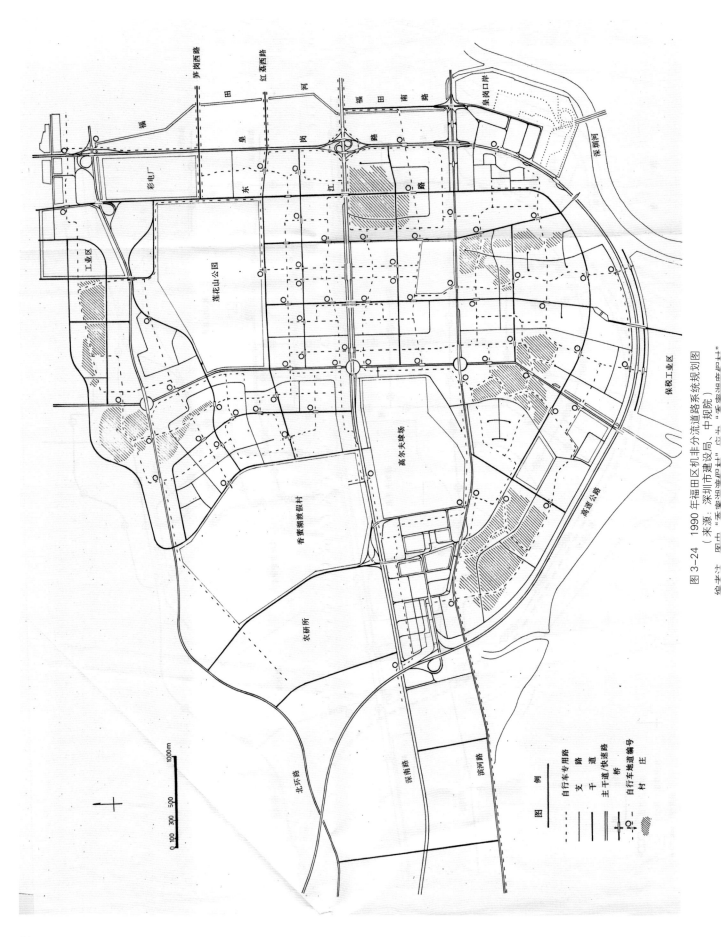

图 3-24　1990 年福田区机非分流道路系统规划图
（来源：深圳市建设局、中规院）

图 例

- - - - 　自行车专用路
———　支　　道
=====　干　　道
———　主干道（快速路）
　十　　桥
ʻoʼ　　自行车地道编号
▨　　村　　庄

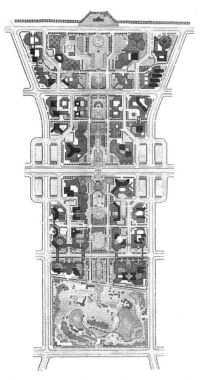

图 3-25　1990 年福田中心区规划方案
（来源：同济大学建筑设计院深圳分院）

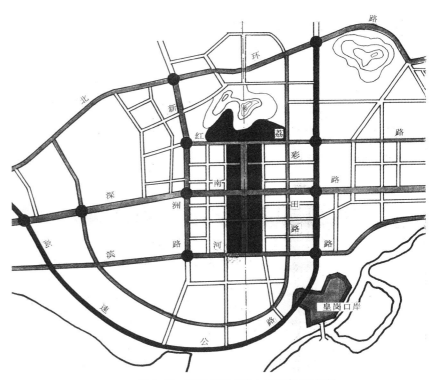

图 3-26　1990 年福田中心区道路系统规划
（来源：中规院）

划征集 4 个方案的专家评议会，专家们认为，福田中心区是深圳市的核心部分，必须将福田中心区规划方案搞好。福田中心区宜采用总体规划所选择的方格网道路格局，可考虑同济大学建筑设计院深圳分院（图 3-25）、中规院（图 3-26、图 3-27）、华艺设计公司三个方案为基础，并吸收新加坡陈青松先生规划方案的优点和手法，克服三个方案中的不足。建议由中规院进行综合和完善。此阶段城市规划的主要问题是规划深度不够，特别是竖向规划设计和水电等市政规划跟不上建设速度。为了适应福田区开发的迫切需要，在完善福田中心区规划方案进程中，会议要求 1991 年 2 月中旬前，将深南大道、新洲路的道路断面、坐标、标高正式提交给主管部门，作为道路设计的依据；要求 1991 年 3 月底之前完成福田中心区规划方案初稿（包括机非

图 3-27　1990 年福田中心区规划模型
（来源：中规院）

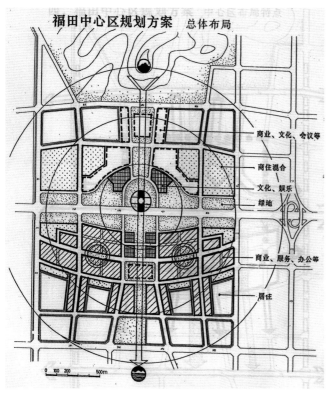

图 3-28　1991 年同济大学建筑设计院与深规院合作综合方案——
总体布局

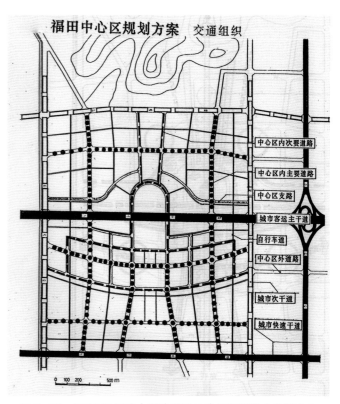

图 3-29　1991 年同济大学建筑设计院与深规院合作综合方
案——交通组织

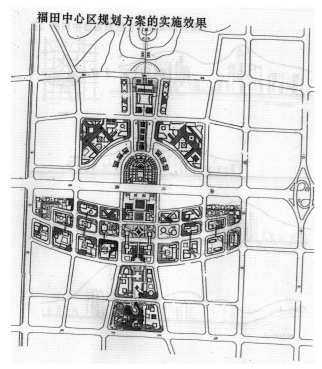

图 3-30　1991 年同济大学建筑设计院与深规院合作综合方
案——空间结构

图 3-31　1991 年福田中心区综合规划方案模型
（来源：同济大学建筑设计院与深规院合作设计）

分流道路系统），报送市政府审议[1]。

3.4　优化综合征集方案（1991 年）

1991 年福田中心区规划是在 1989 年 4 个比选方案基础上修改形成的新综合方案。

3.4.1　征集方案综合

福田中心区 1991 年继续进行征地拆迁，详规方案征集工作已进行了 2 年，并邀请了国内外专家进行了多次评议。1991 年 7 月，市建设局组织福田中心区第二次方案研究，旨在总结分析中心区的开发方向及程序，对中心区详规征集方案进行优化综合。1991 年 8 月，由同济大学建筑研究院和深规院合作在总结分析原有 4 个征集方案基础上提出新的综合性方案构思[2]，综合规划范围[3]在彩田路、滨河路、新洲路、红荔路 4 条干道内，总用地面积 4.06 km²。该方案定位福田中心区是文化、信息、金融、商业中心，是与其他组团分工发展的标志性区域。其主要内容包括：

（1）总体布局（图 3-28）　以深南路和南北绿轴的交会点为中心划出 3 个层圈，内层圈以广场、绿地组成全市标志性空间，中层圈安排商业、文化等大型公共设施，外层圈为商业居住混合区域。南北路网区分，北片以严整路网、大型文化设施、中心广场及其界面整体设计体现庄重与秩序；南片通过弧线放射路网、商业性建筑的组团集中和丰富的建筑面貌显示特区的开放与生机。

（2）交通规划（图 3-29）　提出机动车交通应呈网状分布，以促进土地的均衡使

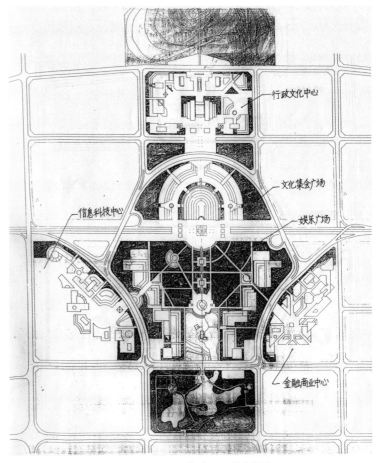

图 3-32　1991 年中心区城市设计
（来源：华艺设计公司）

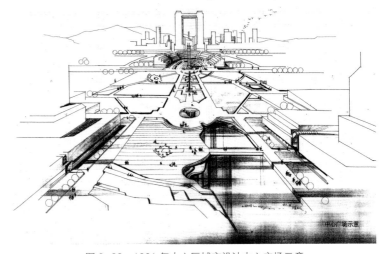

图 3-33　1991 年中心区城市设计中心广场示意
（来源：华艺设计公司）

---

① 《关于进一步完善深圳福田中心区规划方案的会议纪要》，深建业纪字〔1990〕55 号，深圳市建设局，1990。会议由市建设局副局长孙克刚主持，参会领导和专家有：深圳市副市长李传芳，市规划委员会首席顾问、建设部副部长周干峙，市规划委员会顾问、著名城市规划专家任震英，中国城市交通学术委员会主任郑祖武，中规院院长邹德慈，市规划委员胡开华委员等。

② 《关于批准福田中心区规划方案的请示》，深建字〔1991〕300 号，深圳市建设局，1991 年。

③ 福田中心区规划范围首次从 5.28 km² 缩小到 4.06 km²。起始时中心区以皇岗路为东边界，后来彩田路建成后，东边界改为彩田路，中心区范围缩小了约 1 km²。

用，并提高进出中心区的多向选择性；公共设施集中区域应人车分流，并与深南路及中心绿轴形成人行网络；自行车对中心区的人流活动构成影响，是一种重要的交通形式，为保证中心区的交通顺畅和方便，设自行车专用道是必要的。

（3）空间结构（图3-30）　规划深南路中心区段景观具有建筑群组合的特点和沿路开敞空间的特点（图3-31）；南北绿化主轴线是规划精彩之笔。

（4）土地利用　将中心区用地划分为25块，分商业性用地、非商业性用地和弹性用地三类，在中心区用地结构合理基础上尽量多安排商业用地并提高使用强度。居住用地安排于四角及边沿地带，以开发高层商品住宅为主。该规划总建筑面积785万 m²，居住人口10万人。

3.4.2　中心地段城市设计

1991年华艺设计公司在总结首轮方案基础上提出了福田中心地段城市设计方案[①]（图3-32），希望福田中心区规划既是现代的又具有中国传统特色，主要内容包括：

（1）3条曲线组成的环形道路构成中心区的外围干线，使路网格局在整齐中有变化，在传统中有新意。

（2）原莲花山起至南部树林的中轴线应予强调，沿中轴线形成从莲花山坡到南部公园的景观区予以保留，也是本规划的主要构想。

（3）紧靠中心广场（图3-33）及绿地设置地下停车场，上面用绿化覆盖使人尽可能接近广场区，有利于人群迅速集中和疏散。

（4）广场用低层公共及商业建筑环绕，设置南方特有的骑楼人行通道连接各种商业

设施。广场中设置雕塑、喷泉、绿地，构成富有情趣的休息、文娱场所。

（5）三组高层建筑各具特色，沿曲线道路展开高层建筑群体的轮廓线，使公建土地集中开发，成片建造节省用地。

（6）照顾现有开发现状，使皇岗和岗厦的建设及已开设的道路均纳入总体规划通盘考虑到中心区在开发过程中的经济效益和社会效益。

3.4.3　确定详规方案

由市规划委员会委托国内著名专家对福田中心区规划方案进行研究，1991年9月18日至20日，在市规划委员会第5次会议上，由中规院、同济大学建筑设计院等4家单位提交了3个经过优化、重新构思的综合性方案。经与会专家研究审议，最后选定中规院的方案[②]，并要求以该方案为构架，吸收其他方案优点。

中规院实施方案[③]：1989年到1991年的2年间，福田中心区又正式经历2次规划设计竞赛，共有5家中外设计单位提出了7个方案。经过中、美、日、新加坡等国内外城市规划师、建筑师、工程师反复多次评议提出修改意见，深圳市第五次评议并提出修改意见，深圳市第五次规划委员会选定中国城市规划设计研究院承担福田中心区规划。

（1）本次规划在经济发展研究的基础上，明确提出了福田中心区作为深圳城市中心（深圳CBD)的发展性质和高强度的开发规模。主要规划内容包括用地布局规划、道路交通规划、市政设施规划设计、整体建筑空间规划、控制性详细规划等。规划深化了深圳总规关于福田中心区中轴线和方格形路网的整体结构，城市行政办公、文化设施、CBD等主要

---

① 《深圳福田中心地段城市设计》，华艺设计顾问有限公司，1991年。
② 深圳市史志办公室．中国经济特区的建立与发展（深圳卷）[M]．北京：中共党史出版社，1997：412．
③ 规划编制起止时间1991年3月至1992年12月，项目负责人：刘泉，主要参加人：朱荣远、鹿勤、朱波、阎军、刘盛范、王秀蓉、覃原、郑菁、王广柱、徐超、黄鹭新、谢小郑。

六、深圳市中心区"五洲广场"规划及"廿"字形标志性建筑设计

（一）五洲广场规划构想

深圳市中心区五洲广场规划设计，旨在建成一座现代化国际型城市的国际型广场。它集政治、经济、文化、艺术、旅游、金融贸易及信息等中心，是综合性多功能广场，建是政治、历史、文化、时代背景的反映，是技术和艺术的综合体，所以，建筑既要有鲜明的政治意义，体现时代精神，同时，也要有创新。

由于深南大道从东西向横穿广场，为了不影响广场的使用功能，为广场创造庄严、活泼、宁静、广阔、完整的城市开放空间环境，特将广场沿着南北轴线划分为三台，第一台比0.00标高出约0.15m，上有布置有大型草坪、喷泉、艺术雕塑（有建设开深圳的艺术创作成果），是市民游玩、乐、观赏、休息的绝好场所。市民进入艺术展览馆下面的地道，可达入汇食商业中心。第二台标高为7.15m，深南大道从下面横穿而过。在第二台上设置有大型庭园四面环绕玻璃幕墙，观众透过玻璃可观看到深南大道沿流畅的车流。第二台周围边缘环绕高架象征改革开放。求实奋发等多种雕塑，在此广场上市民可集会、娱乐。在第二台下沿有流的商业有艺术展示。北有停车场及商业、餐厅等服务设施。

一、二大平台形成一个完整的椭圆形广场（南北轴400m，东西轴550m）。第三台形成八字形广场，标高14.15m。在此广场轴线上布置标志性建筑—市政府大厦，高大88m处布置喷水池、群雕，并着重突出开放效果与总设计师邓小平雕像。第三台广场为服务设施。

（二）五洲广场上用古汉语"廿"字型构图的标志性建筑

在广场上要建立一座标志性建筑物，什么是标志？如果能用一个简单的符号，就可以唤起人们对一个伟大的

政治历史事件，或对一个形象的记忆，那么这个符号会是一标志。

深圳的成长是在小平同志的思想指引下建设起来的，而且是在20年内建成，加速了广场的现代化城市，在世界上是罕见的，所以，20年的建设是个值得纪念的日子，20年建成一座大型城市，它体现了一种特点—深圳速度，也体现了中国人的聪明才智、开拓、革新精神等，所以，标志建筑采用古汉语"廿"字形的构图，意义深圳，这样的永久性的标志建筑深入人心，便于后代来永远铭记，深圳就在总设计师邓小平同志改革开放的思想指引下建成的。再者，外国用英文字母：C、E、I等构图的建筑多多，而用中国字构图的建筑少有，因此值得探索修建。

标志性建筑呈南北朝向，东西为长向，以广场南北轴线的中心为中轴，对称的布置多形，加强了广场的庄严感，建筑物总高249m（不包括钢架40m），与广场视距距离是在1.5~2倍范围内变化，视角约定45°，是最佳的视距。

第1~7建筑平面采用两个十字形的简体结构，第8层2个十字形平面相连，到35层又分开成双塔直到49层，形成完整的"廿"字形构图图。"廿"字形平面简洁明快，垂直与水平交通要道轴通、便利，立面上形成三段式划分。

图3-34　五洲广场及标志性建筑全景透视图及所在杂志页面

七、深圳西海岸大厦（原深圳先达大厦）

深圳先达大厦于1997年1月动工修建，1998年春天即将封顶时，深圳先达实业公司，将先达大厦出售给深圳瑞煌投资有限公司，如效果图2-13所示，瑞煌投资有限公司受让先达大厦后根据购买要求和爱好进行修改，并改名同深圳西海岸大厦（如图2-14所示）。

大厦基地为停车场，总用地面积约2000m²，规划要停车120辆，建筑容积率为7以上。

根据狭窄的地形条件和周围的环境关系及退红线的各种要求，设计做充分研究，将地下停车、人防地下室800m²、防护单元接六级平战结合的技术要求融为一体，分别设置在地下层7.2m高的封闭空间内，合理地解决各种功能，电梯厅前一侧，利用自然采光通风节能的功能。大厦为大挑度大空间具现代美观。适合各业主的要求。充分体现了现代化企业对写字楼要求方正、宽敞、明亮、美观的特点，这些特点充分获得前、后两业主的称赞。1999年底竣工验收后推向市场，在市场销售中良好反映积极，不到2个月时间，销售率达到96%，充分体现了该大厦整个设计环节的成功。

图3-35　五洲广场及标志性建筑设计东南向透视图及所在杂志页面

顶部以58m斜角封顶，顶端有4支高达40m的三角形钢架装饰，并直指蓝天，象征着深圳从永远向发发出上，一步步向着更高更远的目标奋斗；整个立面饰以大面积蓝色镜面玻璃，将周围万紫千红的壮观景象包容揽尽，8根白色花岗岩柱支持牢牢支撑，红色的钢架高高屹立。立面虚实结合，色彩明快，处理手法大胆，既忠实于结构，又富于信息时代气息。

防车行驶，同时也方便残疾人通行。

建筑物与建筑小品，建筑材料与建筑绿化，建筑装修与雕塑图案色彩等均采用先进结构体系，精心设计，统一建造以新材料、新结构、新设备、新工艺和新风格体现深圳的现代化，把速度、质量、效益和意义贯彻于广场建设的始终。

标志性建筑：210045m²

第二层平台：112000m²

第三层平台：38400m²

（三）标志性建筑与广场景观序列

标志性建筑—市政府大厦是全市政治性建筑物，它处于场空间的视觉中心，愈离远统帅方阵，是广场的第一景点。在它的前面88m处，设置水池、瀑布、群雕，并衬托出改革开放总设计师邓小平同志的雕像，是广场的第二景点。广场的第二台上，设置大型庭园架，是庭园大型庭园的顶盖，深南出从下穿过，是广场上的第三景点。广场的第一台，设置大型花园、奋光喷泉、高廊，分别与艺术展中心相连接，是广场的第四景点。第五景是广场以外的地铁入口。它显示着现代化城市交通组织，这个景点既概括了群众和领导，又概括了现代未来。

从广场整体看，由北向南跌落渐下，又从南向北逐层上升，在南北轴线上布置着标志性建筑、水池、喷泉、雕塑和音乐喷泉，给广场产生丰富的跌宕感。建筑物与建筑小品的配置协调有致，使大型广场既庄严肃穆，又不失生动活泼，丰富多彩。

（四）五洲广场道路交通组织

为了保证广场的宁静，不在广场的底层组织汽车。如在广场组织车流。广场上城道平缓，不仅适合人流及渡

图3-36　五洲广场总平面图及所在杂志页面

功能均沿中轴线布置。其中行政办公和文化设施布置于深南路北，CBD核心区布置于深南路南、滨河路以北地带，便于有效利用地

面和地下轨道交通。

（2）规划对CBD核心区实行交通"竖向分层"。地面层为机动车活动"面"，公共人流在二、三层及地下层活动。核心区内各街坊之间设置统一标高的过街联系廊，在区内形成一个完整的架空步行系统。此外，规划要求各建筑业主按比例提供地下公共空间，以便形成CBD核心区内完整的地下步行系统。

（3）五洲广场规划设计。在中心区标志地带（现水晶岛位置）提出了椭圆形"五洲广场"规划方案。五洲广场东西长约550 m，南北长约450 m，深南路在水晶岛位置掰开长度120 m，形成广场中心，力图为具体实施留下最大的创意空间。

3.4.4　"五洲广场"设计方案

深圳市中心区"五洲广场"规划及"廿"

字形标志性建筑设计①，这是有待寻找作者、设计师、年代的方案。

（1）五洲广场规划构想。五洲广场旨在建成深圳现代化城市的国际型多功能广场。由于深南大道东西向横穿广场，为了不影响广场的使用功能，为广场创造完整的空间环境，将广场沿着南北轴线划分为三大平台，由大型斜坡道连成一整体（图3-34）。第一平台比0.00标高高出约0.15 m，上面布置大型草坪、喷泉、艺术长廊。市民进入艺术馆后，穿过深南路下面的地道，可进入汇食商业区。第二平台标高为7.15 m，深南大道从下面穿过。平台上设置有大型庭园及网架玻璃顶，有利于采光和通风，同时也能让市民通过玻璃网

架观看深南大道的车流。第二平台周围边缘环绕布置着象征创业与开拓、求实与奋发等十多尊雕塑。在此广场上市民可集会、娱乐。在第二平台下面沿深南路，南有艺术馆，北有停车场及商业、餐厅等服务设施。第一、二大平台形成一个完整的椭圆形广场（南北轴长约400 m，东西轴长约550 m）。第三平台形成八字形广场，标高14.15 m。在此广场轴线上布置标志性建筑—市政府大厦(图3-35)。离大厦88 m处布置水池、群雕，并着重突出改革开放总设计师邓小平雕像。第三平台下面均为服务设施。

（2）五洲广场上要建立一座用"廿"字形构图的标志性建筑物。标志性建筑是南北朝向，在中轴线上呈平面对称布置，东西为长向。建筑物总高249 m，第1~7层建筑平面采用2个十字形的筒体结构，与第8层2个十字形平面相连，到35层又分开成双塔直到49层，形成完整的"廿"字形构图。"廿"字形平面简洁明快，垂直于水平交通要道。立面上形成三段式划分（图3-36）。

3.5 中心区详规（1992年）

从1992年福田中心区现状示意图（图3-37）中可以看出中心区仅有少量的工业、居住、鱼塘等。1992年深圳市打响清理"三无"人员新战役，开展大规模拆除违章建筑行动。1992年2月深圳市建设局召开全面清理深圳市建设用地动员会，莲花山违章建筑被拆除。1992年福田中心区详规确定了"深圳CBD"功能定位和开发规模。

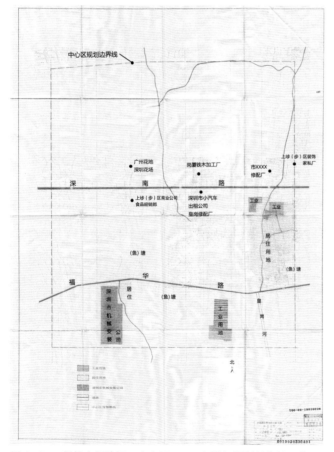

图3-37　根据中规院福田中心区1992年详细规划制作的现状图
（来源：根据中规院福田中心区1992年详细规划的现状图作者制作）

①　这是笔者见到的最早在深南大道福田中心区"水晶岛"位置的广场设计方案，未署名设计师，也不知这3页纸质资料（"公共建筑"专栏，第15-17页）是从哪本杂志（年代不详）复印的，本书暂先将其纳入1991年，有待进一步查寻探究。

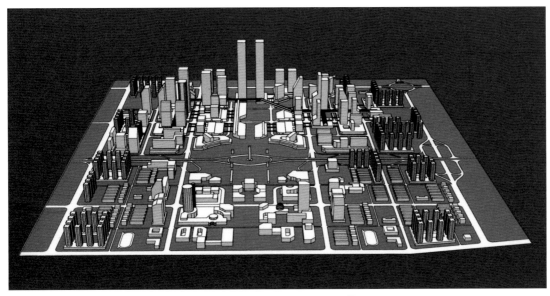

图 3-38　1992 年中心区详规轴测效果图
（来源：中规院）

3.5.1　开发规模高、中、低方案

（1）1992 年福田中心区详细规划首次提出深圳 CBD[1] 的规划定位，该规划形成的方格网道路骨架成为后来中心区市政道路工程施工的基础。福田中心区的方格网道路系统（图 3-38）是周干峙先生坚持不懈维持，以便于表达中国营城礼序空间模式的结果，这可以解释为什么两次竞赛咨询方案中有许多非格网道路方案没有被采纳的问题（朱荣远 2023 年 5 月回忆）。1992 年中规院深圳分院"福田中心区规划小组"[2] 在综合上述中外设计单位提出的 4 个方案基础上，编制了《福田中心区详细规划》（图 3-39）[3]，该规划编制过程中，在确定 CBD 用地规模时，通过对纽约、芝加哥、费城、旧金山、上海几大城市 CBD 用地和建筑规模的比较，来预测城市规模，并估计 CBD 用地规模：城市人口在 50 万~100 万人之间的 CBD 用地规

模约为 2.3 km²；城市人口在 100 万人以上的 CBD 用地规模约为 4.5 km²。因而根据 1992 年深圳人口已达 268 万人，预测到 2010 年规划 430 万人口，并考虑到深圳组团式城市结构、将来人口密度和交通方式等多方面限制，选定 CBD 用地规模为 4.13 km²，创新性地提出了福田中心区开发建筑规模低、中、高 3 种方案：

A. 低方案：按照《深圳城市发展与建设十年规划与八五计划》的城市规模和人口控制要求，曾经提出规划 2000 年特区内人口控制为 150 万人，建成区面积 150 km²，以此为依据推算的福田中心开发规模则为低方案 658 万 m²（其中 CBD 核心区建筑面积是 217 万 m²），就业岗位 18 万个，居住人口 9.5 万人。

B. 中方案：在低方案基础上增加金融、贸易等办公面积 250 万 m² 即为中方案 960 万 m²（其中 CBD 核心区建筑面积是 470 万 m²），就业岗位 31 万个，居住人口 7.7 万人，以适应

① 1992 年福田中心区详规定位"深圳 CBD"，以彩田路、新洲路、红荔路、滨河路这 4 条路为边界，总用地面积 4.1 km²。
② "福田中心区规划小组"工作人员包括刘泉、朱荣远、朱波、鹿勤、阎军、刘盛范、谢小郑、郑菁、黄鹭新、蔡建辉、罗希等。
③ 《福田中心区通信工程规划设计说明》，中国城市规划设计研究院深圳分院，1992 年。

71

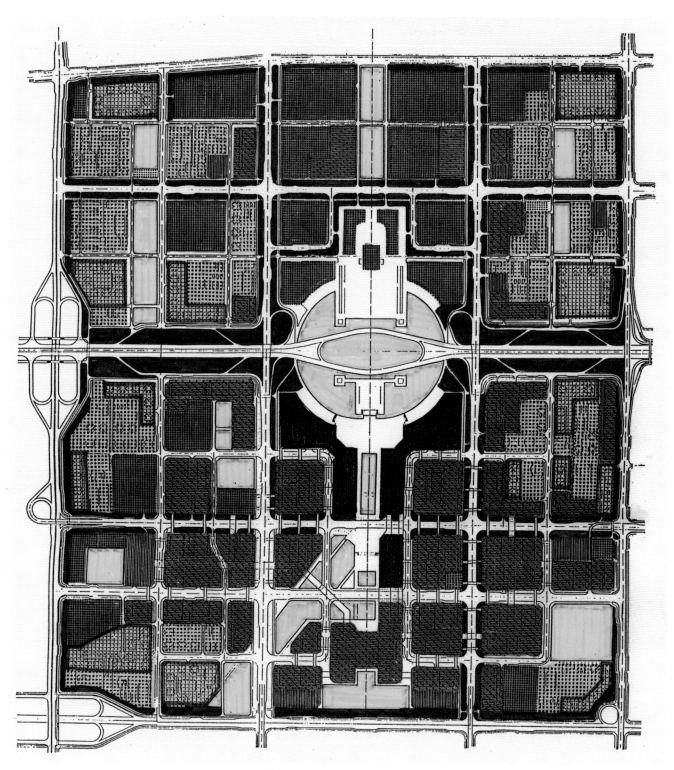

图 3-39　1992 年中心区详规图（红色商业，蓝色居住，绿色绿地）
（来源：中规院）

深圳发展成外向型综合功能的地区性经济中心城市。

C. 高方案：规划超前并留有较大弹性，满足深圳作为全国经济中心城市之一的发展需要而成为高方案 1 235 万 m²（其中 CBD 核心区建筑面积是 538 万 m²），就业岗位 40 万个，居住人口 17.2 万人。目标是使深圳在外贸和金融方面成为国内外联系的枢纽。

（2）1992 年 4 月，深圳市政府领导听取了市规划国土局关于深圳湾和福田中心区等规划汇报后，基本同意中规院深圳分院调整后的福田中心区详细规划方案[①]。

3.5.2　详细蓝图规划

（1）1992 年中规院深圳分院借鉴香港城市规划体系，以详细蓝图的形式编制福田中心区的地块图则。方案特别在南区设计一条斜轴，通向深圳湾红树林，后来因土地原因进行了调整（据朱荣远 2023 年 5 月回忆）。《福田中心区详细蓝图规划说明》[②]主要内容包括：A. 深圳市规划用地分类以及公共设施配套等均按《深圳市城市规划标准与准则》编制。B. 中心区详细蓝图，1—19 号街坊为 CBD 核心区，规划实行人车交通竖向分层，建筑首层（地面层）作为停车、仓库、设备用房等；建筑二层设置公共步行廊和露天广场（平台）。各街坊利用过街廊道相连，形成 CBD 区内的二层步行系统，与地面机动车完全分离，互不干扰。本街坊内建筑首层（地面层）以及过街廊的层高，净空均按 4.5 m 控制。坊内各建筑的对外公共出入口统一设置在二层。与地面及地下停车场相联系的内部出入口由建筑设计时具体确定。本街坊内结合主要公交停靠站，沿道路一侧布置公共楼梯，方便乘客上下二层平台。C. 编号 1、2、

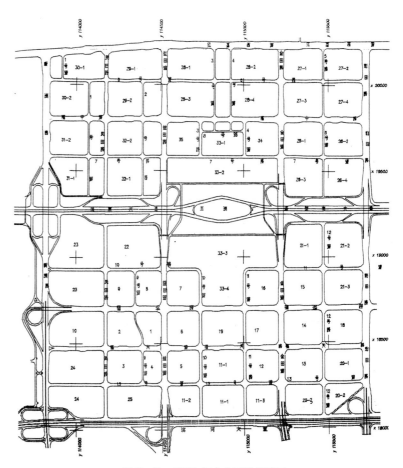

图 3-40　1992 年中心区详规路网
（来源：中规院）

6、11-1、12、13、14、18 等街坊内均设置有相互连通的公共步行廊，宽度为 20 m（其相连的过街廊部分宽度不变），作为 CBD 核心区的零售步行通道，顶部为全封闭采光玻璃。除 5~10 m 宽的步行及绿化休息空间外，该公共步行廊内还设置各类零售及酒吧饮料店。

（2）1992 年完成中心区详规在交通规划方面的主要内容、成果包括：A. 规划预测 CBD 高峰时间交通结构为公共交通 70%、小汽车交通 10%、步行等非机动车交通 20%。B. 规划道路网（图 3-40）采用方格网状道路系统，规划道路分 4 个等级。快速路：深南大道、滨河大道，为双向八车道。主干路：新洲路、红荔路、彩田路、福华路、福兴路、

① 陈一新. 规划探索：深圳市中心区城市规划实施历程（1980—2010 年）[M]. 深圳：海天出版社，2015：76-79.
② 《福田中心区详细蓝图规划说明》，1992 年，中规院深圳分院档案室。

图 3-41　1993 年 2 月中心区卫星影像图
（来源：深圳市卫星影像图）

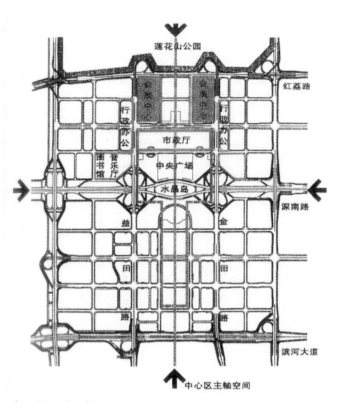

图 3-42　1993 年会展中心选址位置
（来源："深圳市中心区城市设计与建筑设计 1996—2002" 系列丛书 10）

金田路、益田路，为双向六车道。次干路：民田路、6 号 ~13 号路，为双向四车道。支路：1 号 ~5 号路，双向或单向双车道。C. 停车场规划除按标准准则设置停车场外，还另规划 6 个大型多层停车库。D.CBD 核心区规划人车交通竖向分离，形成二层步行系统。另规划了 2 个公交枢纽站及主要公交站点。

3.6　市政道路工程建设（1993 年）

　　1993 年，市政府确定中心区开发规模，开始市政道路工程建设（图 3-41）。市政府果断调整了金田路和益田路下穿深南路的方案，确定了金田路和益田路采取桥跨深南路的施工方案（据朱荣远 2023 年 5 月回忆）。中心区规划建设对标国际化、现代化城市，高标准进行会展中心等市政设施及通信基础规划。1993 年中心区北区会展中心规划用地（图 3-42）曾经作为广交会迁移的选址方案（据朱荣远 2023 年 5 月回忆）。

3.6.1　确定中心区开发规模

　　1993 年 6 月，市规划国土局开会审查中规院深圳分院《福田中心区详细规划》，向市领导汇报后基本确定了福田中心区的规划大框架，批复原则同意"公建和市政设施按高方案（1 280 万 m²）规划配套，建筑总量取中方案（960万m²）控制实施"①。基本同意福田中心区规划的路网格局，并在此基础上做局部坐标调整；福田中心区不设自行车专用道，道路系统重新调整②。

福田中心区原则上应整体开发，要求以街坊为单位统一规划设计，做好地上、地面、地下三个层次的详细设计，特别是以南北向中心轴和东西向商业中心为主轴的地下通道的设计，并预留好各个接口；预留好地铁位置，要详细做好地铁站的设计，做好地铁与其他交通及周围建筑物的衔接；停车库应结合总体布局分散设置，并采用合理的规模，原有4个停车楼的规模过大，宜压缩到5 000辆以下，再增加若干个停车场③。另外，五洲广场地下按商业城考虑，并协调好地铁出入口和南北通道的设计；福田中心区的绿化该留则留，在商业街两侧不设绿化带。

1993年，深圳市政府高瞻远瞩地选择了中心区开发总规模，确定中心区公建和市政设施按高方案配套，各地块的建筑总量取中方案控制实施。"郑市长在听取汇报时的反应，也是出乎我们预料的，他是学经济学的，从全球经济发展对中国的影响等方面考虑、对珠三角地区和深港城市发展的影响，选择了以高方案为福田中心区城市基础设施建设的标准，整体的开发建设强度以后来的变化为准，为后来福田中心区进入快速建设期提供了一个非常重要的技术保证前提。"④

3.6.2 市政道路开工建设

鉴于1992年深圳原特区内完成了集体用地的统征统转工作，市政府争取在1993年进行福田中心区拆迁和开发动工，要综合平衡土方，尽量避免大量土方外运，力求降低开发成本。深圳城市基建投资从1993年起不再需要国家预算内资金⑤，故终于有钱修通深南大道⑥了，因此位于深南大道福田中心区段以及中心区内道路都是1993年动工建设的，才使中心区抓住了深圳二次创业的开发机遇。

1993年中心区市政工程设计标准采用详规高方案容量，由中规院深圳分院、武汉市钢铁设计院深圳分院、中国西南建筑设计院深圳分院、北京市政设计院4家共同完成福田中心区的市政详细规划、市政工程及电缆隧道的设计。1993年完成中心区市政工程施工图后，市政府立即投资"七通一平"的道路建设。目标是加快福田中心区和周围环境、市政工程的开发建设，以尽早形成投资环境；使福田中心区的土地增值，吸引投资者，利用土地收益，为开发和建设筹措资金，以形成滚动式开发模式。

3.6.3 立交方式"天作主"

中心区金田路和益田路与深南路的立交方式"由天决定"⑦。1993年，深南路全线施工，最后只剩下福田中心区这一2 km长的路段还没有完成。原因是金田路和益田路与深南路的立交方式的方案一直未能在技术层面与有关单位达成共识。市规划国土局和中规院从

---

① 《关于向李传芳副市长汇报<福田中心区详细规划>等三项规划的会议纪要》，深规土业纪字〔1993〕28号，深圳市规划国土局，1993年6月30日。
② 陈一新. 规划探索：深圳市中心区城市规划实施历程（1980—2010年）[M]. 深圳：海天出版社，2015：85-86.
③ 《关于福田中心区规划设计审查意见的情况报告》，深规土字〔1993〕223号，深圳市规划国土局，1993年。
④ 据朱荣远回忆，资料来源：《福田中心区详细规划小组工作备忘录》。
⑤ 国家预算内资金投入深圳基本建设从1980年到1992年累计40 286万元，占1980—1995年深圳市基建、房地产投资总额的0.4%，从1993年起深圳不再需要国家预算内资金。具体参见深圳市规划和国土资源委员会. 深圳改革开放十五年的城市规划实践（1980—1995年）[M]. 深圳：海天出版社，2010：23.
⑥ 深南大道上海宾馆以东6 km建于1980年代初，深南大道上海宾馆以西直达南头20 km于1993年建成通车。
⑦ 同②

城市的空间尺度、景观和交通需求等方面考虑，自始至终都坚持下穿方案，施工图设计初期也按此进行。由于地质勘探发现了复杂的情况，加上政府工期的限定，设计单位建议将下穿式变为上跨式立交桥，这将从根本上改变原来规划所期望的空间尺度和效果。多方争执由此而生，开过若干次专家会议，各自陈述，焦点集中在下穿带来的低洼积水、城市市政泵站的日常维护费用与城市景观之间的关系如何选择的问题，而市领导也无法简单决定，双方一时陷入僵局。这时一场罕见的台风正面袭击深圳，造成了市区低洼地区大面积积水。应该说这次短暂的城市积水事件，从某种程度上使天平向支持上跨方案的一方倾斜了点，打破了僵局，在其后的一次专门会议上，郑市长拍板时说道："为了深圳市民的生命财产安全，也为了节约城市日常的维护费用，市政府决定采用上跨式立交方式。""天作主"让金田路和益田路采用上跨深南路的简交方式，这是无奈的选择。

3.7 南片区城市设计编制（1994 年）

1994 年福田中心区个别商务楼宇和住宅工程启动，市政府为了招商引资编制中心区南片区城市设计。

3.7.1 拆迁建设加快

福田中心区市政道路工程开发建设是 1994 年深圳市基础设施建设的重点工程之一，市政府要求中心区开发建设包括征地、拆迁、土方平整以及 6 条主干道和地下管网工程在 1994 年底前要基本完工，为中心区的全面开发建设创造条件。福田中心区 1994 年中心区航拍图（图 3-43）上可见中心区现场已经平整，市政主次干道已经基本建成。

3.7.2 南片区 CBD 城市设计

福田中心区规划定位南片区 CBD，北片区发挥市级行政管理、文化及配套服务功能。深南路与中轴线相交处为市级广场。中心区四周规划为住宅区。1992 年 11 月，中规院在综合了参加中心轴线规划的数家单位的规划方案基础上，提出了福田中心区规划，并经市领导及市规划国土局审查同意。该规划中考虑了某些城市设计的内容，成果深度为道路网与街区控制性详规的深度，以及详细蓝图和重点建筑形体的布置等。在该规划基本定案之后，市规划国土局已委托中心区市政工程规划设计，大部分已建设完成或正在建设。然而，该规划经初步展示，外界反映这些尚不够完整和具体，尚待深入补充城市设计全面而完整内容，某些重点问题尚未最后解决和确定，深圳市政府拟尽早将 CBD 向社会及海外招商和建设[1]。为此，市规划国土局提出，在上述基础上开展本次城市设计工作。1994 年 8 月，市规划国土局委托深规院编制《深圳市福田中心区城市设计（南片区）》，以便在招商引资、开发建设中有所遵循。要求在中规院 1992 年《福田中心区详细规划》基础上依据历次审批意见进行必要的补充修订，编制福田中心区各街坊的详细城市设计（指南）。同年完成了《深圳市福田中心区城市设计（南片区）》的详细成果。（以上具体见图 3-44~ 图 3-49）该项成果修改福田中心区的建设规模为 923 万 m²，区内就业人口 31 万人，居住人口 7.7 万人。

3.8 道路基本建成（1995 年）

至 1995 年，福田中心区基本完成了道路网骨架的施工，新建成的竣工建筑面积约 3 万 m²，已具备了低成本提供土地开发的条件。

---

① 《福田中心区城市设计工作大纲》，深圳市城市规划设计研究院，1994 年（吕迪提供）。

图 3-43　1994 年中心区航拍图
（来源：市规划部门信息中心）

深圳市福田中心區

規劃總平面圖

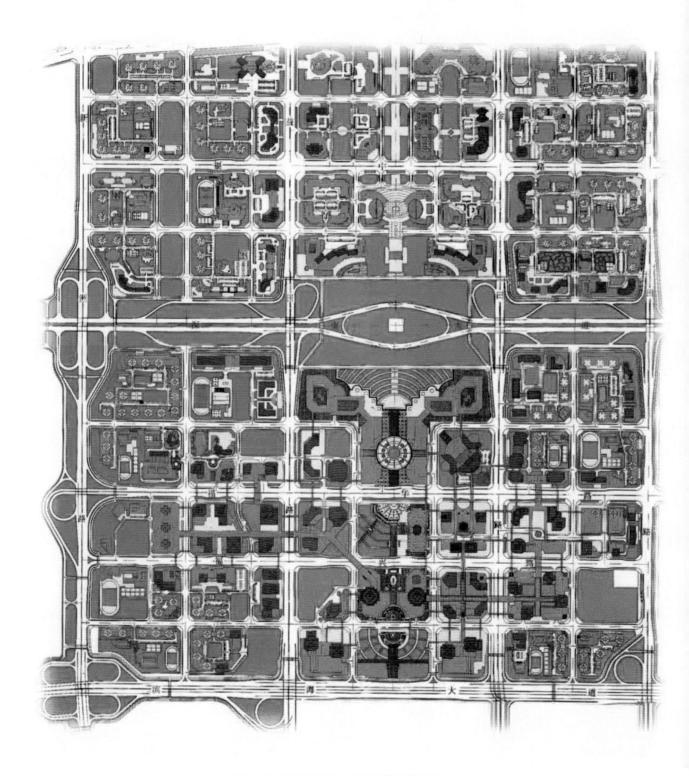

图 3-44　1994 年福田中心区规划总平面图
（来源：《深圳市福田中心区详细规划与城市设计指南》，深圳市规划国土局、深规院）

图 3-45　1994 年福田中心区规划模型
（来源：《深圳市福田中心区详细规划与城市设计指南》，深圳
市规划国土局、深规院）

图 3-46　1994 年福田中心区（南片区）规划轴测图
（来源：《深圳市福田中心区详细规划与城市设计指南》，深圳
市规划国土局、深规院）

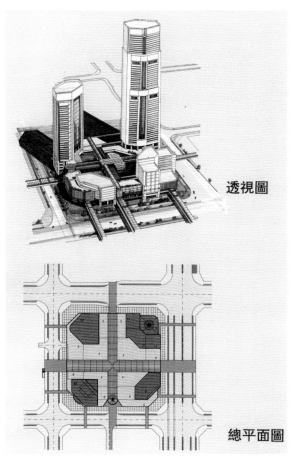

透视圖

總平面圖

图 3-48　1994 年福田中心区南区 12 号地块城市设计详图
（来源：《深圳市福田中心区详细规划与城市设计指南》，
深圳市规划国土局、深规院）

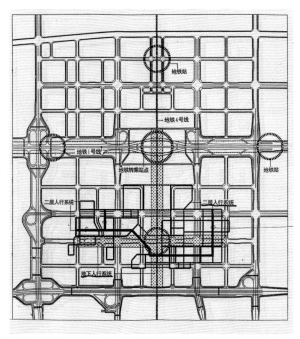

图 3-47　1994 年福田中心区人行系统、地铁线路及站点规划
（来源：《深圳市福田中心区详细规划与城市设计指南》，深
圳市规划国土局、深规院）

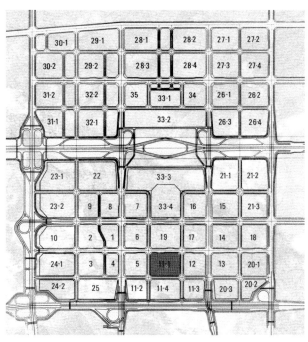

图 3-49　1994 年福田中心区城市设计地块划分
（来源：《深圳市福田中心区详细规划与城市设计指南》，深圳市
规划国土局、深规院）

图 3-50　1995 年福田中心区航拍图
（来源：市规划部门）

图 3-51　1995 年 7 月福田中心区实景
（来源：苏顺清摄于人民大厦）

1995 年 11 月，市政府筹备福田中心区核心地段城市设计国际咨询。

3.8.1　更名为"深圳市中心区"

1995 年深圳特区建立 15 周年，福田中心区基本保留用地未动，中心区城市规划设计模型在深圳市博物馆公开展出，为公众描绘了深圳未来城市中心区的宏伟规划蓝图。1995 年以前，中轴线规划方案一直呈现为平面轴线，沿线分布着小型公建和绿化广场。

1995 年 12 月 18 日，市规划国土局局长办公会布置工作：福田中心区开发建设作为 1996 年工作重点之一，除中心区地价可做下调外，其他区域的地价一律不再下调。"福田中心区"的称法不妥，应改为"深圳市中心区"（简称"中心区"）[1]。要求抓紧起草《深圳市中心区开发建设实施方法》，明确中心区管理组织机构、开发方式、优惠政策等内容。中心区规划招标工作要按期进行，市政厅作

为单独的建筑方案列入招标计划[2]。

3.8.2　主次干道基本建成

1995 年中心区最重要的工作是对完成征地的用地进行场地严整，并进行市政工程的施工图设计与施工（图 3-50），主次干道逐条进行建设以及道路之间的衔接。1995 年 1 月，位于中心区边界的福华路—新洲路立交桥进行修改设计，该立交桥跨新洲河的部分采用桥梁形式，不覆盖新洲河。要求河中间不设柱子，全部按刚性路面设计[3]。

1995 年 4 月新洲路、益田路（南段）正在抓紧施工，中心区的主干道骨架正在形成。1995 年 5 月进行的福华路、金田路市政工程施工图的复核和审批工作，全路段市政管线原则上均以 1993 年 7 月批准的《福田中心区市政工程初步设计》为基础进行设计和调整[4]。至 1995 年底，中心区市政道路的施工已经完成 80%，主次干道路网已基本建成（图 3-51）。

---

[1]　1995 年"福田中心区"更名为"深圳市中心区"，来源：1995 年 12 月《深圳市规划国土局局长办公会议纪要（4）》。
[2]　陈一新 . 深圳福田中心区（CBD）城市规划建设三十年历史研究（1980—2010）[M]. 南京：东南大学出版社，2015：222.
[3]　《关于福新立交桥修改设计的通知》，深规土〔1995〕16 号，深圳市规划国土局，1995 年。
[4]　《关于福田中心区福华路、金田路市政工程施工图有关问题的复函》，深规土城设〔1995〕01 号，深圳市规划国土局城市设计处，1995 年。

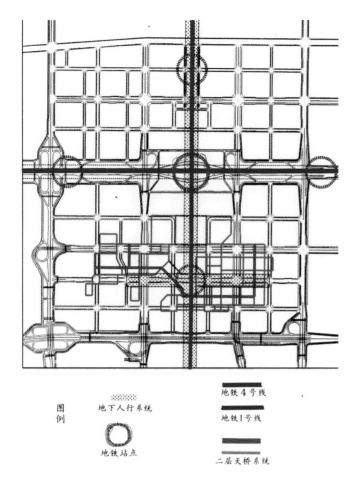

图例　　　地下人行系统　　　　　地铁4号线

　　　　　地铁站点　　　　　　　地铁1号线

　　　　　　　　　　　　　　　　二层天桥系统

图 3-52　1995 年福田中心区城市设计国际咨询时地铁线规划条件图
（来源：《深圳迈向国际—市中心城市设计的起步》）

为配合中心区建设的用电负荷，进一步完善福田中心区的投资环境，深圳供电局已筹建的新洲 220 kV 变电站[1]已有规划，场地平整已经完成，四周道路也已基本修通，地下电缆隧道已经接入，建站的站址、路径等问题都已经解决。

3.8.3　筹备城市设计国际咨询

1995 年 11 月，市政府召开深圳市城市规划专家咨询会，邀请国内 20 多位专家就深圳市"九五"、2010 年城市发展规划提供咨询指导，并研讨深圳市城市发展的几个重大课题，包括评议深圳市福田中心区城市设计（南片区）成果。专家认为中心区城市设计（南片区）虽做了一些开拓性工作，但某些内容还不够理想；总体格局基本可行，但在局部的空间组织、规模、密度等方面还应深入研究。专家并且提议在国际范围内征询中心区城市设计方案，以保证城市中心区的规划具有国际水准，规划便是迈向国际化城市的第一步。深圳市规划国土局遵照市领导的指示，着手进行福田中心区城市设计方案国际招标工作。由深规院编制的中心区城市设计作为 1995 年举行国际咨询的规划条件图（图 3-52）。为加强此项工作的组织管理，《关于成立福田中心区城市设计方案国际招标工作领导小组的请示》已于 1995 年 12 月上报市政府[2]。

3.9　第二阶段小结

第二阶段（1988—1995 年）是福田中心区统征土地、详规定稿及道路建设的重要阶段。该阶段较超前的详规能够做到"三定"（定位、定性、定量），使中心区规划的宏观定位、城市功能的中观定性、开发规模的微观定量等规划设计基本到位，市政府果断决策，使中心区较快进入市政道路工程建设阶段。该阶段规划建设成就：1988 年福田新市区（含中心区）统征土地，为后续开发建设储备用地；1992 年中心区详规准确定位深圳 CBD；1993 年市政基础设施工程按高方案施工，为地面开发留足弹性容量；1995 年决定举行中心区城市设计国际咨询。这些具有远见卓识的弹性规划和科学决策已被后人赞叹。遗憾的是，该阶段详规构建的路网骨架，由于主次干道路网密度较高，成为可步行的城市中心的"硬伤"。

---

①　《关于要求在福田中心区建设变电站的函》，深规土〔1995〕110 号，深圳市规划国土局，1995 年。

②　《关于成立福田中心区城市设计方案国际招标工作领导小组的请示》，深圳市规划国土局，1995 年 12 月 7 日。

4 第三阶段：城市设计深度修改，成功落地实施（1996—2004）

预留空间、设计空间、创造空间。

——中国科学院 院士 齐康

4.0 背景综述

第三阶段（1996—2004年）是深圳完成罗湖上步组团后向福田组团扩张、建设华南区域经济中心城市，产业向自动化大规模生产转型阶段，也是深圳二次创业、政府集中投资建设福田中心区的黄金时期。深圳常住人口从1996年483万人增加到2004年801万人，年均增加约40万人，深圳人口的高速增长使城市化扩张迅速，因此特别需要大量住宅及配套。该阶段深圳经济也进入加速期，深圳GDP从1996年1 051亿元增长到2004年4 350亿元，年均增长超过400亿元。特区前十几年的商业办公市场主要分布在罗湖上步组团，上步工业区（华强北）厂房"退二进三"微改造基本能满足深圳市场需求。虽然经济和人口都迅猛上升，但1998年亚洲金融危机使房地产市场受挫，市场对住宅用地需求大，办公用地仍处于冷淡期。

该阶段是深圳市政府加速投资开发中心区、重点工程建设引领市场投资，住宅配套建成，办公市场渐起的阶段。中心区虽从1980年开始规划构想，但一直储备预留着土地，1996年在福田区大部分已建成的前提下建设中心区，在基本完成市政道路建设的基础上，一方面出让中心区4个角部的居住用地；另一方面，政府加快投资公共建筑、文化建筑和地铁设施等六大重点工程（图4-1），

以引领市场投资。虽然该阶段中心区开发"政府热、市场冷"，但2000年后商务办公市场逐渐复苏，中心区竣工建筑面积从1996年32.7万 m^2 增加到2004年421万 m^2，年均建成面积超过48万 m^2，中心区规划蓝图进入快速实施期。该阶段深圳特区办公楼宇的增量主要在福田中心区，中心区已建成建筑面积超过规划总面积的1/3，为中心区城市设计奠定基础，是空间初现雏形的重要时期。

4.1 确定城市设计国际咨询方案(1996年)

4.1.1 建立中心办"部门总师"负责制

1996年深圳迎来了二次创业的好机遇，

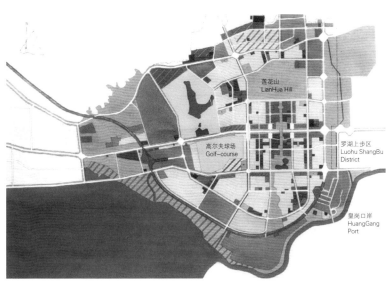

图4-1 1996年中心区位置示意图
（来源：深圳市中心区城市设计，香港陈世民建筑师事务所，香港华艺设计深圳公司，1996年8月）

图 4-2　1996 年中心区现状系列照片
（来源：深圳市中心区城市设计，香港陈世民建筑师事务所，香港华艺设计深圳公司，1996 年 8 月）

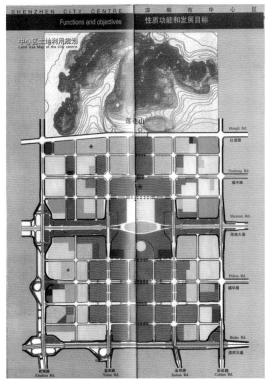

图 4-3　1996 年中心区土地利用规划图
（来源：深圳市中心区开发建设办公室 1996 年第一本宣
传册）

为了加快中心区开发建设，1996 年 7 月市政府决定成立深圳市中心区开发建设领导小组[1]，组长由市长挂帅，成员由常务副市长、主管城建副市长、副秘书长、规划国土局局长、建设局局长、计划局局长、外资办主任等担任。领导小组下设"深圳市中心区开发建设办公室"（简称"中心办"）[2]，中心办设在深圳市规划国土局内[3]，具体负责组织落实中心区各项政策和领导小组的决定，统一负责中心区土地出让、规划设计、城市设计、建筑方案报建、建筑竣工规划验收等，负责细化落地实施中心区城市设计。中心办开创了深圳新区开发建设管理新模式——"部门总师制"，这在深圳市规划国土局 40 多年历史上是首例，至今也是唯一的一例。中心办直接负责办理中心区范围内所有工程项目的土地出让手续、建设工程用地规划许可证及工程许可证，以及规划验收等业务，负责福田中心区规划国土"一条龙"全过程服务管理职能。中心办依照"部门总师制"在其后的 9 年中负责中心区城市设计落地实施过程中的修改和深化，为中心区城市设计建立了公共空间结构框架体系。

---

① 《关于成立深圳市中心区开发建设领导小组的通知》，深府〔1996〕255 号，1996 年 7 月。
② 《局长办公会议纪要（13）》，深规土〔1996〕265 号，深圳市规划国土局，1996 年。
③ 深圳市规划国土局中心办 1996—2004 年办公地点：深圳市福田区振兴路 3 号建艺大厦 5 楼。

4.1.2　中心区土地开发及土地出让情况

1996 年 6 月中心办成立后，收到市规划国土局地政处《关于中心区土地开发及土地出让情况的汇报》[①]，主要内容如下：

（1）中心区 1996 年基本完成征地拆迁、土地平整及道路管网的建设（图 4-2），至 1996 年 7 月已完成前期土地开发投资达 8 亿元。经现场勘察，中心区外围主干道彩田路、红荔路全线贯通，区内 3 条东西主干道福中路、福华路、福兴路及 3 条南北主干道金田路、益田路、民田路已完成道路铺设。当时土地开发尚未完成的项目有：南片区 13 号路机电设备安装公司拆迁、滨河立交工程、岗厦村深南路两侧的拆迁。

（2）中心区规划总用地 413 万 m²（图 4-3），其中，道路广场及绿化带占地 156 万 m²，可出让用地约 257 万 m²。至 1996 年 7 月中心区土地出让可分为以下 3 种情况：

A. 原有红线及已建成的行政划拨用地，合计面积约 26 万 m²，包括岗厦村、岗厦中学、皇岗村、机电设备安装公司及市东山开发公司已建成地块计划改造，当时因拆迁问题致使 13 号路无法开通。

B. 1990 年至 1996 年 7 月共批出 19 幅红线用地，合计面积约 8.3 万 m²，其中有 7 幅用地（1993—1995 年划定红线）尚未办理过土地出让合同手续。

C. 已经办理土地出让合同的有 12 家用地单位，合计面积约 17.3 万 m²。

4.1.3　国际咨询优选方案及确认

（1）国际咨询范围及内容　1996 年"深圳市中心区核心地段城市设计国际咨询"内容[②]是中轴线两侧核心区 1.93 km² 的城市设计及市政厅（现名：市民中心）建筑方案。

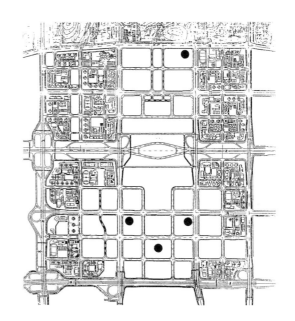

图 4-4　1996 年中心区城市设计国际咨询招标范围
（来源《深圳迈向国际——市中心城市设计的起步》）

图 4-5　1996 年李名仪事务所优选方案平面图

①　《关于中心区土地开发及土地出让情况的汇报》，市规划国土局地政处，1996 年 8 月 7 日。
②　深圳市规划与国土资源局 . 深圳市中心区核心地段城市设计国际咨询 [M]. 北京：中国建筑工业出版社，2002：31.

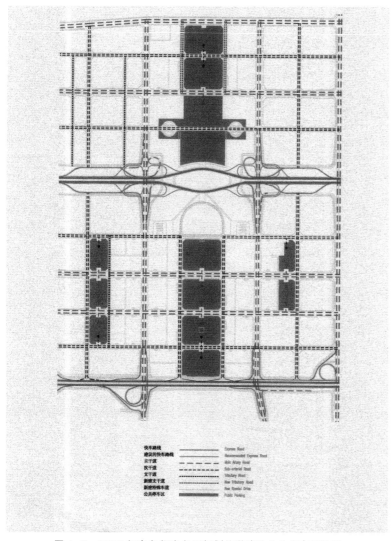

图 4-6　1996 年李名仪事务所规划的道路及公共停车系统图

图 4-7　1996 年李名仪事务所优选方案模型

1996 年 3 月《深圳市中心城市设计国际咨询—技术文件概要》显示本次咨询范围包括 4 片区：A. 北中轴行政、科技、文体、会展区；B. 中心广场；C. 南中轴商业区；D. 南中轴两侧为中央商务区，即中心区除了 4 个角上的高层住宅区外，其余都是本次咨询范围（图 4-4）。这是深圳第一次高规格城市设计国际咨询。

（2）国际咨询评议会　1996 年 8 月 13 日至 14 日在深圳富临酒店举行深圳市市中心城市设计国际咨询评议会，评委们选定美国李名仪事务所提出的立体中央绿带、大鹏展翅方案为优选方案[①]。该方案构思新颖、弹性规划、实施性强：A. 提出主轴线做成高低起伏的中央绿带，把中心广场、市政厅、莲花山贯通一气（图 4-5）；B. 市政厅"双曲面"大屋顶采用太阳能光伏板，象征大鹏展翅，也象征中国南方传统屋顶飞檐；C. 在 CBD 东西两侧各加一个购物公园等重点内容。

（3）李名仪事务所优选方案提出的交通建议　A. 对道路网的等级划分及中心区路网与快速路联系提出改善建议（图 4-6）。具体内容为：北片区 6、7 号路由原来的主干道改为次干道，5 号路由原来的支路改为次干道，3、4 号路位置调整后由原来的支路改为次干道，取消 8 号路；南片区 9 号路位置调整后由原来的次干道改为支路（9 号路已基本建成，位置可能难以调整），10、11 号路东西向连通（方案中称特别道路）；在中轴线及 CBD 街坊间增加了服务性道路；与快速路联系上，建议深南—金田、深南—益田交叉口设全互通式立交，原来仅设一个联系匝道。B. 建议中央绿带、社区公园地下设地下公共停车库。C. 建议以金田路、益田路为主设公交环线，

①　深圳市规划与国土资源局. 深圳市中心区核心地段城市设计国际咨询 [M]. 北京：中国建筑工业出版社，2002：34-51.

限制普通车辆在金田路、益田路的停靠。D. 提出设计范围内的行人步行系统。

（4）1996 年李名仪事务所优选方案（图 4–7）对中心区的 3 个重要改变　一是把中轴线设计成“深圳中央公园”，具有国际眼光。二是首创“购物公园”新概念，提出在 CBD 与居住配套的过渡位置添加了 2 个购物公园，东边的就在岗厦村里面，西边的就是现在建成的购物公园，以低层建筑保留一些当地旧建筑，留一点“乡愁”。三是有寓意的市民中心“大鹏展翅”方案。

（5）市政府确认城市设计优选方案　1996 年深圳市中心区核心地段城市设计国际咨询，是深圳城市规划史上的一件大事，咨询成果也是深圳城市设计史上的重要篇章。国际评委一致推荐美国李名仪事务所的中轴线城市设计，市政厅和水晶岛广场（图 4–8）作为标志性优选方案。该方案“在处理布局、轴线、交通、单体建筑形象、实施和改进的灵活性以及面向未来优良城市环境等方面富有创造性，解决得比较全面。”[①] 该方案在原有市政道路网的基础上，构思了立体中轴线绿化带，进一步强化了中轴线的空间视觉整体性和人车交通分流体系。此外，该方案为市民中心、水晶岛、购物公园等方案做了较大贡献。中心区后来的规划实施都是以该方案为城市设计蓝图，并不断充实完善。这次城市设计国际咨询的参赛范围、评审规格等均属国内首创，富有开放性、开拓性和民主性，为我国城市规划管理改革积累了有益的经验[②]。市政府决定确认本次咨询活动及其成果，确认美国李名仪事务所方案为优选方案。

4.1.4　水晶岛方案设计意向

1996 年，深圳市规划国土局首创窗口

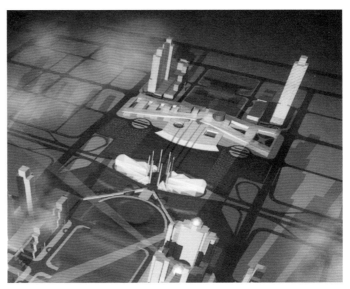

图 4–8　1996 年李名仪事务所设计的水晶岛广场方案

84-1

深圳市规划国土局

To: Mr. JOHN LEE（李名仪先生）　Date: 10/08/1996

Fax: 美国 001-212 463 8964　From: 陈一新（深圳市中心区开发建设办公室）

Tel: 001-212 929 3131

李名仪先生：

收到您96年10月3日传真，我局组织有关人员进行了讨论，初步意见是：由于深南路段有市政管网沿两条弯曲快车道地下敷设，考虑市政造价等因素，建议在本次方案修改中维持现有道路弯曲度；并考虑设辅道进入停车场的问题。（如图示）

若您在工作中有其他问题，请及时联系。

您何时来深圳，请及早通知我们。

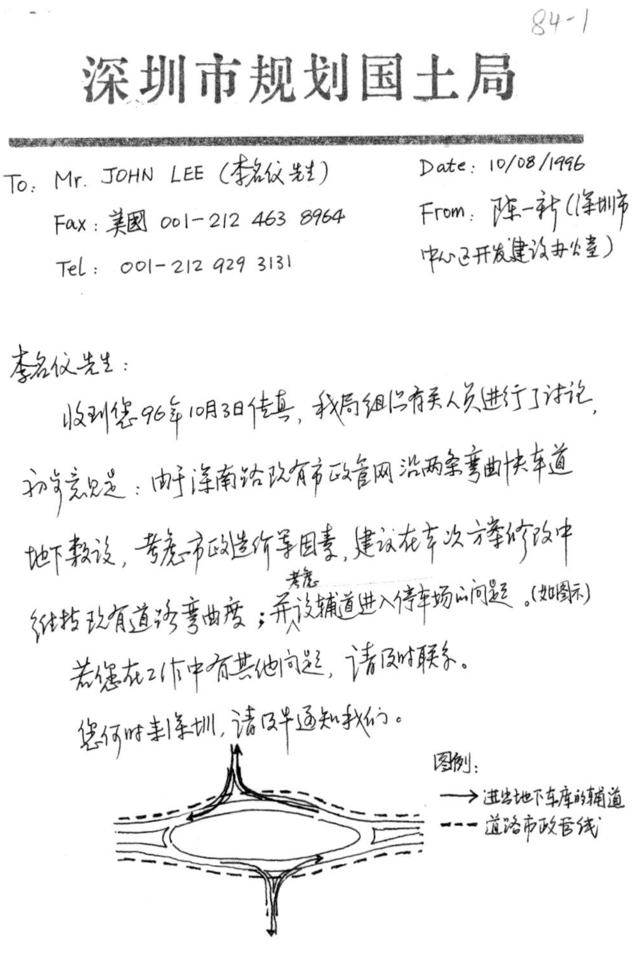

图 4–9　1996 年笔者联系水晶岛设计者的传真手稿

① 《关于确认深圳市中心城市设计国际咨询优选方案的请示》，深规土〔1996〕408 号，深圳市规划国土局，1996 年。
② 《局长办公会议纪要（15）》，深规土〔1996〕389 号，深圳市规划国土局，1996 年。

图 4-10 1997 年从莲花山俯瞰中心区现场照片
（来源：马庆芳摄影）

办文，正处于手写文书向电子文书过渡阶段，此时电子公文系统刚起步。1996 年中心办和美国李名仪事务所商讨有关市政厅和水晶岛设计问题的传真件仍是手写，笔者保存了当时部分工作手稿（图 4-9），实证了福田中心区开发建设起步工作历程。

市规划国土局拟委托美国李名仪事务所设计水晶岛方案。中心办 1996 年 10 月草拟水晶岛方案委托书反映了水晶岛方案设计意向[①]。

（1）水晶岛位置 市中心区原规划 33 号地块，占地面积约 3.16 万 m^2，按市中心城市设计国际咨询成果建议在此设置一座水晶般的雕刻体形构筑物（简称"水晶岛"），并考虑远期建设通信铁塔的可能。

（2）水晶岛性质和功能 深圳市中心区作为迎接 21 世纪到来、具有国际水准 CBD 的全市中心区，在中心区五洲广场核心区内设置的标志性构筑物，它的象征意义应是深远广阔的，给人以自豪、奋进的心理感受，同时它又是观赏性与多功能性相结合的构筑物。

（3）设计要求 A. 水晶岛外形应新颖独特，富有时代气息。应着重考虑其平视景观，并从若干主要视点（观赏点）进行景观分析。B. 水晶岛内部应有巨大公共空间，并对其功能进行设计分析。C. 水晶岛的地面人流交通如何与周围深南大道、地铁站出入口、公共交通等相互协调，进行立体交通分析与设计，以便于市民安全、顺畅进出水晶岛及驻足观赏。D. 水晶岛所处位置地下已规划 1 号、4 号地铁线，水晶岛竖向交通应与地铁站相结合。E. 对铁塔的造型、功能进行方案设计。其功能既满足城市电信使用需求，又便于游人眺望城市风光及必要的服务设施。F. 水晶岛与深圳铁塔应融为一体，并考虑水晶岛与铁塔分期建设的可行性。G. 水晶岛及铁塔的技术经济指标和投资估算说明。H. 本次设计应对水晶岛在造型、内部功能分配等多方面提供多种比较方案。

4.2 地铁选线方案比选（1997 年）

1997 年罗湖上步组团已"建满"，城市中心要西扩，中心区迎来了最佳开发期，现场呈现"万事俱备，只欠东风"景象。1997 年从莲花山俯瞰福田中心区现场照片（图 4-10），当年中心区用地情况（表 4-1）及建设现状（图 4-11、图 4-12），均显示 1997 年是中心区开发建设启动年。1997 年中心区已建成项目和 5 年内拟建项目见表 4-2。

---

① 《水晶岛方案设计委托书》，深圳市规划国土局，1996 年 10 月 20 日。

表 4-1　1997 年深圳市中心区土地现状情况

用地分类	用地面积 /hm²	占总用地百分比 /%	备注
道路用地（含道路绿化带）	149.44	36.12	
绿化带用地（含水晶岛、社区购物公园）	70.75	17.09	
岗厦村、皇岗村、机电设备公司原用地	23.07	5.57	
现状建成用地	11.6	2.80	中银、国资大厦、岗厦中学、儿童医院等
已批在建用地	7.59	1.83	大中华、江苏大厦、华艺大厦、彩龙城、邮电枢纽等
拟建行政、文化用地	20.04	4.84	市政厅、彩电中心、图书馆、音乐厅等
拟协议出让土地	43.88	10.60	恒基、和黄、新世界 / 熊谷、香港中旅、中国海外
广场用地	10.57	2.55	
待开发用地	76.93	18.60	其中可出让土地 73.47 hm²
合计	413.87	100	

来源：中心办工作情况汇总表。

表 4-2　1997 市中心区已建项目和 5 年内拟建项目汇总表

	名称	性质	建筑面积 / 万 m²	建设单位
现状及施工的项目	1. 国资大厦	商业、办公、单身公寓	5.0	市投资管理公司
	2. 儿童医院	医院	5.8	市儿童医院
	3. 中银花园	商业、办公、住宅	17.0	嘉国实业（深圳）有限公司
	4. 大中华国际交易广场	商业、办公、管理	23.0	大中华集团
	5. 邮电枢纽中心	邮政	15.0	市邮电局
	6. 昌盛大厦	商业、办公、宾馆	3.5	深圳昌盛贸易公司
	7. 华艺大厦	商业、办公、酒店	2.4	华艺设计公司
	8. 岗厦中心花园	住宅	5.0	岗厦村
	9. 江苏大厦	商业、办公、公寓	7.2	深圳市江飞实业公司
	10. 岗厦中学	学校	1.0	岗厦中学
	11. 福田旧村改造住宅	住宅	4.7	福田旧村办
	12. 华夏新城	住宅、商业	7.6	福田旧村办
	13. 彩龙城	住宅、商业	7.8	福田区房地产开发公司
协议出让用地的项目	1. 和黄公司	住宅及配套	47.0	和黄公司
	2. 恒基公司	住宅及配套	41.0	恒基公司
	3. 香港中旅	商业、办公	22.0	香港中旅
	4. 新世界 / 熊谷组 / 深业	住宅及配套	25.0	新世界 / 熊谷组 / 深业
	5. 中国海外	住宅及配套、商业	10.0	中国海外
拟建市政文化设施	1. 市政厅	办公、展览	15.0	市政府
	2. 彩电中心	电视、办公	4.5	
	3. 音乐厅	文化	2.3	
	4. 中心图书馆	文化	3.0	
	5. 社区购物公园	公园、商业、娱乐	5.8	未定
合计			280.6 万 m²	

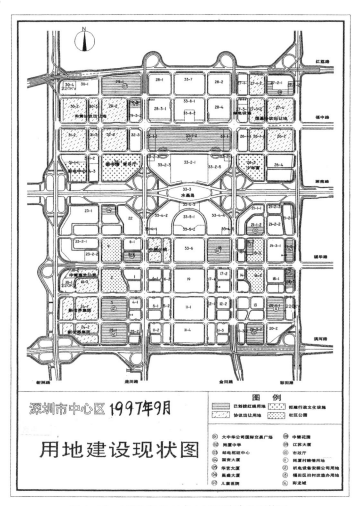

图 4-11　1997 年 9 月中心区用地建设现状图
（横实线为已划红线，斜虚线为协议出让，星点为拟建行政文化设施）

图 4-12　1997 年 5 月中心区莲花山下实景
（来源：笔者摄影）

4.2.1　购物公园设计招标

1996 年城市设计国际咨询李名仪事务所优选方案规划了中心区两个购物公园[①]，作为中心区南片区商务中心与居住区之间的缓冲及城市空间的过渡，为积极配合市政府加快开发建设市中心区的战略步伐，带旺中心区的气氛，吸引市民和游客，经深圳市政府批准，深圳市规划国土局 1997 年 3 月进行购物公园

2 号、9 号地块（图 4-13）规划设计邀请招标。

（1）性质及内容　社区购物公园拟建成尺度亲切、环境优美的公共活动场所，将包括商业步行街、社区邻里活动、文化娱乐健身等丰富内容，既成为市民节假日的理想去处，同时也成为游客了解地方风俗文化、采购深圳特色商品的旅游观光点。

（2）交通　A. 公园地下一层设公共停车库。B. 9 号地块预留公交首末站用地 1 500 m²，调度房用地 200 m²（可与其他建筑合建）。C. 规划的地铁 1 号线需在 9 号地块的西南角和 2 号地块的西北角各设一个地铁出入口。

（3）设计要求　A. 购物公园的商业宜强调平民性、文化性、休闲性，做到园中有店，店中有园。商品以土、特、精、小、文化艺术品、旅游用品为主，并设置小吃、餐饮、咖啡、茶室等（但不得经营会产生油烟的餐饮项目），形成一条舒适高雅的商业步行街。B. 为社会文化艺术团体提供聚会娱乐空间，为大众提

图 4-13　1997 年从深南路新洲立交看中心区（红色标记为购物公园 2 号、9 号地块）
（来源：陈卫国摄影）

---

① 东侧购物公园位于岗厦河园片区，本次招标西侧购物公园。

表4-3　1997年中心区用地性质规划一览表

用地性质	用地面积 / hm²			建筑面积 / 万 m²		
	南片区	北片区	合计	南片区	北片区	合计
商业商务办公旅馆	54.88	4.17	59.05	412.63	22.50	435.13
居住	31.80	31.78	63.58	91.45	103.68	195.13
文化娱乐		15.92	15.92		31.50	31.50
行政办公	0.34	14.91	15.25	1.00	43.85	44.85
医疗卫生		4.3	4.3		5.80	5.80
体育产业		2	2		2.00	2.00
教育科研	2.13		2.13	0.90		0.90
供应设施	2.28	1.33	3.61			
邮电设施	1.09	0.94	2.03	15.50	2.00	17.50
交通设施	0.53		0.53			
绿地	25.75	14.39	40.14			
广场	3.41	7.54	10.95			
发展备用地	4	11.19	15.19		16.60	16.60
道路用地	97.17	72.12	169.29			
合计	223.38	180.59	403.97	521.48	227.93	749.41

来源：中心办1997年关于加快市中心区开发建设情况的汇报。

供休息、交谈、阅读、观赏、纳凉的花园；为老人、儿童提供适宜的游乐活动项目；为成人提供项目多样的健身运动设施。

（4）1997年5月评标[①]确定优选方案（图4-14）。随后1998年带方案举行购物公园土地出让招标，这也是中心区仅有的唯一一次带方案出让土地使用权。

4.2.2　中心区交通规划

（1）背景　本项中心区交通规划于1996年开始，在1992年详规路网和李名仪事务所优选方案基础上，结合中心区用地性质规划（表4-3）提出的交通建议进行规划调整。本次需要解决问题包括：A. 道路系统原只规划到主次干道路网，需进一步规划支路网。李名仪事务所方案虽修订原有规划，但CBD服务性道路是否足够？需要整体分析道路系统并辅以必要的交通模拟分析。B. 由于中心区土地利用的调整，需对中心区的地铁线路、站点加以调整。C. 根据土地利用调整停车场规划及分布。D. 需进一步规划公交场站、公交与地铁的换乘及公交走廊与进出中心区公

图4-14　购物公园优选方案
（来源：加拿大 B+H 国际建筑师事务所）

交的换乘站点。E. 进一步讨论行人设施规划。

（2）1997年，中心办和市交通研究中心共同编制了《深圳市中心区交通规划》（图4-15），把建立高效率、多层次、高容量的公交系统，作为中心区交通规划发展的策略。规划在中心区共设公交枢纽站和小型枢纽站3个（图4-16），并与地铁站接驳换乘，形成中

① 1997年5月，局领导在建艺大厦四楼会议室主持购物公园规划设计评标会，邀请潘祖尧、孟兆祯、卢小荻、郭秉豪、张孚佩、许安之、俞孔坚、汤桦、陈宗灏等9名评标委员，特邀廷丘勒（美国李名仪事务所）列席

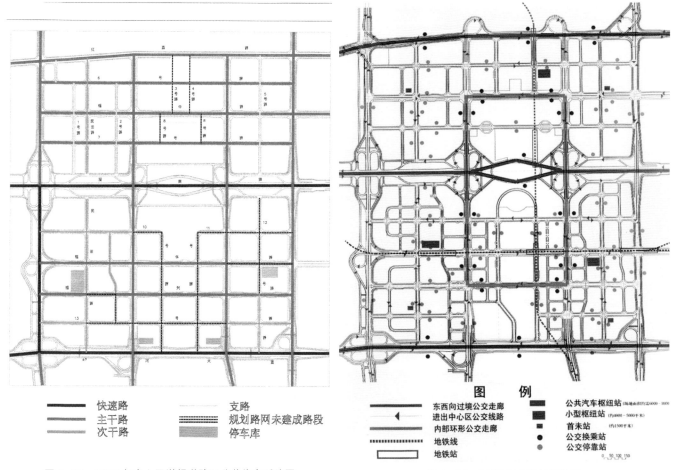

快速路　　　　　　　支路
主干路　　　　　　　规划路网未建成路段
次干路　　　　　　　停车库

图 4-15　1997 年中心区详规道路及公共停车系统图
（来源：《深圳市中心区交通规划》）

图 4-16　1997 年公交站线位置
（来源：《深圳市中心区交通规划》）

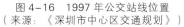

东西向过境公交走廊　　　公共汽车枢纽站（场地面积约为6000~9000）
进出中心区公交线路　　　小型枢纽站（约4000~5000平米）
内部环形公交走廊　　　首末站（约1500平米）
地铁线　　　公交换乘站
地铁站　　　公交停靠站

图 4-17　1997 年交通规划专家在中心区莲花山顶合影（笔者位于右三）

心区内环形穿梭巴士，充分发挥公交汽车、地铁在中心区交通运输中的作用。

（3）1997 年交通规划研究认为应建立与其他交通方式紧密接驳的连续的人行系统，并与中心区公共空间景观相配合。从此，不仅在中轴线确定了人车分流体系，而且规划将二层步行系统（天桥、屋顶平台等）继续向轴线周边的地块延伸，形成了 CBD 人车分流的二层步行大系统。

（4）1997 年 8 月在银湖举行《深圳市中心区交通规划》成果评审会①，专家们到莲花山顶考察了中心区现场（图 4-17）。

---

① 《深圳市中心区交通规划》成果评审会到会专家：徐循初、杨佩昆、全永燊、李晓江、黄景文、顾汇达、陈志坚、陆锡明、董苏华等。

4.2.3 深南大道中心区段下穿方案比较

1997年11月中规院深圳分院对深南路与人民广场（现名：市民广场）交通组织形式进行了比较方案研究[①]，曾提出以下3个方案：

（1）深南大道在金田路和益田路之间下穿，改深南路为快速路，使人民广场地面步行有484 m的宽度连续（图4-18）。

（2）公交车辆从地面通过，其他车辆全部从地下通行，人民广场地面步行不连续，有公交专用道从广场中间隔断（图4-19）。

（3）公交、出租车辆从地下通过，其他车辆（特殊活动或特种车辆除外）通过交通系统组织全部引导至其他道路上，使人民广场地面步行有484 m的宽度连续（图4-20）。

4.2.4 中轴线、电视中心及住宅项目方案评议

1997年7月，黑川纪章来深圳承接中心区中轴线公共空间系统规划设计。1997年10月举行深圳市中心区建设项目方案设计汇报暨国际评议会，研讨中轴线公共空间系统规划设计概念方案[②]和水晶岛及广场规划设计方案，并对中心区的电视中心方案以及中海华庭、黄埔雅苑等4个住宅开发项目的设计方案进行了评议。本次会议巧遇图书馆、音乐厅建筑设计方案国际招标会（图4-21）。

4.2.5 气球模拟市政厅屋顶实验

齐康院士曾在一次福田中心区专家评议会后特别提醒笔者：市政厅屋顶长度近500 m，这样超大尺度的建筑，它和周围建筑、自然景观的关系如何，它跟莲花山的关系如何，它跟深南路的关系等城市设计关系如何？这个巨型建筑能不能建？还需要充分验证。之后，中心办提议并请示市政府同意做气球模拟市政厅（现名：市民中心）大屋顶轮廓实验。

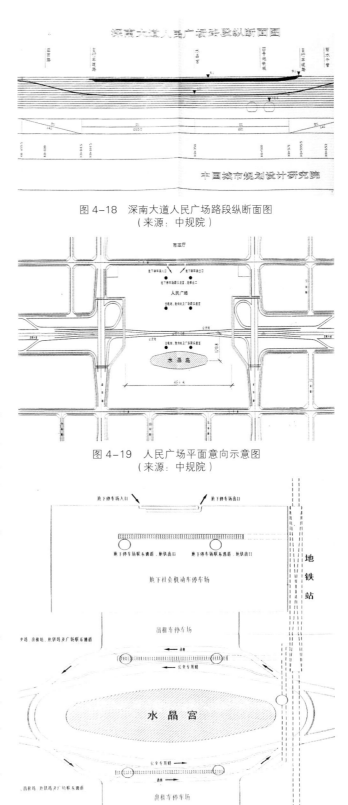

图4-18 深南大道人民广场路段纵断面图
（来源：中规院）

图4-19 人民广场平面意向示意图
（来源：中规院）

图4-20 广场地下一层交通组织方案
（来源：中规院）

① 深圳市规划与国土资源局.深圳市民中心及市民广场设计[M].北京：中国建筑工业出版社，2003：150.

② 深圳市规划与国土资源局.深圳市中心区中轴线公共空间系统城市设计[M].北京：中国建筑工业出版社，2002：9-33.

图 4-21　1997 年 10 月图书馆、音乐厅建筑设计方案国际招标（笔者位于左二）

1997 年 10 月 12 日至 21 日在莲花山南侧市政厅现场进行市政厅屋顶气球实验（图 4-22），采用 350 多个直径 2 m 的氢气球，每个气球下面绑一个混凝土墩子，一个个地调节高度，在空中勾画出了大屋顶的足尺轮廓线。以间距 18 m 的网格（边缘间距加密成 9 m）悬浮在市政厅用地现场，在空中构成市政厅屋顶的基本形状和轮廓线，研究市政厅的建筑尺度与周边道路、景观环境的关系。这次市政厅屋顶气球实验还在深圳地方报纸上发表公告和征求意见书，以广泛收集参观者和社会各界意见以供决策参考。经过这次气球实验后，设计者们下决心要把市民广场连成一片大广场，与大尺度的市政厅建筑相匹配。

4.2.6　地铁 1 号线"拐进"CBD 的研究历程

（1）1996 年以前地铁一期原选线方案　1995 年深圳地铁一期工程（1 号、4 号线）规划选线方案，计划地铁 1 号线从罗湖火车站到世界之窗；4 号线从皇岗口岸到莲花山脚下。1995 年的"深圳市市中心城市设计国际咨询"技术条件图显示：地铁 1 号线在深南大道地下经过中心区，4 号线在中轴线地下经过中心区，两条地铁线在水晶岛位置垂直相交并设换乘站。

（2）比选中心区地铁站线布置方案[①]　当时深圳地铁仅有一期工程"探路"，尚无地铁二期、三期等规划。原以为中心区只有地铁 1 号、4 号线经过，必须在 CBD 最大人流负荷中心设地铁站。因此，1996 年中

图 4-22　1997 年用氢气球足尺模拟市政厅屋顶轮廓线公开展示，笔者（居中）和同事合影

①　陈一新. 规划探索：深圳市中心区城市规划实施历程（1980—2010 年）[M]. 深圳：海天出版社，2015：102-103.

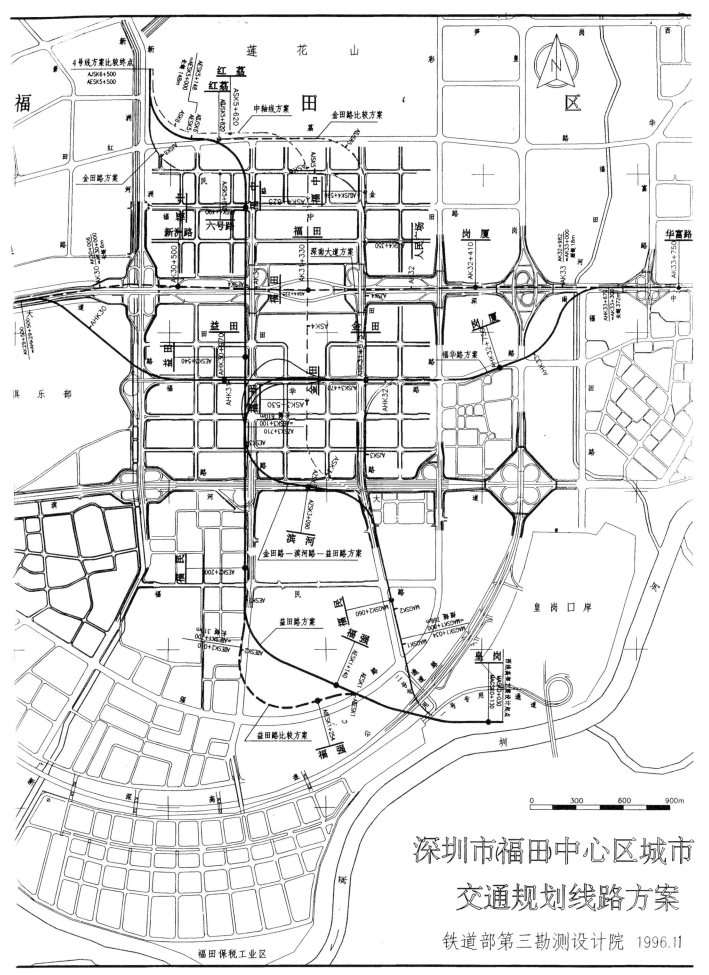

图 4-23　中心区城市交通规划线路方案（1996年地铁一期在中心区选线比较方案）

表 4-4　深圳市中心区城市轨道交通规划线路方案比较表

方案		正线长度/km	设站数量（中心区设站数量）/座	土建工程造价比值	项目	
					方案优点	方案缺点
1号线	深南大道方案	4.374	5（2）	1.0	1. 中心区南北部旅客乘地铁 1 号线行走距离基本相等 2. 线路沿深南大道布置，不侵入其他地块，不影响地块上建筑物基础布置 3. 有利于人民广场、水晶岛、露天剧场等人流的集散 4. 线路顺直，比福华路方案短 348 m 5. 施工对道路及市政管线影响小，施工方法以明挖为主，工程造价较低	1. 须与水晶岛同步施工或预留地铁通道 2. 地铁4号线线位须布置在中心区中轴线，1 号线与 4 号线乘客换乘才能方便 3. 距中心区公共汽车总站较远，与公交换乘不方便
	福华路方案	4.722	5（2）	1.33	1. 充分兼顾中心区南部商贸、金融 CBD 就业人口比北部密度大的特点 2. 不影响水晶岛的设计、施工	1. 穿别墅区，施工需采取加固措施 2. 中心区北部旅客乘车不方便
4号线	中轴线方案	5.664	6（3）	1.0	1. 中心区东、西部旅客乘地铁 4 号线行走距离基本相等 2. 中轴线为中心区绿化带，施工方便 3. 有利于人民广场、水晶岛、露天剧场等人流的集散 4. 线路分别比益田路方案、金田路方案短 54 m 和 140 m	1. 须与水晶岛及市政府综合大厦同步施工或预留地铁通道 2. 中央绿地较宽，两侧旅客进入地铁站行走距离较远
	益田路方案	5.718	5（2）	1.08	1. 方便中心区西部旅客乘车 2. 线路比金田路方案短 86 m 3. 皇岗站布置较金田路方案更自由 4. 线路坡度较金田路方案更自由 5. 地质条件较好 6. 与近期中心区西南部益田路商业街（CBD 片区）的开发结合较紧密 7. 兼顾福田保税区和石厦南住宅区的居民乘车	1. 中心区东部旅客乘车不方便 2. 中心区设站较少 3. 须拆迁旧石厦村局部房屋 4. 规划的保税区配套生活区、皇岗公园须预留地铁通道
	金田路方案	5.804	5（3）	1.13	1. 中心区北部设站较多，轨道交通对中心区覆盖较均匀 2. 方便中心区东部、北部旅客乘车 3. 地铁 1 号线与 4 号线在金田站立交换乘较方便 4. 促进中心区南部金田商业街的开发	1. 线路比益田路方案长 86 m 2. 须改移金田南路东侧部分地下管线 3. 金田站埋设较深，离地面约 20 m 4. 地质条件较益田路差
	金田路—滨河路—益田路方案	5.562	5（3）	1.08	1. 中心区南部设站较多 2. 方便中心区西部、南部旅客乘车 3. 线路最短，分别比益田路方案、金田路方案短 156 m 和 242 m	1. 须拆迁滨河路南侧局部房屋 2. 中心区的东山地块须预留地铁通道 3. 须改移金田南路东侧部分地下管线
	益田路比较方案	6.028	5（2）	1.20	1. 绕避皇岗公园 2. 与福强路地面交通换乘方便	线路比益田路方案长 310 m
	金田路比较方案	5.804	5（3）	1.13	与红荔西路地面交通换乘方便	中心区福中路以南旅客乘地铁行走距离较远

心区城市设计国际咨询评议会后，由中心办组织牵头，召集深圳地铁办、铁道部第三勘测设计院、交通研究中心等单位共同研究地铁一期在中心区地铁站线布置方案(图 4-23)。

（3）地铁一期在中心区线位和站点方案　经过几轮专家研究比选（表 4-4），1997 年多次召开中心区地铁线位方案比较讨论会，对地铁一期工程（1 号线、4 号线）在中心区线路站位方案进行多方案比较研究（图 4-24）。1997 年 4 月 25 日市规划国土局代表（赵崇仁、刘勇、陈一新）和地铁办代表（张家识）专程到北京，就深圳市中心区地铁站线布置方案听取周干峙、邹德慈、何宗华、阎汝良、蒋大卫等专家意见。1997 年 5 月 5 日确定地铁一期工程 1 号线和 4 号线在中心区站线布置方案（图 4-25），将 1 号线从原先的深南大道地下南移至中心区福华路地下，将 4 号线从中轴线东移至鹏程四路地下，两条线在中心区都按最小区间 600 m 距离设站，各设 3 个站，尽量增加地铁在中心区服务半径内的使用人群数量[①]。将 1 号线南移"拐进"CBD 高强度开发地块，既增加了 CBD 土地开发价值，又保证了地铁沿线客流量，有利于提高公交出行率。1997 年 6 月，市政府同意确定中心区地铁 1 号、4 号线

① 陈一新 . 深圳福田中心区（CBD）城市规划建设三十年历史研究（1980—2010）[M]. 南京：东南大学出版社，2015：225—227.

的上述线路站位方案。照此方案实施的深圳地
铁一期工程 2004 年底通车。

精心选址的中心区地铁线路站位，产生
了较好的社会经济效益。例如，中心区 1 号
地块紧邻地铁 1 号线"购物公园站"，被规
划为"不限高"商业类用地，这也是中心区
唯一"不限高"用地。现已建成"平安国际
金融中心"。该项目的地下商业与地铁"购
物公园站"完全无缝连接，地铁"拐进"了
CBD 高强度开发地块[①]。

4.2.7 试点编制中心区法定图则

为了配合《深圳市城市规划条例》的出台，
中心办委托深规院编制福田中心区法定图则
草案（图 4-26~ 图 4-28）。1997 年还根据中
心区规划制作了模型，首次在设计大厦的深
圳城市规划展厅展出（图 4-29）。

4.3 六大重点工程奠基（1998 年）

1998 年中心区现状大多为空地（图
4-30），周围已基本建成（图 4-31），中
心区用地大多为政府控制用地（图 4-32），中
心区规划建设吸取了黑川纪章生态信息轴的
理念（图 4-33）。截至 1998 年 6 月 30 日中
心区已出让土地权属见表 4-5，而且中心区
实景（图 4-34）显示建成的建筑寥寥无几，
当时成为驾校的"练车场"。参见中心区已
划红线用地权属图（图 4-35）。按照 1998 年
7 月至 10 月间，中心区土地利用规划图（图
4-36），中心办工作目标是增强深圳国际性
城市的内部容量，保证六大重点工程开工。
中心办还试点了办公街坊 22、23-1 城市设计、
购物公园带建筑设计方案的土地招标、中心
区法定图则等，成功应用城市仿真技术，提

图 4-24　1997 年研究地铁一期在中心区线位（笔者位于左三）

升了中心区城市设计实施质量。

4.3.1 图书馆、音乐厅实施方案艰难敲定

1997 年 9 月之前，深圳文化中心（含图
书馆、音乐厅）原选址在益田路、深南大道
的西北象限（图 4-37，今深交所位置），因
1997 年 9 月决定将位于中心区莲花山下的会
展中心换址到深圳湾填海区，才将图书馆、
音乐厅选址到原会展中心位置（图 4-38 现今
位置）。笔者在中心办工作期间见证了图书馆、
音乐厅实施方案"难产"过程（图 4-39）。
1997 年 10 月开展深圳文化中心（含图书馆、
音乐厅）建筑设计方案国际竞赛，1998 年
1 月召开竞赛评审会，国际评委一致推选日
本矶崎新建筑师事务所（1 号）方案为一等奖，
加拿大建筑师摩西·萨夫迪（2 号）方案为二
等奖（图 4-40）。随后，中心办主张实施一
等奖方案，另一部门重点工程办公室则主张
实施二等奖方案，由此展开了五次征求意见
的投票，从深圳市建筑师学会、深圳市规划
师学会到市民投票（在红荔路上的老图书馆
门口设立公众投票箱），最终，深圳市五套

---

① 陈一新 . 深圳福田中心区规划建设 35 年历史回眸 [M]// 深圳市规划和国土资源委员会，《时代建筑》杂志 . 深
圳当代建筑：2000—2015. 上海：同济大学出版社，2016：279-285.

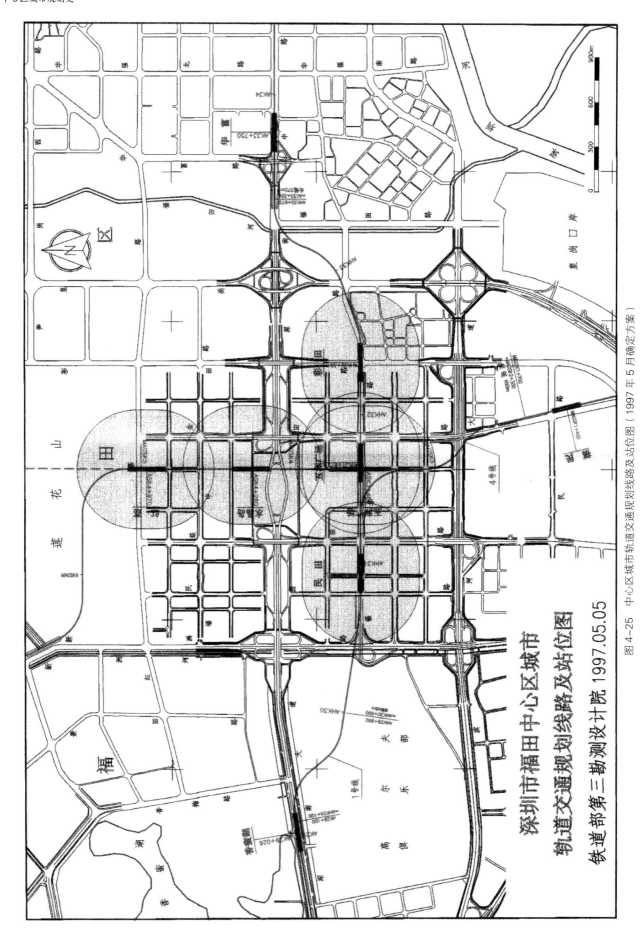

深圳市福田中心区城市
轨道交通规划线路及站位图

铁道部第三勘测设计院 1997.05.05

图 4-25 中心区城市轨道交通规划线路及站位图（1997 年 5 月确定方案）

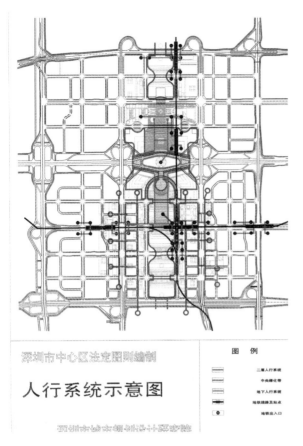

图 4-26　1997 年中心区法定图则编制人行系统图
（来源：深规院）

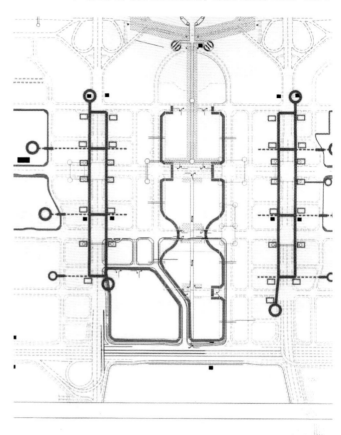

图 4-27　1997 年南区步行系统设计

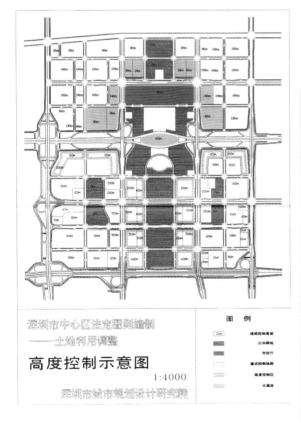

图 4-28　1997 年中心区法定图则编制高度控制图
（来源：深规院）

图 4-29　1997 年中心区模型（首次在深圳福田区设计大厦展出）

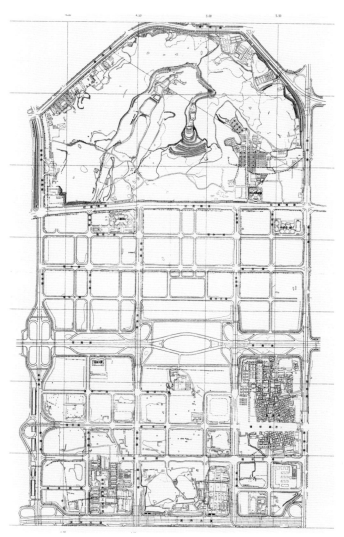

图 4-30　1998 年中心区现状图
（来源：市规划部门）

图 4-31　1998 年中心区航拍图
（来源：市规划部门）

图 4-32　深圳市福田区分区规划（1998—2010）（中心区绿色地块为政府控制用地，紫色地块为未划未建用地）

图 4-33　1998 年中心区规划模型
（来源：笔者摄影）

表 4-5　1998 年 6 月 30 日中心区已出让土地权属一览表

序号	所在地块编号	合同号	宗地号	红线编号	原红线面积 /m²	规划地块面积 /m²	用地性质	土地使用者
1	29-1	深地合字（95）006	B203-0001	94-072	42 232.6	42 964.5	G/IC4	深圳市儿童医院
2	27-2-1、27-2-2	深地合字（93）388	B205-0002	93-062	13 350.0	12 690.7	C1+C5+R2	嘉国投资有限公司
3	29-3-2	深地合字（96）098	B203-0003	94-225	6 009.4	6 009.4	G/IC1+C1+C5	江苏省政府驻深办事处
4	22-1	深地合字（95）0044	B116-0023	94-222	7 050	7 725.1	C1+C5	深圳市投资管理公司
5	8-2	深地合字（福95）016	B116-0019	94-082	10 800	10 877.7	U3	深圳市邮电局
6	16	深地合字（93）483	B117-0002	93 招 -009	30 396.25	30 396.25	C1+C2+C4+C5	大中华有限公司
7	10-1、10-2	深地合字（98）9001	B116-0036	98 中心区 002	32 568.50	32 853.6	C1+R2	中海地产（深圳）公司
8	25-1、25-2	深地合字（91）034	B116-0002		79 645	53 663.5	R2+R6	深圳市机电设备安装公司
9	20-1-1	深圳地合字（98）9002	B119-54	96D-008	20 155.06	20 155.06	R2+R6	福田区岗厦实业股份公司
10	21-1	深地合字（95）036	B119-0042（J）	94 补 -063	6 534		R2	福田区旧村改造办公室
11	21-3-2	深地转批（1993）002	B119-0034（J）	92 补 -088	10 930		C1+C5+R2	福田区房地产开发公司
12	14	深地合字（93）065	B119-0003（J）	90-028	3 650		R2	福田区住宅局
13	18-2	深地合字（92）140	B119-0032（J）	91-209	2 440		C1+C5+C4	华艺设计顾问公司
14	18-3	深地合字（93）024	B119-0015（J）	90-153	2 988.70		C1+C5	昌盛贸易公司
小计						268 749.51		

来源：中心办。

图 4-34　1998 年中心区实景
（来源：陈宗浩摄影）

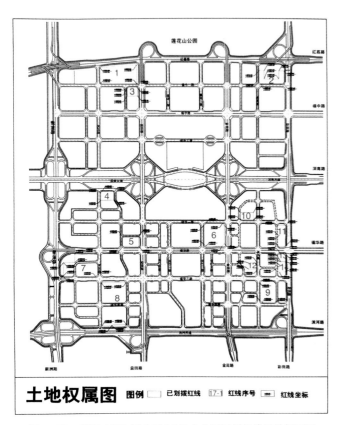

图 4-35　截至 1998 年 6 月 30 日中心区已划红线用地权属图
（来源：《深圳迈向国际——市中心城市设计的起步》）

中心区土地利用规划图

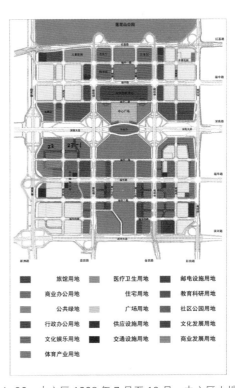

图 4-36　中心区 1998 年 7 月至 10 月，中心区土地
利用规划图
（来源：中心办宣传页）

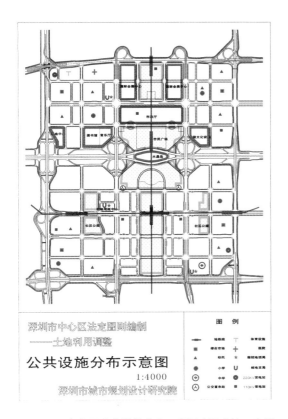

图 4-37　中心区公共设施分布示意图（图书馆、音乐
厅 1997 年 9 月之前原选址）
（来源：深圳市城市规划设计研究院）

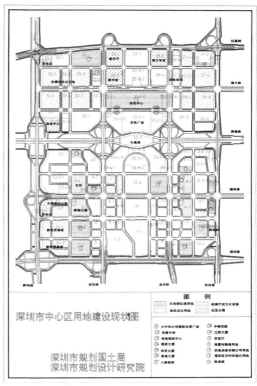

图 4-38　中心区用地建设现状图（图书馆、音乐厅
1997 年 10 月确定规划选址）
（来源：深圳市规划国土局、深圳市规划设计研究院）

图4-39　1998年2月笔者在建艺大厦五楼中心办工作照

图4-40　1998年3月28日深圳特区报载图

班子领导投票，五次投票结果一致赞成图书馆、音乐厅实施一等奖方案。终于敲定了图书馆、音乐厅实施方案。多次为中心区规划建设把关的吴良镛院士（1998年）在中心区

图书馆、音乐厅建筑方案国际评审会上提道：矶崎新设计的图书馆、音乐厅方案盖起来后将成为深圳建筑史上的"麦加"。

4.3.2　市政厅大屋顶抬高10 m

（1）1998年城市仿真的诞生　1996年市政厅[①]建筑方案选定后，大家担心这个建筑大屋顶与深南大道及周边建筑的关系，以及与莲花山背景的城市设计尺度关系不协调。中心办提议进行市政厅大屋顶轮廓足尺模拟实验的请示被批准后，1997年10月采用300多个氢气球勾画出市政厅建筑大屋顶的轮廓（没有建筑体量）悬浮在市政厅选址现场向公众展示并征询意见后未得出明确结果。为了验证市政厅这个巨型建筑的城市设计尺度关系，1998年3月，中心办首次创新采用三维城市仿真实时动态模拟研究市政厅建筑大屋顶尺度问题，市政厅大屋顶原高度60 m（图4-41），通过仿真看出市政厅大屋顶"盖"在莲花山顶上，这样的景观关系是要避免的，因此，采用仿真试着抬高屋顶高度，结果抬高10 m就能让市政厅大屋顶与莲花山背景在空间视觉上取得最佳"景窗"效果。所以，首次城市仿真让市政厅屋顶"抬高"10 m，果然，市政厅（市民中心）建成后，其屋顶与中轴线、莲花山之间取得和谐优美效果（图4-42）。这次仿真还同时比较了水晶岛方案与市政厅的尺度关系[②]。这是城市仿真首次为中心区"立功"。这是深圳乃至全国最早应用城市仿真技术研究城市设计和建筑尺度。事实证明，把握好尺度是福田中心区城市设计成功的核心。中心办下决心要建立一套福田中心区城市仿真系统。1998年8月中轴线详细规划设计暨市民中心方案

---

①　1998年7月"市政厅"正式更名"市民中心"，之前名称为"市政厅"。

②　陈一新.深圳福田中心区（CBD）城市规划建设三十年历史研究（1980—2010）[M].南京：东南大学出版社，2015：228-230.

审定会上，专家认为市民中心设计可进入下一阶段，标志着市民中心方案确定。

（2）中心办请示[①]局领导要建立城市仿真。

A. 建立中心区仿真的机遇：1998年4月中心办联合法规执行处、信息中心向局领导请示建立中心区城市仿真系统（图4-43）。1998年5月在"深圳市中心区中轴线公共空间、市民广场设计方案研讨会"上，吴良镛和周干峙两位院士建议将中心区城市规划与建筑设计成果提交1999年6月在北京举行的世界建筑师大会。当时美国SOM建筑设计事务所应邀来市规划国土局做中心区街坊城市设计时，称赞说中心区的城市设计是中国当时最好的。市规划国土局建议将中心区城市设计成果制作成城市仿真系统。

B. 仿真在城市设计的优越性：为了完整准确地介绍中心区的城市设计成果，加强中心区宣传力度，采用传统的实物模型不足以表达中心区城市设计。特别是中心区城市设计是一项可持续发展的过程，实物模型没有积累的功能，一旦有新的建设项目，整个模型就必须重做。实物模型不能以人们生活中的视觉角度来理解建筑物的体量关系。采用电脑城市仿真系统，不仅可将最新设计成果及时制作成三维影像，以不同视角漫游观看，而且可将同一建筑的不同比较方案制作成仿真供评审决策参考。此外，仿真系统制作的中心区模型可转为国际互联网格式，可以让外界直观了解深圳。1999年是深圳建市20周年，利用城市仿真技术介绍深圳市城市建设成果，将具有重要意义。

C. 中心区已具备制作城市仿真的条件：城市仿真制作依赖原始数据的完善齐全，中心办当时已积累大部分相关资料，包括规划、

图4-41　1997年市政厅设计方案模型
（来源：李名仪事务所）

图4-42　市民中心与莲花山的景观关系符合仿真效果
（来源：笔者摄于2019年）

城市设计、建筑单体等方面的文字和电脑图形资料。仿真系统的制作如果能与城市设计同步进行，中心办可以要求设计单位提供仿真所需的电子数据格式，以提高制作效率。

4.3.3　中轴线整体抬高成二层立体轴线

1998年黑川纪章将李名仪事务所方案

---

① 关于建立城市仿真系统参加1999年北京世界建筑大会演示的请示，深圳市中心区开发建设办公室，1998年10月6日。

关于建立城市仿真系统的请示

刘局长：

根据市、局领导在中心区市政厅城市仿真演示会上的指示，希望我局能建立一套城市仿真系统。信息中心会同建筑法规执行处和中心区开发建设办公室，经共同研究建议由上述三个处室分别派出1~2人成立仿真课题组，课题已完成仿真系统的可行性分析、经费预算、项目计划等工作。

一、 中心区城市仿真的实施

在城市仿真系统中，实时的人机交互界面，为城市规划、设计人员及政府决策者提供探讨城市景观和建筑设计三维虚拟环境。中心区开发建设办公室在市政厅选址方案中采用了仿真技术手段，成功地解决了市政厅的选址、市政厅和水晶岛体量大小以及与周围景观的关系，为仿真技术用于城市规划与设计的可行性作了试验。

为了配合中心区的城市设计方案和城市建设，建议尽早开发城市仿真系统。目前李名仪的市政厅和水晶岛、黑川纪章所做的中心区中轴线设计的电脑线数据均已提交给中心，加上我局信息中心现有数字化地形数据，对中心区进行详细仿真制作的数据条件基本具备。

为了让政府决策者充分讨论市政厅室内空间的设计和用途，可以考虑对市政厅内部建筑进行仿真处理。

二、 仿真用于建筑报建的方案评审

仿真系统建成后将广泛用于新建设项目的评审。目前许多建筑单位均使用AutoCAD等软件，建筑设计单位提交这些数据给我局并通过格式转换后，可用在城市仿真系统中的建模，提高仿真系统的制作效率。同时利用现有的办公系统，存储建设单位提供的图形资料，

可以方便在微机进行文字和图形查询。仿真模型制作完成后，可输出VRML数据格式，直接在因特网上漫游。

在城市规划与设计方面，可以利用法定图则中与景观密切相关的规划指标：如控制性高度、建筑覆盖率、绿地面积、交通出入口等，进行仿真模拟制作，让规划与设计人员获得模拟景观。

对于拟建项目的设计招标，可对其周围环境的规划或现状制作成三维模型，通过英特网发布，使建筑师在项目设计中获得周围景观资料。

三、 设备配置与经费预算

城市仿真系统对计算机运行速度要求非常高，目前只有SGI公司的Onyx2工作站能满足复杂实时仿真运行的要求。在Onyx2平台上运行的城市仿真软件有Coryphaeus和MultiGen两家公司，在仿真系统市场占有率为95%。Coryphaeus公司的Urban Simulation套装软件在城市仿真系统上集成度较高，容易使用。对仿真进行演示时，使用高亮度投影，配合立体眼镜，使人获得真实三维空间的感受。整个费用估算90万美元；其中硬件费用为65.6万美元，软件费用为24.4万美元。具体细节见《深圳市城市仿真系统可行性报告》。

以上请示当否，请批示。

中心区开发建设办公室
信息中心

一九九八年四月二十九日

图4-43 1998年中心区建立城市仿真系统的请示

图4-44 1998年黑川纪章详规设计中轴线屋顶平面

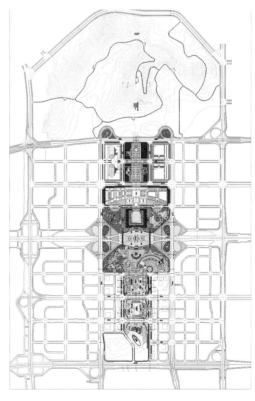

图4-45 1998年黑川纪章详规设计中轴线地面 一层平面

图 4-46　1998年中轴线及市民中心方案审定会，笔者（前排右二）和中心办成员及设计师团队合影

图 4-48　1998 年 12 月地铁水晶岛试验站奠基典礼（笔者：马庆芳摄影）

图 4-47　1998 年中轴线及市民中心方案审定会，齐康院士和主办方同志合影（笔者位于左二）

图 4-49　1998 年市民中心奠基（来源：马庆芳摄影）

中 2 km 长高低起伏的中央绿带整体抬高为二层高架立体轴线，规划轴线的地上一层的屋顶为公共广场（图 4-44），地下一层与公共步行连通，形成地面一层商业或生态实验展示厅（图 4-45）、地下二层商业或停车等复合功能的立体轴线。轴线建筑面积第一次概念设计为 70 万 m^2，第二次方案修改为 35 万 m^2。后来该中轴线方案多次听取周干峙、吴良镛、齐康等专家意见，综合意见包括：A. 中轴线空间概念设计中考虑生态—媒体[①]的时代特色，组成有韵律的空间结构等。B. 中轴线上绿地起伏不宜过于复杂，也不宜离两旁人行地坪过高，使人们尽量接触自然地面。C. 具

图 4-50　1998 年 12 月福田中心区六大重点工程（含地铁水晶岛试验站）奠基典礼（笔者位于右三）

---

① 黑川纪章关于中轴线生态媒介都市的构想参见：深圳市规划与国土资源局. 深圳市中心区中轴线公共空间系统城市设计 [M]. 北京：中国建筑工业出版社，2002：37.

图 4-51 1998 年福田中心区实景
（来源：陈宗浩摄影）

体技术问题，如南中轴绿化带应以绿化为主，商业规模应适当，要解决好屋顶绿化和地下使用空间的连续性。建议人造土由小到大，逐步试验，比例不能过大，并考虑其造价和管理问题。D. 建议南段中央绿化带应向东西两侧的建筑群组渗透。1998 年 8 月 3 日召开中轴线详细规划设计暨市民中心[①]方案专家审定会（图 4-46），研讨了黑川纪章中轴线公共空间详细规划设计成果、市民中心及市民广场方案以及第二工人文化宫规划设计方案，会议原则同意中轴线详规和市民中心方案两项设计成果；要求第二工人文化宫进一步调整方案。齐康院士和会议主办方同志合影见图 4-47。

4.3.4 六大重点工程同时奠基

经过大家几年的辛勤努力，市政府投资中心区的六大重点工程（市民中心、图书馆、音乐厅、少年宫、电视中心、水晶岛地铁试验站）[②]前期准备工作进展顺利。1998 年 12 月 28 日，中心区六大重点工程同时举行开工奠基仪式（图 4-48~图 4-50），深圳市主要领导为六大重点工程开工揭幕并在开工典礼上做了重要讲话。这标志着中心区大规模开发建设的序幕正式拉开了。

4.3.5 22、23-1 街坊城市设计

1997 年政府投资建成的"投资大厦"[③]立面外观一直遭业界诟病（图 4-51）。为了"消隐"投资大厦外观，中心办采用街坊优美建筑群"大合唱团"掩盖其中个别"队员"形象不佳的方法[④]。1998 年遇到亚洲金融危机，投资大厦所在 22、23-1 街坊的 12 个地块即将协议出让给 12 个开发商建设商务办公楼。中心区未来商务办公建筑群会是什么样子？中心办尝试对已确定开发商的 7 个项目提出了规划设计要点并征询设计方案，结果每个方案都造型独特[⑤]，很明显这些方案放在一起肯定"各自为政"，建筑群的外部空间是散乱不协调的，中心区不能"穿新鞋走老路"再造一个"罗湖"。于是中心办做了一次城市设计新尝试，经比选后请示领导同意，邀请美国 SOM 建筑设计事务所来深圳做中心区 22、23-1 街坊城市设计，希望取得 CBD 街坊整体优美的建筑群和连续舒适的步行街道。

---

① 市民中心的曾用名"市政厅""市民广场"。1998 年 7 月经市五套班子市中心区现场办公会议同意将"市政厅"更名为"市民中心"。
② 六大重点工程简介：（1）市民中心：占地面积 10 hm²，建筑面积 20 万 m²，总高度 85 m，总长度 477 m，最大宽度 170 m，概算总造价 20 亿元人民币。（2）图书馆：占地 3 万 m²，建筑面积 3.5 万 m²（不含地下车库 1.5 万 m²），高 40 m。图书馆藏设计为 400 万册。（3）音乐厅：占地 2.5 万 m²，建筑面积 2 万 m²，高 40 m。观众厅席位 2 000 座。（4）少年宫：占地 2.6 万 m²，建筑面积 3.2 万 m²，高 40 m。（5）电视中心：占地 2 万 m²，建筑面积 5.1 万 m²，高 120 m。主要功能为演播室、办公建筑。（6）地铁水晶岛试验站。
③ 原名为"国资大厦"，1996 年 5 月建筑工程报建，1997 年建成。
④ 陈一新 . 探究深圳 CBD 办公街坊城市设计首次实施的关键点 [J]. 城市发展研究，2010（12）：84-89.
⑤ 深圳市规划与国土资源局 . 深圳市中心区 22、23-1 街坊城市设计及建筑设计 [M]. 北京：中国建筑工业出版社，2002：181.

图 4-52 1998 年中心区 22、23-1 街坊城市设计效果图
（来源：SOM 设计）

图 4-53 1998 年中心区 22、23-1 街坊骑楼设计
（来源：SOM 设计）

由于该城市设计范围小（22、23-1 两个街坊用地共 10 hm²）、时机准（12 个地块已确定 12 家投资公司，但尚未签订土地合同）、成果具有权威性且具有深度（有一套针对公共空间包括两个小型公园、街道骑楼、建筑群、建筑外观的设计导则），保证了这两个街坊优美建筑群的整体效果（图 4-52）和连续骑楼的实施（图 4-53）。美国 SOM 建筑设计事务所提交的《深圳市中心城市规划设计指南》[①] 较好地解决了 CBD 街坊整体建筑群优美，步行系统连续舒适，交通、景观和地价公平等 3 个问题，设计成果落地实施，政府和投资商都较满意。该城市设计成果长期受到规划建筑界的认可，甚至作为街坊详细城市设计的范本。

4.3.6 法定图则（第一版）草案公示

作为深圳市首批法定图则的试点，1997 年首次试点编制福田中心区法定图则。1998 年《深圳市城市规划条例》公布施行后，中心区法定图则草案（FT01-01/01）于 1998 年 9 月 10 日至 10 月 10 日首次公开展示征求意见[②]（图 4-54、图 4-55）。截至 1998 年 6 月 30 日，中心区已出让土地 14 宗，原红线用地面积约 26.87 hm²。

4.3.7 行道树规划设计

深圳市中心区道路系统已基本建成，道路绿化已成为当时绿化市中心区的首要任务。为了能够全面合理地进行中心区绿化总体规划，使中心区行道树更有特色，更适合 CBD 商务功能，因此中心区新建道路的行道树苗木多选择为易存活苗木，且在养护期，根系未壮大，如果更换中心区行道树，还可移植到别处，经济成本较低。1997 年中心办招标中心区行道树规划设计方案，市内外 9 家园林专业公司投标，评标专家确定中心区行道树规划设计原则应满足以下要求：冠大浓荫、四季常青、分枝点高；能适应道路环境下生长和地下空间开发利用需要，耐强辐射；生长粗放；树干直；抗风、少病虫害、不污染环境；等等。根据中心区各路段不同景观要求配置不同树种。但现状行道树的树种配置不符合此原则，甚至部分树种不适宜在中心区种植，例如：高山榕、小叶榕、大叶榕、木棉、大花紫

① 陈一新.深圳福田中心区（CBD）城市规划建设三十年历史研究（1980—2010）》[M].南京：东南大学出版社，2015：146.

② 陈一新.深圳福田中心区（CBD）城市规划建设三十年历史研究（1980—2010）》[M].南京：东南大学出版社，2015：232.

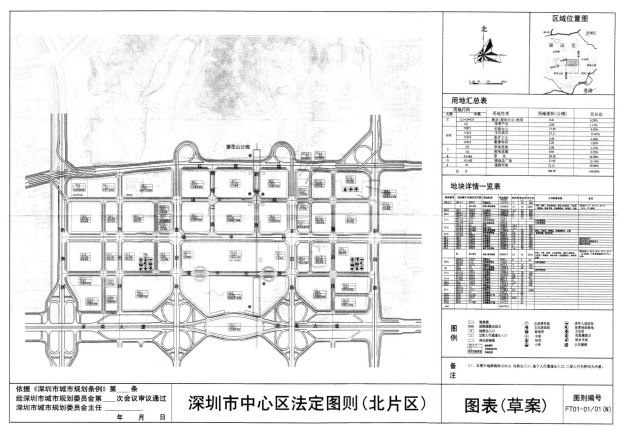

图 4-54　1998 年 9 月中心区（北片区）法定图则公示草案

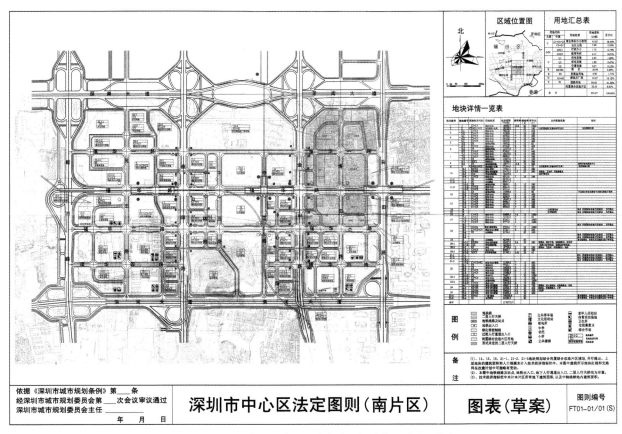

图 4-55　1998 年 9 月中心区（南片区）法定图则公示草案

薇等。中标方案按专家意见修改后，1998 年 7 月召开了中心区行道树规划设计方案[①]园林专家审定会（图 4-56），1998 年 10 月市规划部门致函市城管办负责组织实施确定的中心区行道树规划设计方案（图 4-57）并把发展备用地 23-2 地块移交城管办作为临时苗圃培植行道树苗（图 4-58），该地块后来成为金融办公用地。

4.4 高交会馆启用（1999 年）

4.4.1 高交会馆临时建筑快速设计建成

1999 年初，深圳取得举办中国国际高新技术成果交易会的主办权。于是，根据中心区领导小组的决策，中心办根据中心区土地

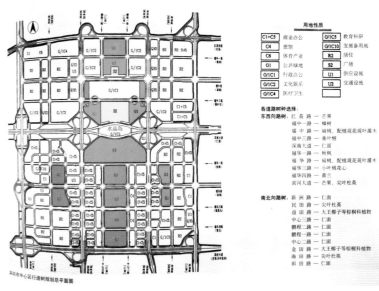

图 4-56 1998 年中心区行道树规划设计方案图

深圳市规划国土局

深规土函[1998]259 号

关于市中心区行道树实施意见的函

市城管办：

1998 年 7 月 17 日我局邀请部分园林、规划专家以及贵办有关领导对市中心区行道树的规划设计方案进行了评议和审定（见附件）。为了确保方案顺利实施，根据市领导的指示，现将修改后的规划设计方案提交贵办并由贵办负责组织实施。具体意见如下：

一、组织人员进行苗源的调查落实，若苗源确有困难，需根据会议纪要精神进行必要的修改。

二、对栽植行道树地段进行土质的调查，确定改良土质的具体措施（由设计单位负责）。

三、方案获批准后，即组织施工图设计（由中标单位负责），及早进行苗木的准备工作，并增加 20% 以上的备用苗，并提前进行施工招标。

四、在中心区附近划出土质较好的地段作临时苗圃，假植行道树（在用地困难的情况下，也可考虑在中心区设置）。

图 4-57 1998 年关于市中心区行道树实施意见的函

关于市中心区行道树实施意见的请示

刘局长：

1998 年 7 月 17 日我们邀请了部分园林、规划专家与城管办有关领导对市中心区行道树的规划设计方案进行了评议和审定，作了进一步的修改确定（见关于市中心区行道树审定会的会议纪要），为了确保顺利实施，现提出如下措施：

1. 组织人员进行苗源的调查落实，并根据会议纪要精神尽快将最后确定的规划设计方案上报。

2. 对栽植行道树地段进行土质的调查，确定改良土质的具体措施（由设计单位负责）。

3. 方案获批准后，即组织施工图设计（设计费按工程造价 2% 取费），并及时提前进行施工招标。

4. 在中心区内划出土质较好的备用地 23-2 地块作为临时苗圃，配置必要的设施，假植行道树（约 4000 株）。

5. 具体工程实施工作（包括订购苗木、工程招标等工作由城管办负责，中心办与城管办双方负责工程验收工作）。

6. 行道树工程设计费与工程费申请专项拨款。

以上措施妥否，请批示。

图 4-58 1998 年中心办关于市中心区行道树实施意见的请示

① 深圳市规划与国土资源局 . 深圳市中心区专项规划设计研究 [M]. 北京：中国建筑工业出版社，2003：47.

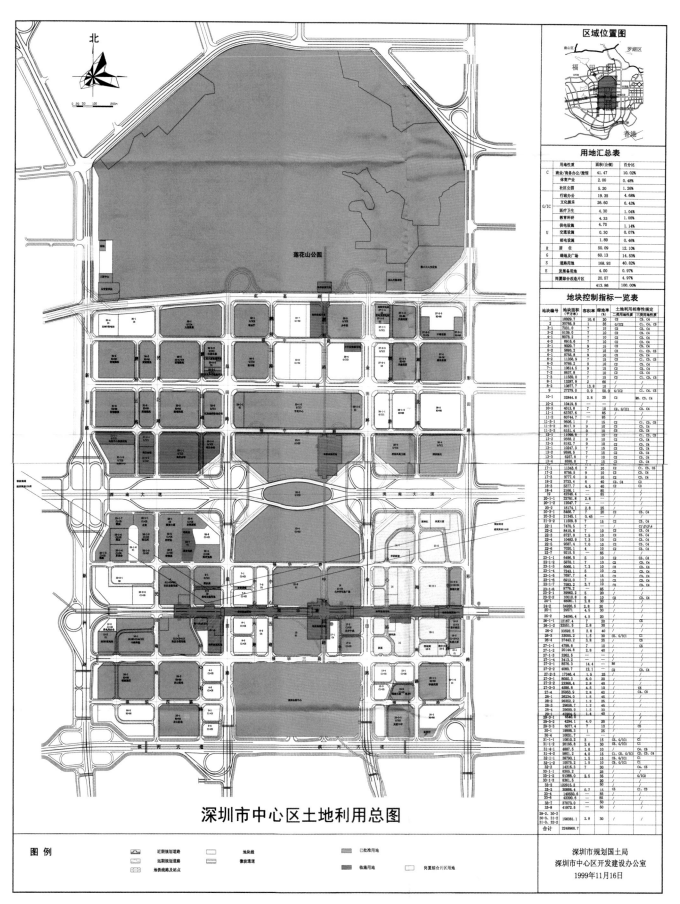

深圳市中心区土地利用总图

图 4-59　1999 年中心区土地利用总图（橘黄色表示已批准用地，蓝色表示临时用地，白色表示未用地）

利用图（图4-59）在深南大道空地上迅速选址（现深交所位置）、组织开展建筑设计和施工，顺利建成高交会馆。1999年10月首届高交会顺利举行（图4-60~图4-64）。

4.4.2　市民广场方案

（1）在市民广场园林绿化方案的第一次

（1999年1月21日至22日）研讨会之后，1999年3月25日全天在市规划国土局召开第二次会议，会议由市规划国土局领导主持，邀请了左肖思（深圳市左肖思建筑事务所总经理、总建筑师）、郭秉豪（深圳园林学会顾问、康发公司总经理）两位专家，以及中

图 4-60　1999 年中心区由西望东实景
（来源：陈宗浩摄影）

图 4-61　1999 年中心区实景
（来源：陈卫国摄影，笔者拼接）

图 4-62　1999 年 6 月中心区高交会馆施工现场
（来源：陈宗浩摄影）

图 4-63　1999 年 10 月高交会馆建成
（来源：陈宗浩摄影）

图 4-64　1999 年深南大道（右侧为高交会馆）
（来源：陈卫国摄影）

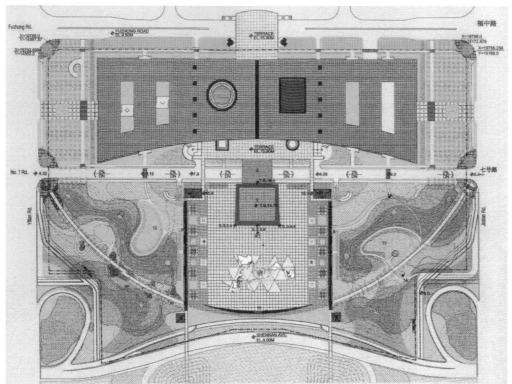

图 4-65　1999 年李名仪事务所
联合罗兰 / 陶尔斯建筑师及场地
规划师事务所合作设计的市民广
场方案

心办、市民中心建设办公室^①、市地铁公司的有关人员参加会议。在听取了李名仪事务所和罗兰/陶尔斯建筑师及场地规划师事务所联合修改后的方案^②（图4-65）之后，与会专家及各方认真讨论，提出了建设性意见。随后，《深圳市民广场园林绿化方案（修订稿）审批意见书》^③出炉，内容为：A.原则上同意此设计方案。B.建议将山园与水园的位置调整对换（即山园居东、水园居西），市民广场的扩初设计于6月10日完成、概算在6月20日完成。C.宜强化山园与水园两园的特色。加大水园的面积，以涌泉、水幕、瀑布或水性动物等形成自然生态的水主题园林。山园以散点的石块、起伏的地形、山涧小溪等来突出山园特色。同时，在市民中心南侧两个梭形的绿化地，适当增加些水面，使之与水园前后呼应，并考虑在建筑物4个内庭园中增加适当的水面。D.基本肯定植物塔（图4-66）的数量和造型，为更好地实现植物塔造型及效果，不考虑在植物塔下部设小卖部。E.广场硬铺地两侧的休息长廊及休息凳过长，长廊的造型过于笔直生硬，应调整。F.建筑物四周绿化，应适当加大4个角榕树的绿地面积。同时建议取消市民中心东西入口处各设一棵大树的设计思路。G.地铁方面：地面以下由地铁公司设计施工，地面以上出入口、风亭的造型及材料由市民广场统一设计。地铁与市民广场相连通的3个通道，各宽5 m，排水由市民广场考虑。风亭高于地面暂定1 m，具体高度在综合防洪要求后再定。市民广场地下一层十二轴至十三轴处的地面标高定为

3.56 m，坡度为3‰，北高南低。H.植物配植仍应强调岭南特色，应加大绿量、强化竖向绿化，用地形营造植物曲线。I.广场上的世界地图有待充分详尽设计。J.停车场出入口数量不够，应考虑增加。

（2）市民广场方案设计^④（图4-67）：该项目总用地面积12万 m²，总建筑面积约10万 m²，其中地下9.7万 m²，地上8 050 m²。设计主要内容为地下停车库、广场、山园、水园的环境设计。

① 四项设计原则：市民广场是市民中心大厦的楼前广场，其比例应满足自深南大道水晶岛至市民中心之间的空间比例与视觉艺术要求；广场使用功能需满足交通、停车、游览、商业零售、集会、人车分流的要求；文化上要反映其特定位置下的独特个性和中国文化特色、岭南园林意境；生态上要注意人与自然的亲密关系，山、水主题鲜明，造景要符合自然规律，生态环境舒适，并可持续发展。

② 总平面：市民广场位于市民中心大厦与深南大道之间，深南大道以北，市中心的中轴线上。市民中心借助市民广场的空间与深南大道南侧的水晶岛相呼应，形成市民中心的建筑群体。市民广场北邻福中三路，南靠深南大道，西邻益田路，东邻金田路，呈东西走向的长方形，分为3个区：中部硬地广场（地下为二层大型停车库）、广场东侧为山园、广场西侧为水园，三者共同组成一个有机的、体现时代精神的深圳新世纪广场。

③ 交通组织：A.地铁系统：广场东面，即山园地下为水晶岛地铁站出口，人流可以

① 《关于成立深圳市市民中心建设办公室的通知》，深圳市人民政府，深府办〔1998〕104号，1998年9月7日。
② 深圳市规划与国土资源局.深圳市民中心及市民广场设计[M].北京：中国建筑工业出版社，2003：166-175.
③ 《深圳市民广场园林绿化方案（修订稿）审批意见书》，深规设方字〔1999〕0121，深圳市规划国土局，1999年4月9日。
④ 深圳市民广场方案设计.方案设计：美国李名仪/廷丘勒建筑师事务所，合作设计：机械工业部深圳设计研究院，2000年4月。

图 4-66　1999 年李名仪事务所设计的市民广场"植物塔"方案

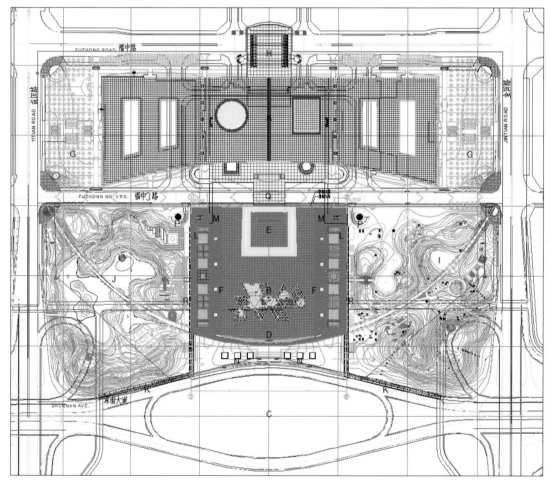

图 4-67　2000 年 4 月李名仪事务所设计的市民广场总图

通过中部广场北面的角亭及两侧的垂直交通系统出入地下一层，通过人行通道出入地铁站大堂。B. 车流系统：中部广场下面设有两层地下停车库，深南大道在进入中心区时下穿，中心广场地下两层南面东西两侧均与深南大道下穿隧道辅道相连接，作为中心广场地下停车库与深南大道的主出入口，地下二层为平接，地下一层自中央起坡，以坡道与辅道连接，使停车出入十分便利。在地下一层北面东西两端各设 1 个车行出入口与福中三路相连，地下一层、二层之间设连接车道，保持顺畅、便捷的车行交通联系。C. 人行系统：深南大道地面层为公交车辆通行专用道，在市民广场两边沿深南路设公交车站，人流可由深南大道及福中三路从中心广场两侧进入广场及山园、水园，中心广场两侧设有人行廊道，通过角亭及天桥连接市民中心大平台；广场北边中部大方台与市民中心之间以玻璃天桥相接；益田路、金田路与福中三路交叉点分设山园、水园的公园入口；人流同时可通过广场垂直交通系统进入地下一层的人行通道而到达地铁站。

④ 建筑设计：市民广场建筑主要由三部分组成，东西两侧的山园、水园内的小型建筑物，中部的中心广场及广场之下的二层地下停车库。A.中心广场：中心广场长 225 m，宽 216 m，广场的中轴序列北侧中部为大方台，由市民中心二层大平台延伸出来的玻璃天桥与大方台相连，大方台上设平地喷泉，其下为一共享空间，由福中三路进入，再下至地下人行通道的综合空间。广场部分即大方台前端设计了一个碗形广场，上面用不同材质及色彩的铺地拼出世界地图的图案，广场南侧沿深南大道设计了一个弧形的叠落泉，叠落泉的中部设置了连通地下一层的出入口，由此可进入地下一层的人行通道，向北与水晶岛地下室联系，中心广场东西两侧为半软铺地区，是由广场硬地到山园、水园软景的过渡，从而大大缓解夏季阳光强烈的照射，在这里设计了图案状草地、树丛，且每边设有 4 个植物塔。植物塔中有亭及从地下室通向地面的疏散楼梯，植物塔上装有照明灯，造型新颖独特。在广场两侧与山园、水园交界处设有步行连廊，南边与深南路相连，北边与角亭相接。角亭既是垂直交通枢纽，也是纳凉休息场所，顶部为钢结构双曲面造型，与市民中心的大屋顶相呼应。步行连廊与山园、水园之间设有连通地下室的二层高天井花园，利于采光通风，并设有垂直交通系统，方便人们出入地下一、二层停车库及地铁站。B.地下室建筑：中心广场设两层地下停车库，

停车库由人行通道、停车场、设备用房组成。地下二层兼做人防地下室，最多可停 2 291 辆车。C.山园、水园：山园、水园位于市民广场的东、西两侧，它们为中心广场的集中人流，乃至整个中心区的人们提供一种自然化的休息、游玩和娱乐空间。在整个山园、水园之中，绿树成荫，植被茂密，流水潺潺，空气清新，来到这里的人们忘却了城市的喧嚣，真正置身于大自然的怀抱之中。山园、水园具有各自的特点，二者相映成趣：山园以散布的石块、起伏的地形、山涧小溪来体现山的特色；水园则以池塘、涌泉、水幕、瀑布等形成自然生态的水主题园林。十几个各具特色的景点散布于山园和水园之中，为游玩的人们提供了各种不同的活动场所，并令山园和水园的主题各自得到加强。

4.4.3　城市仿真建成首秀

中心区在 1998 年 3 月首次借用城市仿真系统验证并修改市政厅屋顶高度后，并于同年 4 月由中心办牵头申请在局内建立城市仿真系统。1999 年 3 月招标采购城市仿真软硬件，正式创建了一套中心区城市仿真系统。这套国内城市规划建筑界首创的三维城市仿真系统于 1999 年 6 月在北京国际建筑师协会（UIA）第 20 届世界建筑师大会首次公开展示。深圳城市总体规划在此会上荣获"1999 年阿伯克龙比爵士城市规划荣誉奖"（图 4-68）。在颁奖典礼上，UIA 主席称赞深圳经验是快速发展城市的典范。1999 年 6 月 23 日，深圳市规划国土局刘佳胜局长（前排捧奖状者）率领的规划国土局代表团获奖后走出人民大会堂在门口合影（图 4-69）。中心办开创的这套城市仿真系统，至今 20 多年来在深圳重点片区城市设计实施过程中一直发挥着较大作用。

4.4.4　地下空间综合规划国际咨询

1999 年之前中心区规划都是地面以上规划（地下仅有市政管网），迫切需要填补中

点：A. 地下空间规划以中轴线和福华路形成十字形地下空间主骨架（图4-71）。B. 强化了轴线形态，沿中轴两侧布局超高层建筑带构成"双龙飞舞"天际轮廓线（图4-72、图4-73）。C. 增加南中轴两侧沿水系布置的下沉花园，有利于地下商场的自然通风采光。这次地下空间规划在中心区乃至深圳全市都是首次。该规划若能实施，则中心区在地上、地下和空中3个层面都具有城市核心功能，成为真正意义上的城市客厅。D. 提出了水晶岛设计的新方案（图4-74）。

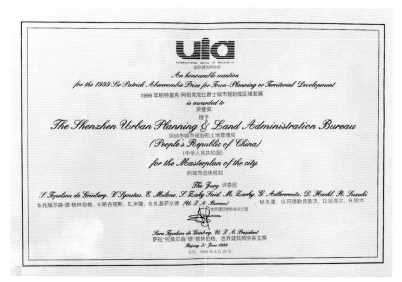

图4-68　1999年深圳市获得UIA"阿伯克龙比奖"奖状，费知行翻译

图4-69　1999年深圳市荣获UIA"阿伯克龙比奖"领奖者合影
（笔者位于后排左一）

心区地下空间利用规划的空白。1999年5月邀请了株式会社日本设计、德国欧博迈亚公司、美国SOM建筑设计事务所等3家设计公司参加"深圳市中心区城市设计及地下空间综合规划方案国际咨询"，咨询内容包括中心区地下空间开发利用、交通规划改进、提升城市空间形态等①。评审专家推选德国欧博迈亚公司为优选方案（图4-70）。该方案特

4.4.5　编制中心区详细蓝图

鉴于1996—1999年中心区城市设计已经过2次国际咨询，中轴线经过3次详细城市设计。1999年10月，在中心区法定图则（图4-75）率先完成试点编制后，为进一步落实《深圳市城市规划条例》，配合中心区开发建设进度，将上述城市设计成果纳入"一张图"实施环节。中心办委托两院一中心（深规院、市政院、交通中心）编制中心区详细蓝图②，在德国欧博迈亚公司关于中心区城市设计和地下空间综合规划优选方案的基础上进行详细蓝图编制工作，希望形成中心区分片区、细分导则内容的操作性较强的城市设计蓝图。鉴于详细蓝图在深圳也是开创性工作内容，详细蓝图的深度及表达形式均无参考先例，中心办与各编制团队经常研究讨论。遗憾的是，该项目未完成中心区全部范围整套详细蓝图设计，仅以局部范围的阶段成果于2002年结题。

4.4.6　市中心周边地区城市设计

（1）背景　深圳特区经过20年高速发展，已建成大城市。市中心建设是新一轮

---

① 深圳市规划与国土资源局.深圳市中心区城市设计及地下空间综合规划国际咨询[M].北京：中国建筑工业出版社，2002：108-131.

② 《关于委托两院一中心编制中心区详细蓝图的通知》，深规土纪〔1999〕528号，1999年10月29日。

塑造城市形象和增强竞争力的重要空间，在1996年市中心城市设计国际咨询中，美国李名仪/廷丘勒建筑师事务所的优选方案获得采纳。1998年美国SOM建筑设计事务所和日本黑川纪章建筑师事务所等进行了中心区特定街坊或局部地段的城市设计。在此基础上，市规划部门编制了作为开发控制依据的法定图则。至此，深圳市中心区的规划蓝图已经拟备，基础设施也已就绪，标志性的公共建筑正在启动之中。为此，需要编制市中心周边地区的城市设计，以确保与市中心以及更大区域的空间形态脉络之间的协调关系。

（2）依据 本项城市设计主要依据《深圳市城市总体规划（1996—2010）》（1997年版）、《深圳市福田分区规划（1998—2010）》（1998年版）、《深圳市中心区法定图则（草案）》（1998年版）、《深圳市中心区交通规划》（1997年版）、《深圳市景田地区法定图则（草案）》（1998年版）、《深圳市中心城市设计国际咨询》（李名仪/廷丘勒建筑师事务所）（1996年）。

（3）范围 本项城市设计的地域面积约为 13 km^2，地域范围较为明确。内侧边界是中心区四周的新洲路、彩田路、莲花路和滨河路；外侧边界包括东面的组团隔离绿带、西面的香蜜湖度假村和高尔夫球场、南面的广深高速公路和北面的北环路。

（4）目的 制定周边地区的整体城市设计策略，明确与市中心以及更大区域的空间形态脉络之间的协调关系；制定周边地区的局部城市设计导则，为开发控制提供城市设计依据。

4.5 会展中心重返中心区（2000年）

2000年深圳经济从亚洲金融危机中逐步复苏，尤其是市政府决定会展中心重新选址

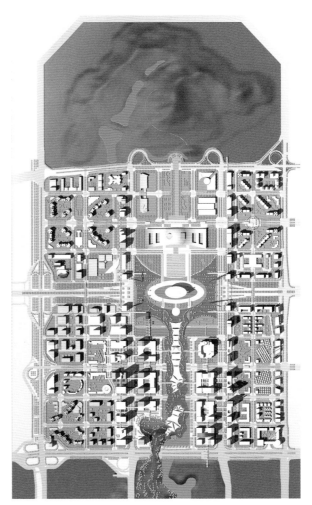

图 4-70 1999年欧博迈亚公司优选方案1

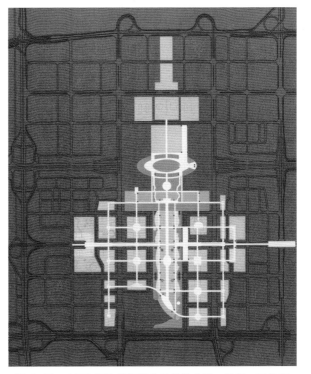

图 4-71 1999年欧博迈亚公司优选方案，地下一层平面

119

图 4-72　1999 年欧博迈亚公司优选方案 2

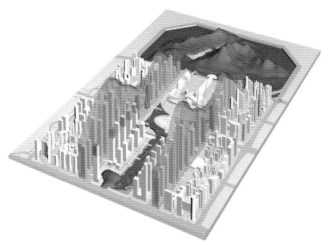

图 4-73　1999 年欧博迈亚公司提供金田路、益田路两侧"双
龙飞舞"天际线设计

图 4-74　1999 年欧博迈亚公司在水晶岛位置设计空中瞭望台

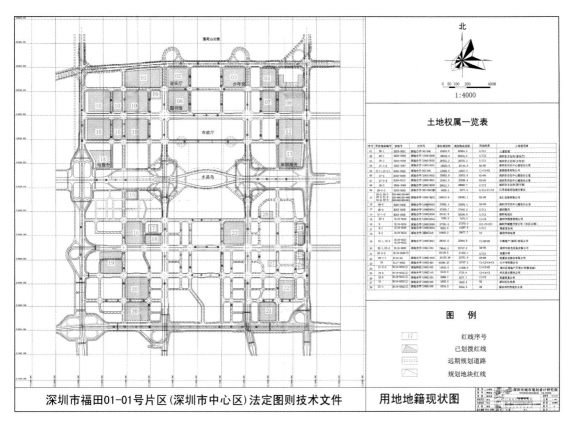

图4-75　1999年中心区法定图则使用的用地地籍现状图
（来源：深规院）

中心区南片区，给CBD开发建设带来新的机遇（图4-76、图4-77）。

4.5.1　中心区开发策略研究

　　按照市委市、政府提出5年内基本建成市中心区的指导思想，中心办进行中心区2000年至2005年开发策略研究[①]（图4-78）。随着北片区市民中心等五大重点文化设施将在3年内相继建成，以及会展中心重新选址南片区，给中心区开发提供了新的契机，中心区近期开发策略研究已迫在眉睫。

　　（1）土地出让情况　中心区已出让土地面积约58万m²；未付地价近期将办用地手续的土地面积68万m²；近年内拟出让尚未落实建设单位的土地面积31万m²。此外，中心区道路面积149万m²；岗厦村用地16万m²。

即在中心区可建设用地面积413万m²范围内，未来可开发用地面积（储地）46万m²。

　　（2）建设情况　2000年6月，中心办统计中心区规划实施进展：中心区建筑工程竣工面积55万m²，在建面积170万m²，已发规划用地许可证项目的建筑面积达132万m²。由上述可见，中心区2000年已建成和在建面积200多万m²，占总建筑面积的1/6，中心区建设刚刚起步（图4-79）。

　　（3）中心区5年开发策略　5年内基本建成中心区北片区、中轴线南片区部分商务办公区和福华路地下商业街。到2005年预计完成中心区总建筑面积规模的1/2，具体开发思路如下：

　　① 建成中轴线公共空间系统：A.北片区

[①]　深圳市中心区开发策略研究（2000年至2005年），深圳市中心区开发建设办公室，2000年6月20日。

图 4-76　2000 年从莲花山拍摄中心区实景
（来源：陈卫国摄影）

图 4-77　2000 年从深南大道皇岗路立交拍摄中心区实景
（来源：陈卫国摄影）

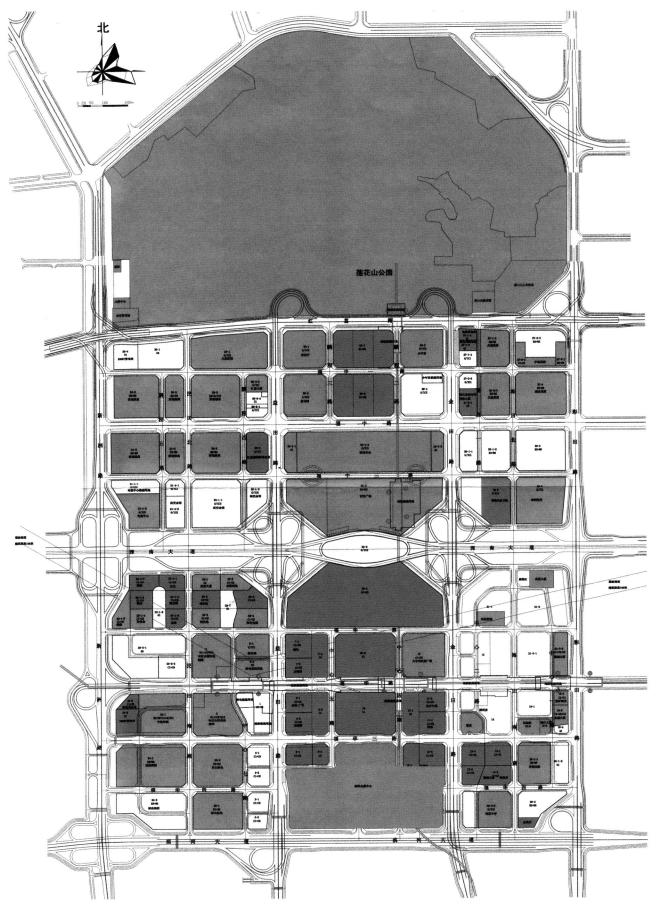

图 4-78　2000 年 5 月中心区开发策略研究附图（橘黄色表示已出让用地，蓝色表示拟出让用地，白色表示储备用地）
（来源：中心办）

图 4-79　2000 年中心区南端拍摄莲花山及周边实景
（来源：郭永明摄影）

随着市民中心等五大文化设施的建成，中轴线一期以及市民广场也将进入全面竣工使用阶段。B. 水晶岛及南广场原由万科开发建设，现改为商贸控股投资建设，市规划国土局将尽快完成南广场和水晶岛的地上景观及地下空间方案的前期设计后再出让土地。C.33-6 地块的建筑主要功能为公交枢纽中心，可供经营商业部分面积较小；19 号地块拟定同会展中心一起进行城市设计招标，是南片区地铁站、商业街、会展中心、各大酒店的主要人流集散广场，地上一层和地下一层商业出让给开发商建设。33-6 地块和 19 号地块都将在完成方案的前期设计后再出让土地。

② 建成五大重点文化设施：中心区五大重点文化设施按计划将在 3 年内完成。

③ 完成 SOM 片区的开发建设：从目前写字楼市场及开发情况看，SOM 片区首先建成，符合规划，也符合市场要求。SOM 片区（即 22、23-1 地块）共有项目 13 个，已建成一项投资大厦；已经动工和即将动工项目 4 个，烟草、贸促会 / 荣超、锦鑫 / 荣超、国兔；2000 年内将出让土地 7 项东欧 / 联通、通达化工、联城、正先、深圳时轩达公司、宝维集团、连五洲物流公司。SOM 片区的规划及城市设计已经非常完善，中心办将积极促进 SOM 片区的商务办公区的全面开发建设，认真实施该片区的城市设计，并在 3 年内完成该片区的支路网建设工作。

④ 会展中心建设：A. 会展中心的皇岗村工业区拆迁补偿拟定在 13 号地块商业办公用地内解决。B. 会展中心选址确定后，在 11 号地块，初步确定用地面积 19.17 万 m²，总建筑面积 25 万 m²，将在完成前期准备工作后进行方案招标，按市政府要求的进度进行工作。

⑤ 促进几个酒店的建设：尽快落实会展中心区 5 号和 12 号地块两个酒店的招商工作，正在洽谈的有北京祈年公司与香港和黄集团公司，基本保证该两处酒店与会展中心区同步建设和使用。此外，南片区中轴线两侧尚有酒店用地 3 块，正在洽谈的有两家公司：嘉里集团的香格里拉酒店、华润集团酒店用地选址正在磋商。选址落实后酒店项目基本进入全面实施阶段。

⑥ 福华路地下商业街的建成：组织完成福华路地下商业街的施工图设计，做好与地铁、市民广场、中轴线南端的城市设计衔接工作。福华路与地铁站和区间隧道同步建设，同时使用。

（4）中心办 2000 年工作重点　2000 年下半年中心办工作重点是落实以下几个项目的前期设计工作和完成土地出让手续。A. 集中一切力量协助会展中心筹建并完成会展中心的方案招标，土地补偿及前期手续等相关工作。B. 全面深入地进行中轴线绿化空间深化方案，尽快组织中轴线南端三地块（33-4、33-6、19 号地块）的建筑方案前期设计工作，同时研究水晶岛方案。拟请市规划院在详细蓝图工作的基础上进行深化设计，达到方案前期设计目标并报市规划国土局审批通过后再办理土地出让手续。争取 2020 年底完成方案前期设计工作，2021 年上半年完成土地出让手续。施工工期配合福华路地下商业街的建设预计 2003 年建成。C. 办理第七十九次市批地例会已批准项目的用地手续。第七十九次例会审定了 10 余个项目办公用地，根据相关政策，商业办公用地拟安排在 SOM 片区和中轴线两侧（7-1、7-2、6-1、6-3、17-35 个地块），拟尽快办理用地手续。中轴线两侧写字楼每个项目地价高达 1.5 亿~1.8 亿元，首期地价款达 5 000 万~6 000 万元，有能力交款签订合同的单位，其投资评估及实力无须怀疑。如果半年内未交首期款、未签订土地使用合同者，则废止相关手续，该用地政府另行安排。上述未能如期开发的用地，一律由政府控制下来，今后中心区的商业办公用地一律进入拍卖市场，不再申请上报例会审批。D. 完成中心区法定图则修编和中心区详细蓝图编制工作；有关深南路下穿的问题，准备考虑远近期结合的方案，即深南路通过性交通在中心区段预留下穿的可能性。E. 严格控制中心区今后几年的土地出让总量，预留未来发展空间。

4.5.2　会展中心重返 CBD

（1）由来　1992 年福田中心区详规将深圳会展中心规划选址在市民中心北侧 4 个地块（即现音乐厅、图书馆、少年宫、"两馆"位置）。1997 年 3 月，长期关心和参与福田中心区规划咨询的周干峙、吴良镛、齐康 3 位院士提议把深圳会展中心作为中心区的启动工程，可考虑放在靠近南片商务区，或水晶岛及南广场。1997 年 9 月因会展中心主管部门认为市民中心北侧选址交通不便、发展用地欠缺，市政府决定将会展中心换址到深圳湾填海区。1998 年举行了会展中心设计方案国际招标并确定了中标方案，但 1999 年 10

月首届高交会后再次提出会展中心重新选址。中心办接到任务后立即启动会展中心回归中心区的选址研究。

（2）会展中心选址深圳湾的问题　A. 会展中心位于以旅游、居住功能为主的深圳湾填海区，与周边城市功能布局不太协调。B. 会展中心远离 CBD，需单独配套至少 30 万 m^2 商业、旅馆、办公等设施，易造成商业办公分散和积压等问题。C. 会展中心尚未畅通接驳地铁等交通设施。

（3）中心区 CBD 当前面临的主要问题　A. 截至 1998 年底，深圳市办公楼总面积约 400 万 m^2，人均办公面积已达 $1m^2$，超过了上海的平均数。且分散在罗湖、华强北、高新技术产业园，使中心区 CBD 在短时期内很难形成商业办公规模。B. 缺乏龙头项目带动中心区商业办公全面启动。中心区六大重点工程对开发建设产生了积极影响，但对 CBD 带动毕竟有限。中心区除购物公园土地招标项目即将开工外，其他办公项目均无实质性进展，十几个办理了规划许可证的写字楼项目都在观望中，尚无一项真正启动。因此，迫切需要有足够规模和实力的龙头项目带动 CBD 开发。而会展中心是首选的龙头项目。

（4）会展中心重新选址中轴线南端（图 4-80）与 CBD 融合共生，互相补充，相得益彰。其优点如下：A. 可节约利用城市中心土地资源，会展中心所需要的商务办公、旅馆配套和优越的交通条件恰好是中心区的最大优势，会展中心正是 CBD 开发所需要的龙头项目。B. 可"腾出"深圳湾畔近 20 万 m^2 土地，用于发展深圳湾旅游业和高尚居住功能。C. 有效利用城市公共交通设施。3 年后，深港地铁将实现接驳，中心区将成为特区内公交可达性最强的片区。据当时预测，会展使用期间对中心区高峰时间交通量的叠加仅占中心区交通总量的 5%，完全在其容量允许的弹性范围内。

图 4-80　2000 年 4 月中心区会展中心原地貌（小山包及厂房）
（来源：郭永明摄影）

图 4-81　2000 年会展中心原地貌及周边实景
（来源：陈卫国摄影）

（5）会展中心重新选址回归福田中心区原貌为 30 m 高的小山包。根据中心区南部及周边（图 4-81）交通研究表明了其可行性：

不断开市政道路，并优化修改交通设计，让所有道路可以进出会展中心，并开通滨河大道进出会展中心的所有左右转弯路口。经过半年研究，在交通可行前提下，市规划国土局向市政府提交了会展中心重新选址到中轴线南端的请示[①]。2000 年 5 月 11 日深圳市领导五套班子在中心区现场办公[②]，决策同意将深圳会展中心[③]重新选址在中心区中轴线南端 11 号地块（图 4-82）。

4.5.3　中轴线城市设计进展

（1）北中轴工程设计　北中轴位于 33-7、33-8 地块，用地面积 79 045 m²，总建筑面积约 6.7 万 m²。市民中心建设办公室 2000 年 2 月北中轴设计方案报建[④]未通过，因该方案与原设计概念相差较大，并缺少环境设计，要求再修改方案报市规划国土局：A. 方案应保持原设计概念，则北中轴是一个仪式庆典空间，轴线上应通透开放，平台与两侧 4 个主题公园以及文化建筑都应有良好的呼应和协调关系，同增加的书城应兼顾内部使用及空间效果。B. 该项目设计应包括 4 个主题公园的园林景观环境设计，同时环境设计应考虑和地铁出入口等公共交通设施的联系和衔接。C. 平台的高度应通过分析进行必要的控制，以便和市民中心、文化中心的平台有合适的关系。平台上的灯柱、采光圆锥、椭圆形入口尺度均过大，采光圆锥采光效率有限且阻断中轴的通透，须予以改进。平台东西两侧也要做进一步的软化处理，使平台和地面主题公园间的过渡融洽自然。D. 书城设计应在考虑交通、人流、经营管理的基础上组织好内部空间，应强调书城南北两区的

①　《关于深圳会展中心重新选址的请示》，深规土纪〔2000〕180 号，2000 年 4 月 30 日。
②　《市政府常务会议纪要（161）》，2000 年 5 月 18 日。
③　会展中心技术指标：占地 22 万 m²，建筑面积 25 万 m²（其中展览 12 万 m²、会议 2 万 m²），高 50 m。
④　《中轴线一期（北中轴）建筑方案报建申请的复函》，深规土函第 HQ0000302 号，深圳市规划国土局，2000 年 2 月 23 日。

图 4-82　会展中心 2002 年桩基础施工前原始地貌（中心区中轴线南端 11 号地块）
（来源：深圳会展中心 2004 年竣工画册，深圳市建筑工务署）

整体连续性及书城的休闲设施要和莲花山公园的景色有所结合。2000 年 3 月，市民中心建设办公室（甲方）委托深圳华森建筑与工程设计公司（乙方）负责建筑工程及初步设计概算、施工图设计；委托深圳市景观装饰设计工程公司（丙方）负责园林、环境、雕塑、街道小品等景观设计及初步设计概算。总的设计进度应满足 2000 年 6 月底开工的要求。

（2）市民广场园林绿化方案被否定　2000 年 10 月，市规划国土局开会讨论李名仪事务所设计的中心广场方案草案，但该会议否定了中心广场方案单独实施的可能性，要求中心广场与水晶岛统一设计。这是中心广场的转折点。会议纪要[1] 包括：A. 应对中心广场设计的整体设计协调有所考虑，应保持中轴线上人行和视觉的连续性。水晶岛将

是中心广场设计的中心和焦点，避免将中心广场作为广场边缘来设计，导致与水晶岛和南广场的隔阂。B. 集会广场的硬铺地（面积达 4 万 m²）过大，要考虑与深圳气候相适宜的、有效的遮阴降温及软化措施。C. 广场两侧园林绿化应力求简洁大气，与市民中心相匹配。两侧公园和集会广场不宜完全分开。

（3）市民广场及南中轴设计研讨　2000 年 10—11 月，市规划国土局 2 次召开中心广场[2] 及南中轴设计（草案）专家研讨会，讨论了深规院和李名仪事务所设计的中心广场草案。参会专家提出了许多建议。会议纪要[3] 包括：A. 中心广场整体设计的思路是合理的，城市景观应摆在优先位置。市民广场以政府活动、大型集会为主；南广场以商业、娱乐、休闲等市民活动为主。B. 南市民广场的衔接

① 《深圳市民广场设计方案讨论会议纪要》，深规土纪〔2000〕113 号，参会人员：市规土局中心办陈一新、黄伟文，李名仪 / 廷丘勒建筑师事务所李名仪、张永勤、郑晓韵，深圳大学乐民成。
② 此处"中心广场"包括市民广场（北）、水晶岛、南广场三部分，本书称"市民广场"。
③ 《深圳市中心区中心广场及南中轴设计（草案）专家研讨会会议纪要》，深规土纪〔2000〕153 号，会议邀请专家：郁万钧、郭秉豪、左肖思、陈世民、刘晓都、孟建民、冯越强、许安之、陈燕萍等。参会人员还有：市规划国土局城市设计处、法规执行处，中心区开发建设办公室，市规划院，市交通中心和李名仪事务所的有关人员。

应考虑中轴线二层系统的完整性，地下连接应结合水晶岛的开发。跨深南路部分的位置和宽度应进一步推敲。同时，广场内部道路网络应将各个功能分区、交通节点以及周边市政道路有机联系起来。C.中心广场和南中轴的商业设施是必要的，广场应聚集人气，为市民活动提供设施和场所。D.水系的设置能改善中心广场和南中轴的生态景观效果，但水系实施应慎重，虽然水系经专项研究确认是可行的，但运营管理等仍需严格细致。水面的设计应尽量形成整体，避免琐碎分布。E.中心广场作为一个开放式广场，应在广场周边多种植高大树木，并多层次复合种植，由绿化形成对广场的围合与界定，同时为市民提供安静闲适的场所。

（4）2000年11月，中心办就中心区城市设计方案专程赴南京、北京向周干峙、吴良镛、齐康3位院士进行咨询。3位院士对深规院在1999年德国优选方案基础上所做的中心广场及南中轴城市设计方案工作予以肯定，并提出如下指导意见：A.中轴线与中心广场是代表深圳市中心区的重要构成要素，因此，中轴线在设计上的考虑非常重要，要吸收人类城市建设优秀文化遗产的精华，在体量尺度和空间层次比例上要反复推敲，形成符合环境尺度、有深圳特色的中轴线。B.基本同意中心区中轴线经过深南路部分采用上跨形式，但以中间一条上跨形式为佳。C.环境要整体考虑，尽量自然化，减少人工气息，加大绿化量和成品植物种植。D.市民中心南侧和北侧中轴线平台地面以上部分竖向高度应尽量压低，尽量减少因中轴线的竖向抬高造成对市民中心景观上的影响，市民中心南侧的广场可参考中国传统建筑中"月台"的设

计手法。E.水面设计要集中，避免琐碎细长，要使人们有亲水感。此外，中间设置为一条水系还是两条水系还需要进行论证和比较。F.主次空间要清晰。广场周围要有界面围合，形成在中轴线上既存围合又有开放的空间。G.水晶岛核心区南市民广场设计中的圆环形人行路采用"天圆地方"的设计手法，将中心区现有道路连接起来，这从功能和形式上看都值得称赞。H.水晶岛核心区南市民广场设计中要增加喷泉和雕塑的设计，要先研究设计，再逐步实施。I.水晶岛要最后建设，设计方案要采取设计竞赛形式确定。J.历史上著名的城市设计都是慢慢实施且不断修正才形成良好效果的。因此，中心区内的空置地块政府要加以控制，尽量避免完全由开发商建设，对建设项目的性质确定和开发量要进行研究分析和控制，政府可先建设和控制重要的和近期必须开发建设的项目，但不要急于一次性完成中轴线的整体开发和建设，应逐步完善。

4.5.4 法定图则（第一版）批准

2000年1月22日，市规划委员会第8次会议审批通过的深圳市中心区法定图则（FT01-01号片区）（图4-83）是深圳市第一批法定图则试点探索，是中心区城市规划与中轴线城市设计在实施建设中的法定保障。该图则落实了前几年城市设计国际咨询方案成果及专家意见。规划指标也沿用之前的指标：规划范围为413.86 hm²（不含莲花山公园），总建筑面积750万 m²[①]，毛容积率1.8，提供就业岗位26万个，居住人口规模7.7万人。该图则的创新点是预留发展备用地，例如1998年7月中心办就在中心区划出土质较好的备用地23-2地块作为临时苗圃（图4-58、

---

① 该法定图则规划中心区总建筑面积750万 m²，是沿用1992年中心区详规地面控制中方案的原则。中心区现实际竣工建筑面积1 243万 m²。

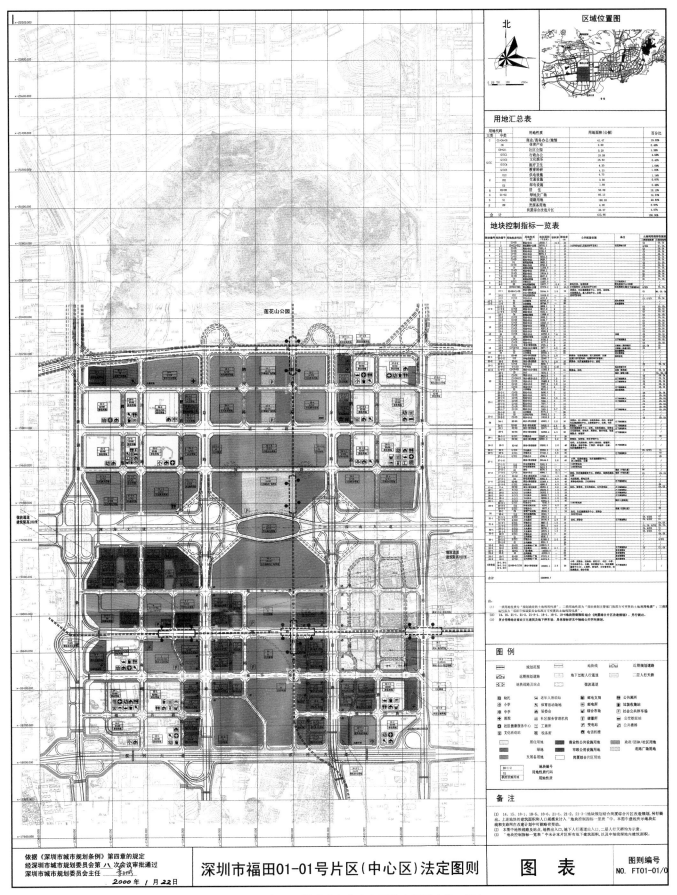

图 4-83　2000 年 1 月批准公布的中心区法定图则（第一版）

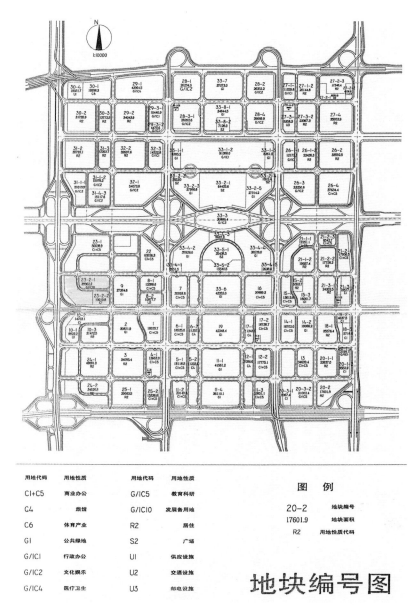

用地代码	用地性质	用地代码	用地性质
C1+C5	商业办公	G/IC5	教育科研
C4	旅馆	G/IC10	发展备用地
C6	体育产业	R2	居住
GI	公共绿地	S2	广场
G/IC1	行政办公	U1	供应设施
G/IC2	文化娱乐	U2	交通设施
G/IC4	医疗卫生	U3	邮电设施

图 例

20-2　地块编号
17601.9　地块面积
R2　用地性质代码

地块编号图

图 4-84　备用地块（荧光色）临时用于培植树苗

图 4-84），给市城管办培植树苗。

由于该图则编制、审批过程历时 4 年（1996—2000 年），其间文化公建项目选址有了较大调整，而图则公示审批过程中不便动态更新。因外，2000 年 8 月市政府启动莲花山公园山顶广场设计，2000 年 11 月举行邓小平铜像揭幕仪式（图 4-85、图 4-86），2000 年 12 月又启动中心区法定图则第二版修编。

4.5.5 福华路地下商业街建设

为落实中心区地下空间规划，配合地铁一期工程（地铁 1 号线岗厦站至购物公园站）建设，2000 年 3 月中心办委托市政院对中心区福华路地下商业街[①] 工程方案进行初步设计。要求高标准设计福华路地下商业街，使地下商业购物环境舒适宜人，防灾系统安全可靠，与地铁站点协调连接。2000 年 5 月至 9 月，中心办多次召开福华路地下商业街工

---

① 福华路地下商业街，现用名：连城新天地。

程设计协调会，与市计划局、地铁公司、市政院、市民防委员会办公室（简称"市民防办公室"）和铁道部第三勘测设计院等单位进行技术衔接管理。2000年12月，市规划国土局致函[①]市民防办公室同意中心区福华路地下商业街开发建设，依据《市政府办公会议纪要》（115号），同意市民防办公室利用人防易地建设资金进行中心区福华路地下商业街的开发和人防公用工程的建设。

4.6　政企合作建设中轴线（2001年）

4.6.1　会展中心交通详细规划

2001年中心区航拍（图4-87）、地政管理（图4-88）、22及23-1街坊位置实景（图4-89）均表明2001年深圳经济在亚洲金融危机后逐渐复苏。

（1）会展中心建筑方案国际竞标（图4-90）确定德国GMP公司优选方案后，中心办委托市交通中心进行中心区交通综合规划设计，这是在《深圳市会展中心重新选址交通分析及建议》与GMP方案基础上，进行会展中心交通需求分析、交通规划方案、交通供需分析等，最后提出交通设计建议。

（2）总体交通组织原则　A.交通功能分区明确，导向清晰；B.结合建筑设计确定各类车流的行驶路线及上下客（货）位置，力求交通流向多方向发散且疏散迅捷；C.减少行人、各类机动车之间的相互干扰及绕行距离，使各路段与路口的饱和度趋于均衡；D.根据不同的功能需求，简化与净化车流；E.具备足够的弹性，以应付突发事件。

（3）建议方案　A.考虑地铁站与公交枢纽站的位置，行人宜由北向南进入场馆为主方向。B.贵宾车可经深南大道由北向南正面

图4-85　1997年至2000年8月莲花山公园山顶广场原貌
（来源：笔者摄）

图4-86　2000年11月12日，邓小平铜像揭幕之前
（来源：郭永明摄影）

进入场馆。C.小汽车与货车宜直接利用滨河快速路由南向北进入场馆（图4-91）。D.步行交通，如会展中心是大型人流活动和集散中心，应为人提供较高的可达性和便捷性。会展中心+7.5 m东西向贯通的入口大厅为建立人车分离的步行空间提供了可能，以+7.5 m入口大厅为人流集散平台，在会展中心东、西、南侧3个方向增设跨越金田路、益田路、滨河大道（跨滨河大道的步行系统可沿中心四路、

①　《关于同意中心区福华路地下商业街开发建设的函》，深规土函〔2000〕281号，2000年12月8日。

图 4-84　2001 年中心区航拍图
（来源：市规划部门）

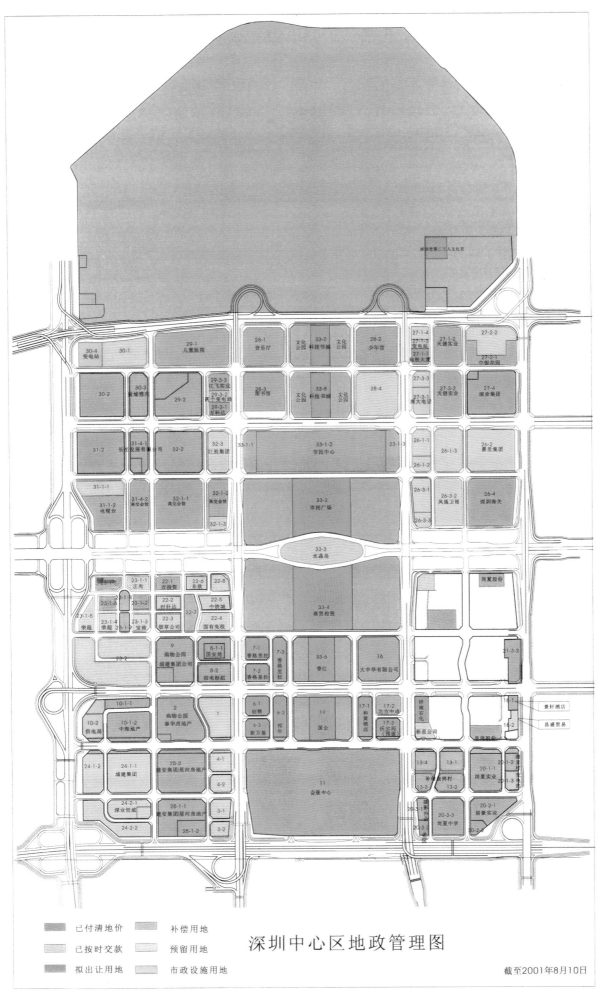

图 4-88　2001 年 8 月中心区地政管理图（蓝灰色表示预留用地，红色表示拟出让用地，橘黄色表示已交地价）

（来源：中心办）

图 4-89　2001 年中心区 22、23-1 街坊位置实景
（来源：笔者摄）

图 4-90　2001 年会展中心评标会（笔者前排居中）

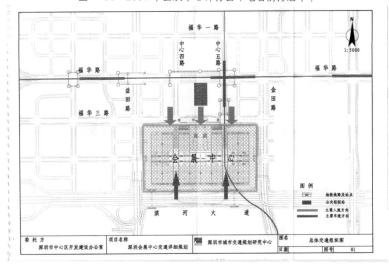

图 4-91　2001 年会展中心交通详规图
（来源：中心办、交通研究中心）

五路位置）连续的二层步行系统，采取各种交通方式到达的参观人员均首先在 +7.5 m 平台会集，办理购票、登记等手续后再沿自动扶梯向下进入各展区。使行人能从中轴线二层平台便捷到达会展中心，亦加强会展中心与周边用地的联系。此外，展馆还可通过地下步行通道与地铁站、公交枢纽站、公交停靠站等便捷联系（图 4-92）。E. 公共交通，如地铁金田站、益田站以及 19 号地块公交枢纽站与展馆在地面层、地上二层、地下层均便捷连通。F. 机动车交通组织，如普通机动车交通应尽量依托滨河路进出。由于原设计建筑方案中心四路、五路会展中心路段不能通行普通车辆，以及滨河路金田、益田立交为半互通形式，会使得交通集中于某些路口，因此提出把原拟在滨河路上新建两条路连接会展中心地下车库的方案改为滨河路直接连接中心四路、中心五路地下匝道。该下穿匝道的修建，既有利于车辆便捷进出展馆，也增强了中心四路、五路的城市道路功能，使会展中心地下车道能直接左拐进入滨河路。

4.6.2　深南大道中心区段改造方案

（1）背景　1999 年中心区城市设计及地下空间规划国际咨询优选方案提出将深南大道在水晶岛段以隧道方式从地下穿过，便于将水晶岛和南市民广场连接成舒适的人行广场。为此，经城市交通研究中心研究，2001 年 3 月完成《深南大道（新洲路至彩田路）近期改造方案交通设计》，即深南大道中心区段快速道下穿交通方案，并进行了技术评审。当时交通改造目的是方便中心区南北片区的人行联系。

（2）方案内容①　A. 保留彩田路、金田路、益田路跨线桥，拆除金田路、益田路与深南大道立交处已建的两个苜蓿叶形匝道，

① 《关于深南大道中心区段近期交通改造方案的请示》，深规土〔2001〕359 号，2000 年 9 月 3 日。

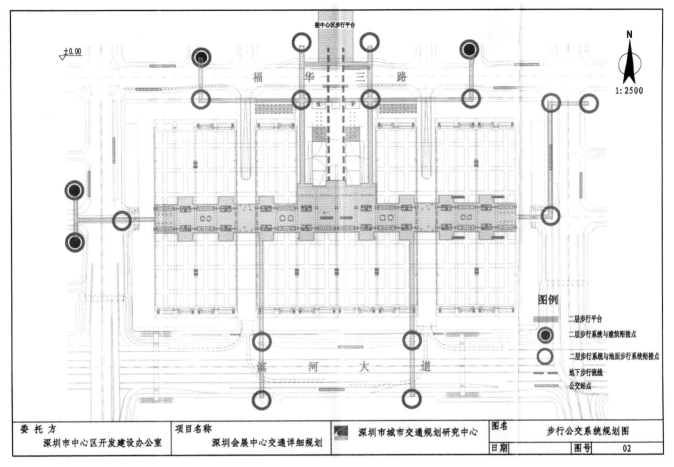

图 4-92 2001 年会展中心步行公交系统规划图
（来源：中心办、交通研究中心）

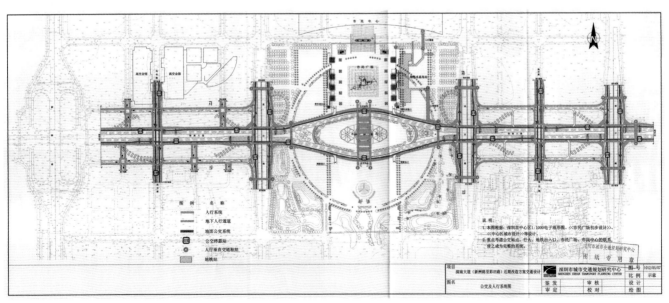

图 4-93 2001 年深南大道（新洲路至彩田路）近期改造公交及人行系统图
（来源：中心办、交通研究中心）

在上述 3 个跨线桥下设平面信号交叉口，以方便公交布线、行人过街及机动车转向。B. 将民田路、海田路南北连通，与深南大道交叉处采用平面信号控制，以方便中心区南北片区的公交和人行联系。C. 保留深南大道的快速道在金田路东、益田路西下穿的可能性（图4-93），下穿的起始点分别为海田路以东和民田路以西，为此可使南北向的海田路和民田路在深南路处连通，使海田路、福华三路、民田路和福中路这 4 条路连通成为中心区内部公交走廊和林荫步行走廊。

（3）决定　2001 年 12 月 19 日，市政府办公会议研究决定深南大道中心区近期交通改造方案暂缓实施[①]。

4.6.3 中轴线 PPP 建设计划

2001 年深圳市政府决定采用 PPP 模式[②]。"一气呵成"建成中轴线，政企合作具体分工原则：政府投资建设中轴线屋顶防水层以上的公共广场，并负责维护管理；企业负责投资建设并运行中轴线屋顶以下的商业建筑、地下车库。

（1）北中轴由政企合作建设书城　2001年市政府已确定由深圳新华书店在北中轴投资建设深圳书城（中心城），北中轴屋顶公共广场及两侧 4 个文化公园由政府投资和运维管理。

（2）市民广场与南中轴　A. 根据 2000年确定市民广场（市民广场、水晶岛、南广场）三块统一设计建设的原则，但为了配合市民中心工程建设进度，2001 年市民广场已委托设计院做临时方案，水晶岛暂时保留原状。B.2001 年 2 月市规划委员会审议通过《深圳中心区中心广场及南中轴线城市设计》后，又请周干峙、吴良镛、齐康 3 位院士指导。市政府同意南广场商业建筑与南中轴商业及福华路地下商业街（现"连城新天地"）连通，建成集娱乐、餐饮、购物休闲和大型影城于一体的大型商城。C. 根据深圳市第 79 次用地审定会批准，2000 年 2 月市政府决定将南广场 33-3、南中轴 33-4、19 号 3 个地块分别出让给深圳市商贸投资控股公司（国企）、香江集团有限公司和深圳市国际企业有限公司这 3 家公司投资建设大型商业及地下停车库，政府投资其屋顶广场、天桥和公交枢纽站，采取政企合作投资建设的 PPP 模式。为了保证该工程整体效果，市政府同意"3+1"单位（3 家企业和市土地开发投资中心）联合委托国际著名设计机构统一设计建筑、屋顶景观及商业业态。2001 年 11 月市政府牵头组织甲方"3+1"单位到美国、日本考察设计机构选择设计团队[③]。D.2001 年 12 月分别给上述 3 家企业办理"深圳市建设用地规划许可证"。

4.6.4 中心区雕塑规划

2001 年中心办希望通过中心区雕塑规划为中心区增添文化内涵，委托市雕塑院研究编制《深圳市中心区雕塑规划》，2002 年 4月定稿。中轴线作为该雕塑规划的重点场所，各段景观空间都取得了雕塑主题、类型、形式、面积范围、高度、数量及实施建议等。主要包括：A. 北中轴雕塑主题为历史文化和改革开放。从莲花山顶广场（曾展示中心区规划模型，图 4-94）的邓小平铜像向南延伸到市民中心，雕塑主题有华夏文明之旅中国改革

---

①《关于研究深南大道中心区及会展中心交通改造方案的会议纪要》，市政府办公会议纪要（268），2001 年12 月 25 日。

② 2001 年"PPP 模式"尚未进入中国，中心区超前应用"PPP 模式"。中轴线实施采用"3+1"模式。

③ 陈一新. 深圳福田中心区（CBD）城市规划建设三十年历史研究（1980—2010）[M]. 南京：东南大学出版社，2015：243-247.

之路、深圳历史之行等，形式有改革者系列雕塑、中国历代变法故事浮雕墙、深圳改革开放大事浮雕墙等。B.市民广场的雕塑主题为政治、市民、标志。市民广场配合政府办公、博物馆等功能规划，以政治、改革历史为主题；水晶岛是市民广场的核心，设置城市标志和联系南市民广场的门、鼎的抽象雕塑；南广场以休闲、文化为主题，规划若干个抽象或具象雕塑。C.南中轴的雕塑主题为信息、生态、休闲，既与南中轴的商业、绿化环境相协调，又反映中国文化特色，建议选择《庄子》中浪漫多彩、充满智慧哲理的故事。D.中心区雕塑规划当时未能实施，期待在今后漫长的历史过程中能逐步积累深圳文化元素。

4.7 城市客厅工程设计合同签订（2002 年）

2002 年中心区已出让 90% 土地，已建、在建和已进入建筑设计阶段的项目共 80 多项。已建成建筑面积约 200 万 m²，已签土地合同的在建项目 300 万 m²，已确定投资方，但尚未签土地合同的拟建项目 155 万 m²。以上说明中心区建设已渐入佳境。

2002 年起进行中心区街道环境整体设计和街道设施标识系统的详细设计，按不同功能分区建立有特色的标识性强的整体形象，对广告、路灯、候车亭、座椅、垃圾箱等进行统一形象设计。图 4-95 为 2002 年 2 月会展中心工地实景图。

4.7.1 交通综合规划设计

（1）背景　为了对中心区 1996 年城市设计国际咨询优选方案（李名仪/廷丘勒建筑师事务所方案）进行深化并配合中心区法定图则的编制，中心办于 1997 年委托编制了《深圳市中心区交通规划》对中心区顺利开展规划建设起到积极作用。1997—2002 年中心区建设速度加快，内外部条件也发生变化，因

图 4-94　2001 年莲花山顶广场中心区规划模型常年公开展示
（来源：笔者摄）

图 4-95　2002 年 2 月会展中心工地实景
（来源：笔者摄）

此中心办要求本次中心区交通综合规划设计是对上次交通规划的深化与整合。

（2）思路与策略　中心区土地高强度开发，导致交通需求量大，对可达性与服务水平要求也较高；由于用地紧张，交通设施的供给有限，因此，必须进一步提供高质量公共交通设施。

（3）工作内容　目前中心区的建设开发总量已达总规模的 65%（包括报建项目），道路网骨架也已基本完成，但内部支路网体系尚需进一步完善，各类交通设施的规划建设未完全与城市用地开发建设同步，对街坊

内各地块的交通组织及道路交通设施设置要求尚缺乏整体的协调考虑。针对上述情况，本次工作以上一层次交通规划成果为基本依据，结合 5 年来各项规划设计工作的深化、调整与提高，将道路、轨道、公交、停车等各类交通设施的规模与布局具体化，内容与深度参照详细蓝图。其内容包括 3 方面：A. 结合土地利用规划变化和城市设计的深入，调整交通设施；B. 对中心区现有各类交通设施进行整体功能整合；C. 把以人为本落实到中心区各类交通设施设计中[①]（图 4-96）。

4.7.2 法定图则（第二版）审议后未公布

（1）法定图则（第二版）修编原因包括：A.1999 年中心区城市设计及地下空间利用国际咨询优选方案被采纳，待局部修改调整街坊划分、地下空间网络、深南路改造及交通改进、建筑高度管控幅度[②]；B. 22、23-1 号街坊城市设计导则被采纳，待修改支路网等内容；C. 会展中心选址重新落定中心区；D. 取消深南大道和红荔路的部分立交匝道；E. 莲花山纳入中心区法定图则范围，该图则规划范围扩大至 626 hm²，其中北区与南区共计 413.86 hm²，莲花山 212.13 hm²。

（2）2002 年 4 月 22 日至 5 月 28 日，中心区法定图则（第二版）草图公示（图 4-97），按规定程序，主要内容包括：A. 开发强度和幅度范围：为符合中轴线两侧用地的体量和高度等景观要求，确定这些地块容积率、高低值幅度范围，其中低值为必须满足的开发强度，高值为不得超过的开发强度。此为中心区创新之举。B. 景观设计：延续"双龙飞舞"超高层建筑带对中轴线空间感的强化，

强调深南大道作为景观主轴。C. 储备用地[③]：中心区储备用地面积达 46 hm²，地块编号分别为：1、3-1、3-2、4-1、4-2、18-4（绿地）、20-1-2、20-2、20-3-1、23-2、24-2、26-1、26-2、26-3-1、27-1-1（G/IC）、27-2-3、27-3-3（G/IC）、28-4、29-3-1（办公）、29-3-2（110 kV 变电站）、30-1（发展用地）、30-4（220 kV 变电站）、31-1-1（G/IC）、31-4、32-1、水晶岛（33-3）。

（3）法定图则（第二版）通过审议，但未正式审批公布。2002 年 10 月，法定图则委于 2002 年第 3 次会议审议通过了中心区第二版图则。后因莲花山公园内拟安排的 4 个建筑项目（市第二工人文化宫、第二老干部活动中心、华南医院、武警中队用房）被"叫停"，图则又面临重新修改。所以，中心区第二版图则虽通过审议但未公布。

4.7.3 详细蓝图阶段成果

本次中心区详细蓝图阶段成果是在 1999 年城市设计招标优选方案的基础上，结合近两年来完成的各项设计与专题研究的成果形成的阶段成果。鉴于中心区各地块的建设进度差距较大，存在已建成、在建、未建等多种情况，详细蓝图重点是规划管控的核心要素，解决中心区城市设计的系统问题，包括各标高面的人行系统组织、建筑高度控制、建筑退线控制等内容。2002 年 3 月编制了深圳市中心区详细蓝图（阶段成果）（图 4-98）未完稿，该成果在中心办撤销后基本被"束之高阁"，成为历史遗憾。

4.7.4 城市客厅工程设计合同签订

北中轴由新华书店投资建设深圳书城，

---

① 《深圳市中心区交通综合规划与设计》，深圳市规划与国土资源局、深圳市城市交通规划研究中心，2002 年 12 月。
② 《市规划国土局 2000 年规划业务会议纪要（9）》，深规土纪〔2000〕92 号，2000 年 9 月 8 日。
③ 中心区城市建设用地 413 hm²，包括道路用地 150 hm²，可出让用地 263 hm²，中心区法定图则（第二版）储备净地块面积 46 hm²，占可出让用地的 17%，这些预留储备用地后来成为金融总部办公建设的宝贵资源。

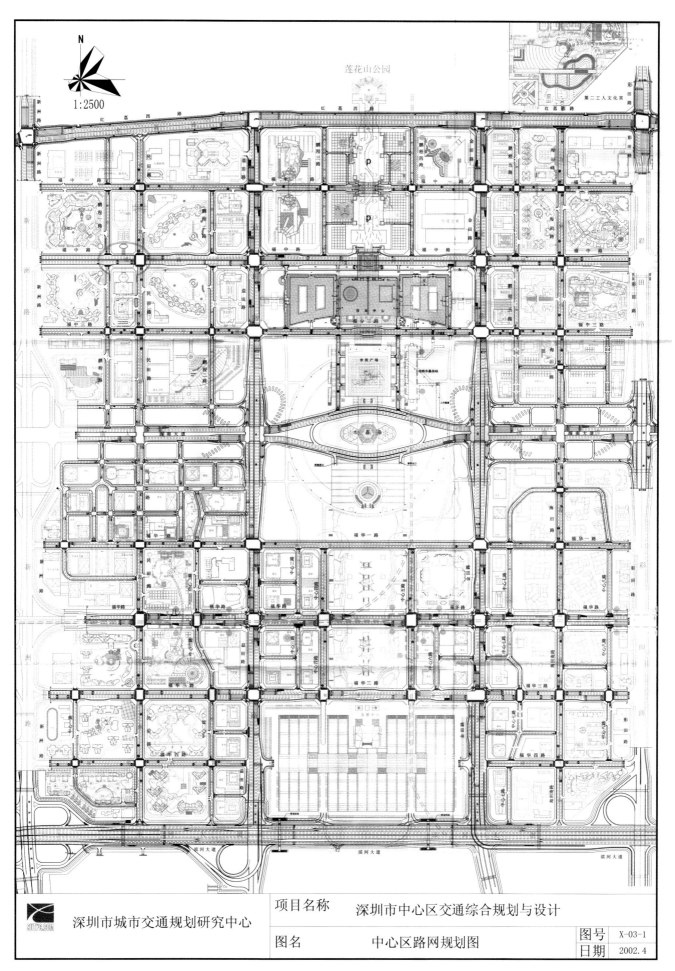

图 4-96　2002 年中心区路网规划图
（来源：市交通规划研究中心）

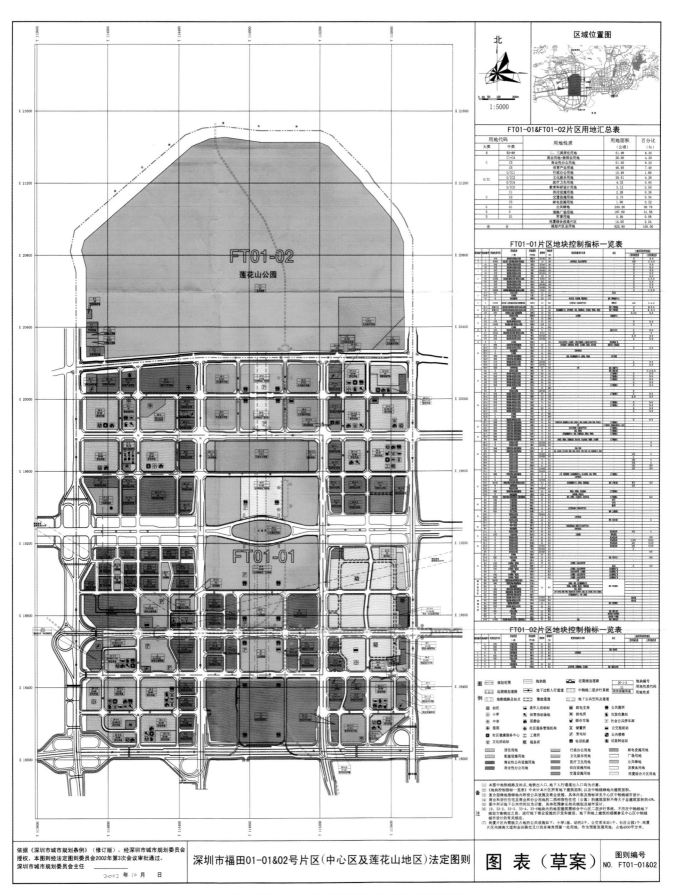

图 4-97　2002 年中心区法定图则（第二版）公开展示图

2002 年 6 月书城开工建设（图 4-99）。市政府为了"一气呵成"建设中轴线中心广场及南中轴建筑与景观工程设计项目（简称"南中轴工程"），2002 年初，中心办代表规划主管部门，市土地投资开发中心代表政府投资方（建设南中轴屋顶广场工程），与 3 家投资企业组成甲方"3+1"团队统一协调工程设计、报建、施工全过程管理。明确政府投资"建、管、养"中轴线地上一层屋顶防水层以上的覆土及绿化；可经营空间分别由 3 家企业（国企、股份公司、私企）"建、管、养"。甲方通过对国际优秀设计公司工程经验业绩比选后，2002 年初市政府同意选择乙方 [美国 SOM 建筑设计事务所牵头的 3 家公司（美国 SOM、SWA、JERDE 公司）] 负责该工程建筑工程、景观工程、商业运营的全部设计。

南中轴工程设计合同谈判过程十分艰难。2002 年 3 月开始该项目合同谈判，甲乙双方共 7 家单位要坐在一起讨论修改这份工程设计国际合同并非易事，经过几个月艰苦谈判、反复修改合同条款，市政府也让政府法律顾问多次复核把关该项目合同文本。2002 年 9 月，市政府同意甲方委托 SOM 建筑设计事务所负责该项目的建筑与景观工程的全部设计

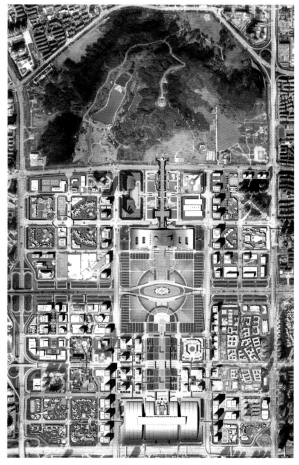

图 4-98　2002 年中心区详细蓝图（阶段成果）
（来源：中心办、深规院）

工作，确定设计总费用。2002 年 10 月 31 日，甲乙双方在深圳银湖会议室完成合同谈判，正式签订设计合同 [①]（图 4-100）。

图 4-99　2002 年 6 月 18 日深圳书城中心城开工典礼
（笔者居中）

图 4-100　2002 年 10 月 31 日中心广场及南中轴建筑工程与景观
工程设计合同签订会场（笔者位于左三）

---

① 陈一新 . 深圳福田中心区（CBD）城市规划建设三十年历史研究（1980—2010）》[M]. 南京：东南大学出版社，2015：250.

141

图 4-101　2002 年笔者在莲花山介绍中心区规划工作时留影

图 4-102　2002 年市民中心实景
（来源：郭永明摄影）

图 4-103　2002 年 12 月市民中心工地实景
（来源：笔者摄）

4.7.5　莲花山公园规划设计

莲花山公园占地约 2 km²，筹建于 1992 年 10 月，1997 年 6 月正式对外开放。莲花山公园的山地主要有大小 7 个山头，山头相拥，状如莲花，故得名莲花山。莲花山没有原始植被，现状植被多为次生性人工栽植的林相[①]。1998 年深圳市规划国土局致函市城管办，市中心区开发建设领导小组已决定把莲花山公园纳入市中心区中轴线公共空间系统进行统一规划设计，莲花山公园内的建设予以暂停。此后公园内所有建设应在规划设计审批后进行。1999 年起莲花山顶广场及规划小展厅成为政府接待点，笔者也常有接待任务到山顶广场介绍中心区规划建设情况（图 4-101）。莲花山顶也成为深圳原特区城市规划建设面貌的最佳观景台（图 4-102）。

2002 年莲花山公园总体规划设计经国际咨询，由优选方案联合设计机构（深圳市北林苑景观及建筑规划设计公司和美国 SWA 设计公司）进行，规划成果经专家会议审查后，于 2002 年 12 月 4 日至 15 日在莲花山公园山顶展馆和设计大厦规划展厅进行了公众咨询。此次送市规划国土局审查的《深圳莲花山公园总体规划设计》已征询专家与市民的意见。按该规划分期实施后，可使莲花山公园在现状基础上得到改进，成为定位准确、生态和谐、景色优美、功能完善的市民公园。该规划主要内容和实施意见[②]如下：

（1）目标定位　莲花山公园作为"生态型城市公园"，拟建成一个"活的博物馆"，重点以莲花山自身环境为题材开展生态知识教育和展示，寓教于乐，并区别于其他城市公园；在尽量保持莲花山公园现有自然风貌

---

① 《深圳市莲花山公园生态资源调查与生态环境评估》，莲花山公园项目组、深圳规划与国土资源局，2001—2002 年。
② 《关于莲花山公园总体规划设计审查意见的函》，深规土函〔2003〕90 号，深圳市规划与国土资源局，2003 年 3 月 21 日。

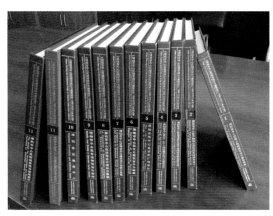

图 4–104　2002—2003 年“深圳市中心区城市设计与建筑设计 1996—2002”系列丛书出版

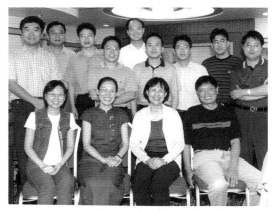

图 4–106　2002 年 10 月中心办聚会欢迎 4 位新同志（笔者左二）

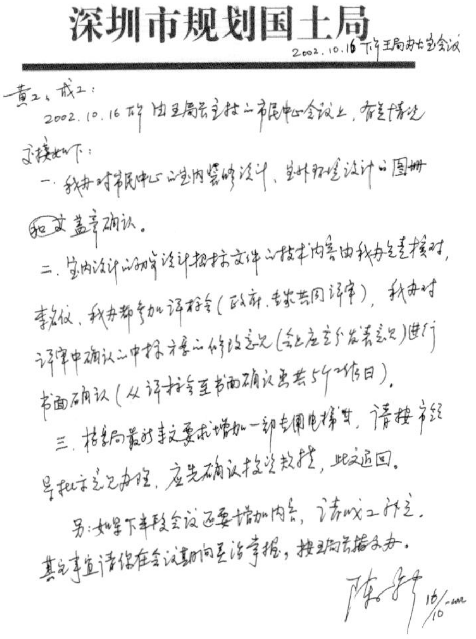

深圳市规划国土局

2002.10.16下午王局办公室会议

黄工、成工：

2002.10.16下午由王局长主持的市民中心会议上，有关情况纪要如下：

一、我办对市民中心的室内装修设计、室外环境设计的图册和文盖章确认。

二、室内设计的施工设计招标文件的技术内容由我办负责核对，审核、我办都参加评标会（政府、专家共同评审），我办对评审中确认的中标方案的修改意见（会上应当场发表意见）进行书面确认（从评标会至书面确认要在5个工作日）。

三、按王局长对该文要求增加一部专用电梯事，请按市领导批示意见办理，应先确认投资数据，此文退回。

另：如果下半段会议还要增加内容，请成工补充。其它事宜请你在会议期间直接请示，按王局长指示办。

16/10-2002

图 4–105　2002 年笔者在中心办工作时手稿

和植被的基础上，加强绿化，改善生态景观。

（2）景观规划　主要利用公园东、西自然地形和现有泉水设置两个大的湖面，既美化景观，又调蓄雨水；合理配置宽叶乔木植物树种，提高遮阴效果，增加树栖鸟类的种类和数量。该规划利用绿色通道或走廊加强公园与周边绿地系统和社区的联系，尤其是公园向北延伸至梅林片区及北侧山系的设计思想，对加强莲花山与其他自然生态环境的网络化建设以及中轴线延伸具有指导意义。

（3）道路交通规划　改善与周边市政道路车辆出入口的关系，架设人行天桥，合理增设园内道路，在公园西边适当增设停车场。

（4）服务配套设施规划　茶室 3 个（现有 1 个）、厕所 9 个（现有 3 个），小卖亭 7 处（结合游客服务中心）、避雨休息亭 8 处、避雨休息廊 7 处、生态教育展示廊 1 处、户外健身设施 5 处（现有 2 处）、公园管理处 1 处、花圃 1 处。所有配套设施的实施过程须严格遵循生态保护的原则，从布点、设计、施工、运维等方面尽量减少对环境的消极影响。所有设施必须经市规划与国土资源局报建审批后方可实施。

4.7.6　中心区丛书出版及其他

（1）2002 年研究市民中心紧张施工中，中心办积极组织其大屋顶太阳板布置方式及外观色彩方案。会展中心也开始紧张施工（图 4–103）。

（2）2002 年 12 月由中国建筑工业出版社正式出版发行“深圳市中心区城市设计与建筑设计 1996—2002”系列丛书第 1、2、3、4、10 分册，2003 年 9 月又出版该套丛书第 5、6、7、8、9 分册。至此中心区 10 本丛书已全部出版（图 4–104）。这些书籍和中心区其他历史资料，例如笔者在中心办工作手稿（图 4–105）等都真实记录了中心办同志们的辛勤工作和

图 4-107　2003 年 3 月北中轴工程方案模型
（来源：黑川纪章建筑师事务所）

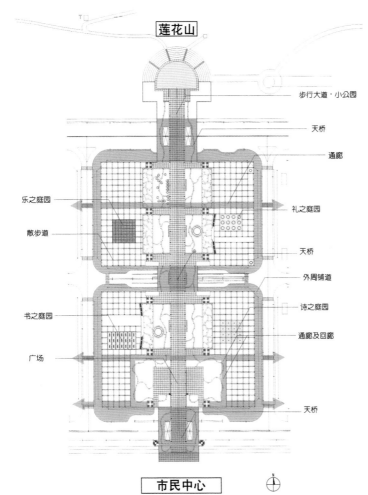

图 4-108　2003 年 3 月北中轴线工程方案设计图
（来源：黑川纪章建筑师事务所）

中心区规划建设历程。

（3）中心办自 1996 年成立时仅 4 位同志，至 2002 年中心办成员扩大到 12 位同志，2002 年 10 月中心办全体聚会欢迎 4 位新成员合影留念（图 4-106）。

4.8　中轴线工程加快实施（2003 年）

2003 年中心区规划建设进入稳步阶段，据中心办 2003 年 6 月 28 日统计，中心区建设用地（不含莲花山）413 hm²，其中：道路用地（含道路红线内的绿化、人行道）180 hm²，可建设用地面积 233 hm²（其中：可出让的社会投资用地面积 100 hm²，政府投资及市政配套设施用地面积 75 hm²，补偿用地及岗厦旧村改造 29 hm²，发展备用地 29 hm²），中心区已出让土地 90%，已落实建设项目 80%（包括已签土地合同，已办理建筑报建，在建项目，已竣工项目）总数 90 项（其中政府投资建筑项目 17 项，市政工程 2 项，办公类 46 项，住宅类 22 项，商业 3 项）。已落实建设项目总建筑面积 587 万 m²（其中已竣工 27 项，竣工建筑面积 228 万 m²，在建 300 万 m²，其他 59 万 m²）。

4.8.1　北中轴工程顺利进展

由深圳市新华书店负责建设的北中轴工程，现为深圳书城中心城，是深圳市 2003 年重大建设项目，计划 2003 年进行基础工程和主体土建施工。2003 年 3 月日本黑川纪章建筑师事务所完成该工程方案设计（图 4-107），包括北中轴书城建筑方案、屋顶广场及 4 个文化公园设计（图 4-108）。后续由深圳华森建筑与工程设计公司进行扩初、施工图设计。深圳市 2003 年政府投资项目计划续建天台花园、天桥和 4 个文化公园。

4.8.2　城市客厅设计暂停，启动屋顶景观设计

（1）2003 年本来是中心区实施中轴线城

图 4-109　2003 年中心区航拍图
（来源：市规划部门）

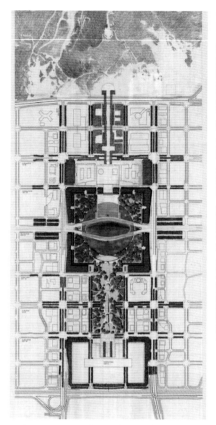

图 4-110　2003 年 2 月概念方案一效果图
（来源：SOM 公司）

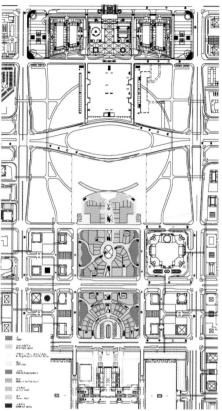

图 4-111　2003 年 2 月概念方案一平面图
（来源：SOM 公司）

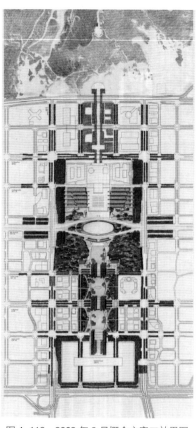

图 4-112　2003 年 2 月概念方案二效果图
（来源：SOM 公司）

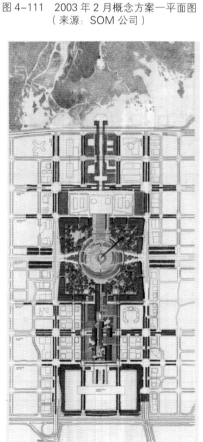

图 4-113　2003 年 2 月概念方案二平面图
（来源：SOM 公司）

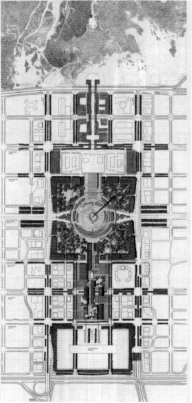

图 4-114　2003 年 2 月概念方案三效果图
（来源：SOM 公司）

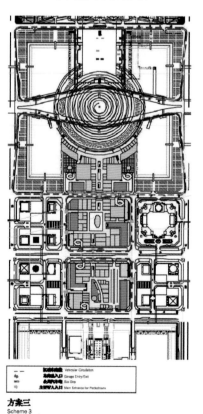

图 4-115　2003 年 2 月概念方案三平面图
（来源：SOM 公司）

市客厅（图4-109）的最佳时机，但十分遗憾，中心广场及南中轴工程设计暂停。"抓紧中轴线工程设计与实施，确保南北中轴线工程项目开工"，这既是深圳市2003年重大建设项目计划，也是市规划与国土资源局重点业务工作。2002年10月底南中轴工程设计合同签订生效，乙方开始方案设计。2003年2月10日在山水宾馆召开深圳市中心区中心广场及南中轴建筑工程与景观环境工程概念设计第一次专家研讨会，甲方代表18人和乙方团队9人以及中外13位专家出席会议，讨论乙方首次提出的3个概念方案[①]（图4-110~图4-115），并于当晚甲乙双方和专家一起向市领导汇报方案。有些专家提出以下问题：广场及南中轴商业面积太大，应该减量，甚至赞成回归平面绿化轴线；人工水系规模太大，维护管理困难；屋顶花园过大，建设及维护费用难以控制；等等。市领导也对将南广场的土地出让给国企建设商业项目提出疑问。市领导认为南中轴地下商城项目要不要搞，搞多大规模，要慎重研究，即使要规划建设商业项目，也要尽可能利用外资和民间资本，市属国有企业不要再参与此类投资，因为在这些竞争领域，国有企业的任务主要是退，而不是进。市领导要求规划部门按照平面绿化的思路提出一个方案，同时在汇报方案三的基础上优化设计提出一个方案，两个方案均要考虑安排部分商业面积或不安排商业面积两种情况，并分别测算出投资规模。当晚汇报会上市领导决定该工程设计暂停，要求中心办重新研究南中轴商业规模。这是中心广场及南中轴工程出现的重大转折，该设计合同生效3个多月就终止。甲方"3+1"投资

图4-116　2004年1月中心广场及南中轴屋顶景观设计国际招标中轴线景观工程评审会专家合影（笔者居左一）

团队解散，各自负责红线范围内建筑工程设计与建设，5个地块屋顶广场景观由市政府整体负责设计、建设和运维。

（2）启动中心广场及南中轴屋顶景观设计方案国际招标。因2003年2月南中轴线工程项目受挫，设计合同终止，原计划"一气呵成"完成的中心广场及南中轴建筑及景观工程项目由"连体"到各自独立设计和建设。政府仍负责市民广场及南中轴屋顶广场的投资建设和维护，故2003年又启动中心广场及南中轴屋顶景观设计国际招标。中心办克服重重困难，重新制定该项目屋顶景观方案国际招标任务书，2003年9月公开招标，同年11月邀请了株式会社日本设计、北京土人景观规划设计研究所、美国SWA设计公司、深圳市北林苑景观及建筑规划设计公司、深规院等7家单位参加投标[②]。2004年1月，专家评审会（图4-116）评出3个入围方案，株式会社日本设计的"绿色的云"方案获第一名（图4-117）。

① 深圳市规划局.深圳市中心区中心广场及南中轴景观环境方案设计[M].北京：中国建筑工业出版社，2005：18-38.

② 深圳市规划局.深圳市中心区中心广场及南中轴景观环境方案设计[M].北京：中国建筑工业出版社，2005：59-158.

图 4-117　2003 年株式会社日本设计中标的中心广场及南中轴景观设计方案

图 4-118　2003 年市民广场临时方案图
（来源：深圳市建筑设计总院）

4.8.3　市民广场临时方案实施

（1）历史遗憾　市民广场未能与市民中心协调设计同期建设。市民广场，作为市民中心建筑南立面的前景广场，李名仪事务所于 1996 年 12 月提交了《深圳市市政厅和市民广场可行性分析》，并于 1997 年 1 月与政府签订市政厅建筑工程设计合同。随着市政厅[①]建筑工程设计的深化，1999 年李名仪和罗兰/陶尔斯景观建筑师事务所合作设计了市民广场方案。该方案在广场设计了 6 个"树塔"作为广场照明和地下进出口，广场地面还设计了世界地图，地图上设置旱地音乐喷泉，标注世界著名城市，寓意深圳将成为全球版图上的知名城市。广场以市民中心标高为北起点，向南下坡设计了微地形，既方便人站在广场上观看市民中心全景，又使广场与水晶岛交接处顺利下穿深南大道。可惜该方案于 2000 年被否定，要求市民广场（南北）与水晶岛统一设计、统一建设。回顾 20 多年前内涵较丰富、微地形景观设计较好的方案，却错失了实施机会，导致后来为了赶上市民中心的施工进度而匆匆实施广场临时方案。

（2）临时方案的由来　2002 年 11 月，市政府决定尽快组织市民广场地下两层车库工程设计和建设，以便与市民中心同时使用，市民广场地面以上仍与整个广场及南中轴统一设计。于是，市政府委托深圳市第一建筑设计院进行市民广场地下车库设计。2003 年 4 月又委托该院进行市民广场外部环境设计，以便在地下车库施工时与未来广场整体有良好衔接。2003 年 7 月中心办同意由市民中心建设办公室组织深圳市建筑设计总院设计临时性过渡方案（图 4-118），但要求市民广场最终方案要与水晶岛、南广场和南中轴的方案设计一并考虑，形成统一和合理的人车分

---

①　"市政厅" 1998 年 7 月更名为 "市民中心"。

流系统，并请市民中心建设办公室充分重视：A.此临时过渡方案与市民广场及南中轴最终设计建设的工程衔接及技术协调，注意节省资金；B.注意材料的经济性和环保性及各种材料的回收利用；C.建议取消广场两侧的6个灯塔、4个采光小平台及所有水体；D.公交站不宜设在中轴线水晶岛的位置，建议分解到两侧，并组织好深南路的交通和景观。深圳市2003年政府投资项目计划续建市民广场地下停车场（总建筑面积10万 m^2）、供电设施，配置地下车库的市民广场临时方案建设实施效果良好。由此形成了市民广场的过渡方案，以确保2004年5月市民中心建筑竣工启用，其前景广场不是一片工地(图4-119)。

4.8.4 莲花山4个项目"叫停"

1998年5月，莲花山公园纳入市中心区规划设计范围（图4-120）。

（1）2003年10月，原计划布局在莲花山周边的华南医院、市第二老干部活动中心、市第二工人文化宫、市民中心警卫中队营房及训练场等4个项目，会对城市环境、公园绿化和市民休闲造成一定的负面影响。本着全心全意为市民群众办实事、谋利益的宗旨，莲花山周边项目选址必须十分慎重，绝不能与民争利，要为广大市民群众提供更为舒适的公共环境。市政府常务会议提出如下意见：[①]按照文体活动设施建设社区化、老干部福利货币化的方向，要从实事求是、顾全大局的角度重新审视第二老干部活动中心和第二工人文化宫项目，已开工的暂缓建设。关于华南医院选址，鉴于南山片区缺乏大型医院，华南医院的选址可改至南山区滨海大道原会展中心选址附近，其功能定位为面向广大市民群众服务的综合性医院，同时辟出若干床位承担干部保健任务。

图4-119　2004年6月市民广场临时方案施工
（来源：笔者摄）

深圳市规划国土局

深规土函[1998]122号

关于莲花山公园纳入市中心区中轴线
公共空间系统规划设计的函

市城管办：

在5月初召开的"深圳市中心区中轴线公共空间、市民广场设计研讨会"上，市中心区开发建设领导小组已决定把莲花山公园纳入市中心区中轴线公共空间系统进行统一规划设计，并委托中轴线公共空间设计者、世界著名建筑师日本黑川纪章事务所进行规划设计。因此，莲花山公园内的建设请予暂停。今后公园内所有建设应在规划设计审批后进行。

特此通知

一九九八年五月十五日

图4-120　关于莲花山公园纳入市中心区中轴线公共空间系统规划设计的函
（1998年）

---

① 《市政府第三届101次常务会议纪要》，深圳市政府办公厅，2003年10月17日。

（2）深圳市保健办 2002 年 7 月提交《深圳华南医院项目可行性研究报告》（深圳市华伦投资咨询有限公司编制），华南医院选址位于莲花山公园西北角（图 4-121），该项目列入深圳市 2003 年重大建设项目计划，建设规模 300 床位，建筑面积 6.59 万 m²，政府计划投资 6 亿元。2003 年市规划部门委托深规院进行了深圳华南医院项目前期研究，并报深圳市城市规划委员会 2003 年第二次会议，该项目处于规划阶段。

（3）1998 年，第二工人文化宫几经规划

图 4-121　2003 年华南医院项目前期研究
（来源：深规院）

改换选址到莲花山公园东南角（关山月美术馆北侧），经过几年建筑工程方案设计及修改，已取得规划建设工程建设许可证，2003 年虽已完成施工建设招标，但也被叫停。

（4）为落实市政府常务会议纪要，需迁出莲花山周边的项目包括市保健办华南医院、市委组织部第二老干部活动中心、市总工会第二工人文化宫和市民中心警卫中队营房及训练场等 4 个项目。其中华南医院的规划选址涉及中心区法定图则修改，须上报市规划委员会审批。第二工人文化宫和市民中心警卫中队营房及训练场项目办理了土地使用权出让手续，因属财政投资，均按免地价办理，决定无偿收回这两个项目用地，解除土地使用权出让合同。第二老干部活动中心项目尚未办理任何正式用地手续。2003 年底至 2004 年初，市规划部门收回了莲花山 4 个项目用地并划归莲花山公园，由城管办负责管理。

4.8.5　街道景观环境设计

2003 年中心区城市设计（图 4-122）继续向国际先进城市学习，开展中心区整体环境概念设计及北区街道设施设计。2003 年 7—9 月，中心办组织中心区整体街道环境概念设计方案专家评审会，肯定了日本 GK 设计公

图 4-122　2003 年深南大道中心区段实景
（来源：陈卫国摄影）

司的概念设计成果（图4-123），填补了中心区城市设计的空白，提出主要街道的景观、照明设施、小品、标识、广告等设置方针。2003年11月，专家评审会认同GK设计公司提交的北区街道设施设计成果，认为其具有可实施性。中心区从城市规划、城市设计、建筑设计到街道景观环境设计实行一体化、系统化设计，这是深圳城市建设亮点。但因2004年中心办被撤销，该成果未实施。

4.9 市民中心启用（2004年）

4.9.1 重点工程建设进展

中心区规划实施得到市政府高度重视和社会各界支持，2004年底，深圳地铁一期（1号、4号线）工程通车，虽然仅21 km长，但中心区不仅地铁线路和站点最密集，且是地铁1号、4号线唯一的换乘站（会展中心站），中心区投资再次"升温"，标志着中心区正快速步入实质性建设阶段。2004—2018年在莲花山顶规划小展厅展示了中心区规划定稿模型（图4-124）。2004年中心区六大重点工程已基本完成结构封顶和设备安装，多数工程将在这年竣工使用（图4-125）。

（1）市民中心于2004年5月30日竣工启用（图4-126）。深圳市民中心建筑方案国际咨询、工程概况等内容（图4-127）可详见《规划探索——深圳市中心区城市规划实施历程（1980—2010年）》[①]附录，在此不再赘述。中心办发现了市民中心南侧大台阶的两台自动扶梯间距太近，扶梯构成的小尺度与市民中心大尺度不相匹配，通知立即整改，扶梯向左右两侧外移，加大了扶梯间距，图4-128还能看出拆除前的原扶梯间距和位

置，拆除修改后尺度恰当，效果较好，使大台阶尺度与市民中心相互和谐。

（2）图书馆、音乐厅于2004年土建封顶，进行室内外装修施工（图4-129、图4-130）。

（3）会展中心于2004年土建封顶，进行室内装修施工（图4-131），迎接10月份第六届高交会。

2004年深圳市政府重要工作一览表显示，要强化金融业的支柱地位，加快推进中心区金融区的规划建设和罗湖金融区的改造工作。这是规划已久的CBD就要正式启动建设的信号。但恰恰这年撤销了中心办，成为中心区规划建设历史上的遗憾。

4.9.2 城市客厅景观设计合同签订

中心广场及南中轴屋顶景观方案获第一名的株式会社日本设计的"绿色的云"进入工程实施阶段[②]。2004年9月14日，深圳市规划国土局与株式会社日本设计及合作方深圳市憧景园林景观有限公司签订中心广场及南中轴景观环境工程设计合同。城市客厅包括中心广场和南中轴，地块编号分别为33-2（市民广场北）、33-3（水晶岛）、33-4（市民广场南）、33-6（南中轴一区）、19（南中轴二区），共计5个地块，用地面积总计45.6万 m²。设计范围同时也包括待建的穿过深南大道的地下人行通道、各地块之间以及地块与周围建筑之间的二层人行连接平台（天桥）。设计内容包括：

（1）中心广场 广场的功能与风格在统一协调原则下，各有所侧重，对大型庆典、集会、游行、长跑、观光旅游、防灾避难等活动进行合理的流线与场地安排，要求配置必要的公共厕所、建筑小品和休息设施。中

---

① 陈一新.规划探索：深圳市中心区城市规划实施历程（1980—2010年）[M].深圳：海天出版社.2015：275-281.
② 同①163-164.

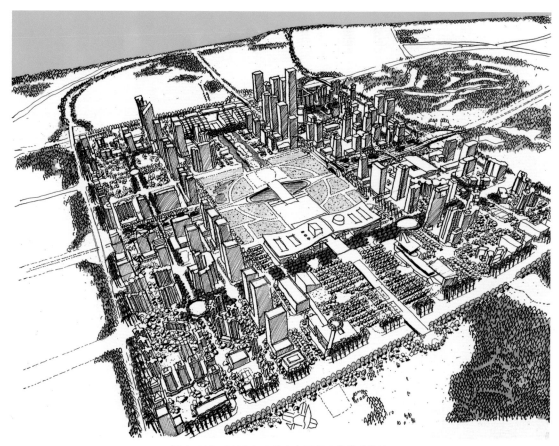

图 4-123 2003 年 6 月中心区绿环林荫道设计
（来源：日本 GK 公司）

图 4-124 2004—2018 年在莲花山顶规划展厅陈列的中心区模型，2018 年 3 月搬入深圳市城市规划展馆
（来源：笔者摄）

图 4-125　2004 年中心区航拍图
（来源：市规划部门）

图 4-126 2004 年 5 月市民中心启用前中心办同志合影（笔者居中）

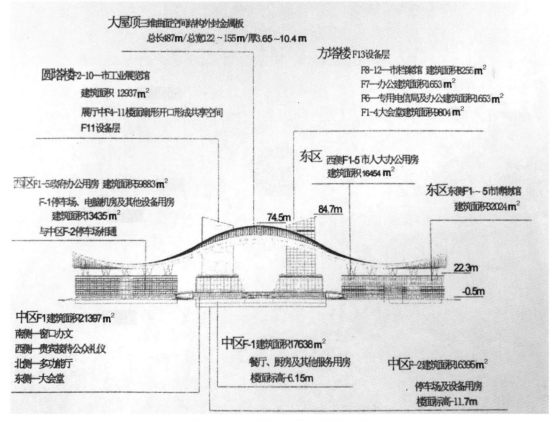

图 4-127 市民中心建筑技术指标汇总
（来源：王红衷提供）

图 4-128 2005 年 11 月市民中心南侧台阶两台自动扶梯原设计间距较小（红色圈是原扶梯位置拆除痕迹）
（来源：笔者摄）

图 4-129 2004 年图书馆、音乐厅及周边实景
（来源：笔者摄）

图 4-130 2004 年图书馆和音乐厅实景
（来源：笔者摄）

图 4-131　2004 年 6 月即将建成的会展中心
（来源：笔者摄）

心广场包括：A. 市民广场，占地 16.07 万 m²，此次设计须考虑地下停车库及屋顶广场过渡方案；要考虑地铁站等地下空间的通风、采光、消防疏散的要求，并有足够的绿化遮阴、照明、音响、环卫设施和必要的旅游观光服务设施。B. 水晶岛，占地 3.09 万 m²，此次设计只考虑景观绿化，与南广场形成统一协调的景观效果。C. 南广场，占地 17.91 万 m²，是市民的休闲娱乐空间。

（2）南中轴　南一区占地 4.33 万 m²，南二区占地 4.23 万 m²，两区均设地上一层商业和地下二层停车库。此次设计内容包括商业的屋顶绿化和商业两侧下沉的广场绿化景观。屋顶局部覆土不小于 2 m，预留种植高大树木和行驶载客电瓶车的荷载。

（3）步行系统　与周边建筑二层步行系统连接的绿化平台、天桥及地下人行通道等项目的设计，包括南广场至会展中心应设置连续二层人行系统。

（4）绿化系统　本项目尽可能提高绿化覆盖率，并体现深圳园林特色。

（5）设计服务　服务专业包括园林景观设计，市政设施、二层平台、天桥、地下通道设计，建筑小品设计，交通流线组织设计，结构设计，绿化设计，灯光效果设计，保安设计，室外标志设计等。服务范围包括方案设计，初步设计，施工图设计，招标阶段服务和施工过程服务。这是 2004 年撤销中心办之后签订的工程设计合同，其实施效果有待进一步研究和评估。

4.9.3　中心区智能交通停车系统设计

（1）2003 年中心区已报建项目占地规模已达建设用地的 2/3，但竣工建筑仅为 1/3。鉴于市民中心与会展中心即将投入使用，为确保中心区拥有良好的交通环境，2002 年 12 月 5 日的市政府常务会议要求尽早研究会展中心交通智能化控制设计（图4-132）。2003年1月7日中心办召开中心区智能交通系统项目的前期工作会。2003年4月11日，市规划与国土资源局印发《关于进行中心区智能交通监控管理系统设计的通知》（深规土〔2003〕148号），市交通研究中心开展研究。2003年6月11日，中心办召开了该项目工作会议，明确了中心区智能交通系统的设计和建设应当分期实施，首期工程主要内容是建设中心区智能停车诱导系统（简称"PGS"），并要求2004年8月底完成实施开始试运行，以配合2004年高交会的召开。2003年12月底完成该项目送审稿，2004年1月5日中心办组织北京、上海、深圳等地专家评审，提出修改完善意见后，2004年9月，中心办和交通中心完成中心区智能停车诱导系统设计报告。

（2）该项目目标是充分利用现有技术，在市中心区范围内建立一个先进的停车诱导系统，从而提高整个市中心区的交通效率和城市形象。

4.9.4　22、23-1街坊城市设计初见成效

1998年中心办在深圳首次创新编制了中心区CBD 22、23-1街坊详细城市设计的范本，彻底改变了原来详规只对用地性质、公共绿地、公共设施配套、建筑功能、容积率、覆盖率等进行文字表达及指标型管控的规划管控传导模式，为中心区乃至深圳开创了城市设计深度管控的新模式。中心办作为当年中心区规划实施的"部门总师"，严格执行城市规划设计。从2001年现场实景至2004年建设中的22、23-1街坊实景（图4-133）可看出城市设计已初显成效。

4.9.5　中心办被撤销

（1）至2004年中心办撤销时，中心区现场建设进展情况　A.土地情况：中心区占地面积（不含莲花山）413 hm²，其中道路用地180 hm²，可建设用地233 hm²。至2004年

图4-132　2004年《深圳市中心区智能停车诱导系统设计最终报告（报批稿）》

已出让土地180 hm²（含中轴线），发展备用地53 hm²（约占可建设用地23%）。B.建成情况：已竣工建筑面积421万 m²（约占总建筑面积的1/3），在建300万 m²（已签土地合同），拟建155万 m²（未签土地合同）。

（2）中心办被撤销　2004年6月，深圳市政府再次进行行政管理机构改革，深圳市规划与国土资源局分设为市规划局、市国土资源和房产管理局，中心办被撤销。原中心办工作人员全部入编市规划局。2004年，在未经过任何调查研究也无任何征兆的情况下，中心办被撤销了。此时中心区竣工建筑面积仅占总建筑面积的1/3，因此中心区规划实施管理力度被大大削弱。虽然市规划局城市设计处接管了中心区城市设计实施管理工作，但毕竟仅有一人兼职管理，力度不足，质量难保。一些规划设计成果被"束之高阁"，许多城市设计内容不能继续实施，管理工作

图 4-133　2004 年 6 月施工中的中心区 22、23-1 街坊实景
（来源：笔者摄）

图 4-134　2004 年 6 月北中轴深圳书城中心城工地实景
（来源：笔者摄）

深圳市中心区开发建设办公室有效探索中心区城市设计实施方法并卓有成效的 9 年，为深圳"城市名片"奠定了基础。9 年内虽有市民中心、图书馆、少年宫等工程虽投入使用，但仍有建设规模总量的 2/3 处于土地未出让或工程施工状态中（图 4-134）。

深圳市政府制定了"先外围，后中心"的开发建设原则，尽管 1988 年深圳正式建立了土地开发基金，市政府进行土地一次性开发的资金相对有保证了，但中心区的土地一直预留储备着，直到罗湖上步组团全部建成并呈现效益才开始出让中心区的土地。所以 1998 年福田区大部分已开发建设，但中心区仅建了市政路网，几乎仍是空地。至 2004 年，中心区已经完成了 90% 的公共建筑和 100% 的住宅及配套，但商务办公建筑刚兴起，以 22、23-1 办公街坊为代表的十几栋高层办公楼陆续建成，销售市场较好，中心区城市设计实施初见成效。2004 年底深圳地铁一期通车，标志着 CBD 即将进入高峰建设期。遗憾的是，2004 年中心办被撤销了。

难连续是显而易见的。如今从历史角度看，过早撤销中心办，导致中心广场和南中轴未能真正连通，未能实现城市客厅功能开放给市民使用，甚至 2012 年在南中轴屋顶出现违章建筑。这是深圳城市的遗憾。

4.10　第三阶段小结

第三阶段（1996—2004 年）是政府投资中心区公共建筑集中建设的黄金时期，也是

5 第四阶段：CBD 金融中心建设、新增交通枢纽（2005—2012）

城市是人类建造的最大的智能生命体，人类要热爱城市，要尊重城市本身的生长规律。

——中国工程院 院士 吴志强

5.0 背景综述

第四阶段（2005—2012 年）深圳城市建设用地基本建满。为了建设全国经济中心城市，2010 版总规新增前海中心并提出存量发展模式。城市经济产业从自动化向信息化转型阶段，金融业成为该阶段深圳重点发展的行业。深圳常住人口从 2005 年的 828 万人增加到 2012 年的 1 055 万人，年均增加约 32 万人。深圳 GDP 从 2005 年的 5 036 亿元增长到 2012 年的 13 496 亿元，经济总量年均增长超过 1 200 亿元，这是深圳规划建设 30 多年来的最高增速阶段。

中心区经过 10 余年规划建设已蓄势待发（图 5-1），2005 年中心区已完成了全部市政配套工程，政府投资的六大重点项目如期竣工启用，市政府有关部门已搬进市民中心办公，少年宫、图书馆、音乐厅也陆续竣工，地铁一期工程已通车运行。这时中心办已经撤销，中心区面临"政府热、市场热"的最佳阶段。中心区终于迎来了 CBD 金融中心的鼎盛期，近 20 家大型金融机构踊跃选址建设办公总部，中心区规划建设历史上 3 次储备的发展用地不仅满足了深圳金融产业转型升级的需求，而且真正实现了中心区"CBD"的产业功能。金融办公总部建设高潮使中心区呈现金融产业集聚的喜人景象。该阶段深圳商务办公楼宇的增量主要集中在中心区，中心区竣工建筑面积从 2005 年的 478 万 m^2 快速增加到 2012 年的 864 万 m^2，年均竣工面积超过 55 万 m^2，中心区已竣工建筑面积超过规划总面积的 2/3，是中心区城市设计轮廓线整体成形的关键期。

5.1 金融办公建设元年（2005 年）

2005 年中心区金融办公建设终于实现了第一批金融总部办公楼的选址。

5.1.1 城市客厅景观设计实施方案

（1）作为中心区城市客厅的中心广场及南中轴景观环境工程设计 2004 年株式会社日本设计公司"绿色的云"方案获第一名，于 2005 年 6 月在市民中心进行公开展示。整个项目占地面积约 46.5 hm^2，总投资估算 3.27 亿元，工程计划 2006 年竣工。

（2）中心广场及南中轴景观工程分项实施计划 市民广场地下停车库项目已由市民中心建设办公室完成。2005 年，中轴线上的中心广场及南中轴景观环境工程项目原计划包括中心广场南面 4 座连接平台、6 座人行天桥、深南大道水晶岛地下通道，并对深南大

图 5-1　2005 年中心区航拍图
（来源：市规划部门）

道（金田—益田段）进行改造。2005年5月，市政府会议[①]议定事项如下：A.市民广场项目投资计划中目前剩余资金用于安排中心广场及南中轴景观环境工程景观园林绿化、安全防范系统、背景音乐、通信系统、绿化迁移、地下管线改迁与加固等建设。B.深南大道中心区段近期改造工程、4座连接平台及6座人行天桥由市发展改革局分别立项。为加快工程进度，在上述项目投资计划未下达之前，市建筑工务署可暂用中心广场项目的投资计划先行开工。C.根据中心区规划，目前水晶岛环境设计为临时工程，与"未来中心区标志性建筑"目标有一定差距。为减少项目投资，避免浪费，保持今后永久方案设计的灵活性，会议同意取消水晶岛地下人行通道和地面环境工程，水晶岛地块的绿化维持现状。

（3）2005年8月许可"中心广场及南中轴景观环境工程"内容[②]　该项目占地32万m^2（其中北片区15.2万m^2，南片区16.8万m^2），工程内容包括绿化、市政管线、灯光工程、建筑小品等。计容积率建筑面积2 378 m^2，建筑性质为公共配套建筑小品，包括公共卫生间492 m^2、综合服务处20 m^2、休息室303 m^2、小商店77 m^2、光塔655 m^2（在广场周边设置6个25 m高的光塔对广场进行投光照明[③]）、公用电话亭8 m^2、休息站823 m^2。不计容积率建筑面积210 m^2（地下机房）。

（4）实施效果　株式会社日本设计公司获第一名的市民广场景观设计方案实施效果与原投标效果图相距甚远，尤其是市民广场（北）6个25 m高的玻璃灯塔尺度

过大，给人以"6个玻璃建筑"的错觉效果。2006年建成后对市民中心和中轴线城市客厅产生了一定的负面影响，破坏了市民中心和广场尺度，成为景观败笔。

5.1.2　南中轴商业项目进展

2005年5月13日，晶岛国际广场[④]建设项目（19号地块）取得建设用地规划许可证，该用地面积4.2万m^2，商业建筑面积约8万m^2，规划设计条件主要包括：A.地上一层靠福华路设置占地7 000 m^2的公交枢纽站。B.该地块南北两侧不退红线，东侧和西侧各退用地红线40 m作为下沉广场用地。C.该地块地下一层设置不小于12 m的通道与南北地块连通。D.须设置24小时通行的公共楼梯不少于4座，并配置24小时垂直运行的残疾人电梯不少于2部；地上一层和地下一层须设置全天开放的公厕不少于4座。E.地上一层屋面作为公共绿化公园局部须保证不小于2 m的覆土，并预留种植高大树木和行驶载客电瓶车的荷载。

5.1.3　储备用地建设金融总部

2005年金融产业成为深圳市支柱产业之一，进入中心区的第一批金融机构开始规划选址[⑤]。由市政府金融管理办公室负责审查金融机构用地申请的准入资质，核定建设规模后，由规划国土部门按程序公开出让用地。

中心办具有预见性，在1998年编制法定图则时储备了几块发展备用地（图5-2），至2003年，中心区储备的发展备用地可用于金融办公净地近30 hm^2，至2004年还有20 hm^2，至2005年仍有4块商务办公净地共13.3 hm^2（包括原高交会馆用地6.8 hm^2、23-2地块5 hm^2、

①　《关于研究中心区中心广场及南中轴景观环境项目建设投资计划等有关问题的会议纪要》，市政府办公会议纪要（228），2005年6月2日。
②　中心广场及南中轴景观环境工程"建设工程规划许可证"，深规建许字〔2005〕综合094号，深圳市规划局。
③　深圳市规划局.深圳市中心区中心广场及南中轴景观环境方案设计 [M].北京：中国建筑工业出版社，2005：162.
④　中心区的"晶岛国际广场"即现今"皇庭广场"。
⑤　陈一新.规划探索：深圳市中心区城市规划实施历程（1980—2010年）[M].深圳：海天出版社，2015：174.

图 5-2　中心区储备发展用地（红色圈位置）
（来源：中心区城市仿真系统输出图）

图 5-3　2005 年 8 月，登上会展中心的展厅屋顶（35 m 高的会议层）
平台俯瞰南中轴工地
（来源：笔者摄）

17-3 地块 0.86 hm²、20-3 地块 0.64 hm²），法定图则规定这 4 块地的建筑面积为 107 万 m²，这在 CBD 核心区是一批非常宝贵的土地资源。按照规划，原高交会馆用地可安排 5 家金融机构，23-2 地块可安排 7 家金融机构，中心区的土地储备能满足十几家金融机构的需求。

5.1.4　会展中心启用

深圳中心区高交会馆是 1999 年迅速建成

的临时建筑，成功举办了 1999 年至 2004 年共六届高交会。2005 年 8 月会展中心竣工（图 5-3），同年 10 月，第七届高交会首次启用新的会展中心。之后，原高交会馆临时建筑就完成了历史使命。

5.2　福田站选址中心区（2006 年）

2006 年中心区规划建设进展迅速，金融办公建设持续高潮（图 5-4），深圳证券交易所建筑设计方案经国际招标后确定实施。2006 年 4 月，中心区"十三姐妹"建筑群基本建成（图 5-5）后，新添港中旅大厦，位于深南大道和益田路交叉的西南象限，取消了原规划，港中旅大厦 2006 年 4 月开工奠基（图 5-6）。2006 年 7 月，深圳图书馆竣工启用，对外开放（图 5-7）。北中轴深圳书城中心城土建封顶，正在进行屋顶广场施工。深圳是国内 CBD 规划建设较早的城市。2006 年，笔者在前十几年收集的国内外 CBD 规划建设资料基础上，研究世界上重要城市 CBD，出版了第一本个人专著《中央商务区（CBD）城市规划设计与实践》（图 5-8），首次填补国内 CBD 规划实施类书籍的空白。

5.2.1　确定高铁福田站选址中心区

2006 年京广深港高铁福田站（又称福田枢纽站）选址中心区。2006 年 1 月，铁道部与深圳市政府讨论广深港客运专线（高铁）在深圳境内设站事宜，提出在中心片区增设一个车站，研究分析新增设站的功能、规模及选址方案，经综合比较香蜜湖、彩田工业区、笔架山公园及皇岗口岸等选址方案后，认为在中心区内增设车站是最合适的。2006 年 8 月，铁道部与深圳市政府签署了《广深港客运专线深圳境内设站事宜备忘录》，明确广深港客运专线将在深圳市中心区增设一处地下车站——福田站。福田站选址方案符

图 5-4　2006 年中心区航拍图
（来源：市规划部门）

图 5-5　2006 年 7 月从深南新洲立交看中心区"十三姐妹"建筑群已基本建成
（来源：陈卫国摄）

图 5-6　2006 年中心区"十三姐妹"新添的港
中旅大厦城市仿真输出图
（来源：笔者摄）

图 5-7　2006 年图书馆竣工启用
（来源：笔者摄）

图 5-8　2006 年陈一新出版第一本个人专著
（来源：笔者摄）

合城市用地功能布局，可与地铁 2 号、3 号、11 号线直接换乘，与 1 号、4 号线间接换乘（图 5-9），客流疏解方便，并有条件形成综合客运枢纽，且该方案工程可行。至 2006 年底，广深港客运专线福田站在中心区的选址和规模已基本确定。此举提升巩固了中心区 CBD 的核心地位[①]。

---

① 陈一新. 规划探索：深圳市中心区城市规划实施历程（1980—2010 年）[M]. 深圳：海天出版社，2015：180.

5.2.2 岗厦村改造签订框架协议

从1998年市政府第一次提出位于深圳市中心区的岗厦河园片区改造意见以来，经过市区各级领导以及各政府职能部门的8年努力，岗厦河园片区的改造在2006年7月27日终于迈开了最重要的一步：区政府、岗厦股份有限公司以及参与改造的金地集团公司在市民中心共同签订了岗厦河园片区改造的框架性协议[①]。

岗厦河园片区是中心区唯一的"城中村"，1998年总人口约6.8万人，其中常住村民486户900人，暂住人口约6.7万人。改造范围用地面积为15.16万 m²，现状净容积率3.4，主体总建筑面积51.4万 m²，房屋有590栋。改造后片区容积率为4.5，总建筑面积为68.2万 m²，建筑密度为45%。其中住宅建筑面积为23万 m²，其他功能比例根据最终的规划方案确定。

5.2.3 高交会馆拆除

2005年会展中心启用后，每年高交会就在会展中心举行。所以，位于中心区北片区的老高交会馆就完成了其历史使命，2006年全部被拆除，原址将建成金融办公片区（图5-10）。规划将该场地划分为中间一个较大地块和周围4个较小地块，其中较大地块（32-1-1号）于2006年11月签订土地合同出让给深圳证券交易所建深交所，其他4个地块将建设银行、基金等金融机构总部。

5.3 中心区标志性建筑启动（2007年）

5.3.1 平安取得CBD"楼王"用地

2007年中心区CBD开发建设渐入高潮阶段（图5-11）。岗厦村更新改造规划研究编制与协商谈判已进行多年，尚未拆迁（图

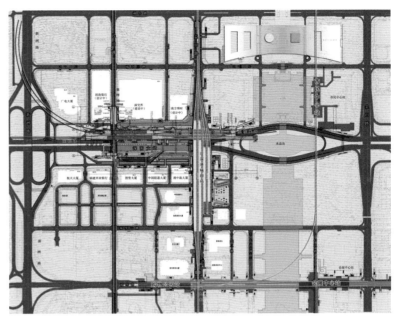

图5-9 2006年福田综合交通枢纽站总平面图
（来源：市轨道办）

图5-10 2006年高交会馆拆除后场地用于深圳证券交易所等金融总部建设
（来源：笔者摄）

5-12）。2007年8月，市政府金融办印发的《深圳中心区金融发展用地管理暂行办法》规定了中心区金融用地的准入条件、自用原则、土地合同及建设标准、后续管理办法等。自用原则包括：（1）金融机构须承诺，项目建成后，建筑面积自用率不低于60%，且该部分面积10年内不准对外出售；（2）承诺竞得该宗地后，须与市金融产业发展服务部门

[①] 岗厦河园片区改造签订框架性协议，深圳市规划局，2006年7月30日。

图 5-11 2007 年中心区航拍图
（来源：市规划部）

签订相关用地发展协议。同年10月，市金融办又在上述暂行办法的基础上增加了内容，要求中心区第二批金融用地一律按照国家土地政策采用挂牌出让方式，相关优惠政策按市政府支持金融业发展的有关政策执行。2007年11月，中心区1号地块公开挂牌出让，中国平安人寿保险股份有限公司取得了这块CBD"楼王"用地，规划建筑不限高，但不得低于450m，要求建成CBD标志性建筑[①]。

5.3.2 深圳中轴线整体城市设计

市规划局2006年3月委托中规院深圳分院编制《深圳中轴线整体城市设计研究》，2007年9月形成成果提交市规划局技术委员会审议。深圳中轴线将以中心区中轴线（图5-13）为基础，莲花山向北延伸至梅林，经大脑壳山向北到龙华，向南延续到深圳湾连接香港北部都会区。纵向联系整合山、河、城、海、口岸等重要资源，将成为深圳城市的一条主轴线，在深港都会区将形成一条金融轴带。

深圳中轴线整体城市设计，结合轴线拓展区的空间特征重点打造五段景观轴线：（1）中心区及南拓段。延续中心区轴线，形成整体统一的深圳中轴带核心景观轴线空间。（2）梅林—大脑壳山段。对接中心区中轴线，打造中康路景观轴线。（3）龙华新城段。打造以龙华新城"发展中脊"与"中心绿谷"为核心的景观轴线。（4）龙华老城段。打造和平路景观轴线。（5）观澜河段。塑造生态水轴。通过分区段沿轴线的道路、轨道线、

图5-12　2007年中心区岗厦村实景
（来源：陈卫国摄）

图5-13　2007年中心区中轴线实景
（来源：陈卫国摄）

[①] 陈一新.规划探索：深圳市中心区城市规划实施历程（1980—2010年）》[M].深圳：海天出版社，2015：185.

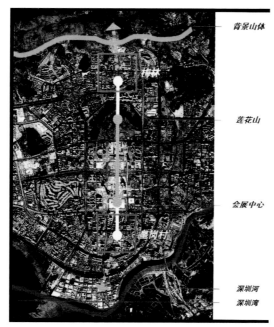

图 5-14　2007 年深圳中轴线南北连续景观轴构想
（来源：中规院）

青景山体

莲花山

会展中心

深圳河

深圳湾

步行及公共空间视廊的设计，强化轴线空间段的路径连接，使之成为深圳市最核心的、轴向连续的公共空间景观带（图 5-14）。

5.3.3　"两馆"方案国际竞赛后确定实施

市规划局会同市文化局、建筑工务署于 2007 年 4 月启动深圳市当代艺术与城市规划馆（以下简称"两馆"）建筑设计方案国际招标。以矶崎新为评审主席的评审团从 170 多个参赛机构和个人中评选出 4 个入围设计机构。这 4 个机构接着开展第二轮"两馆"设计竞赛。2007 年 9 月，以王澍为评审主席的第二轮评审会一致投票评选出奥地利蓝天组的方案为优胜方案。该方案的建筑设计概念为：都市外表皮与功能体量融合的联合突变造就了一个融入单一表皮元素的建筑综合体—都市巨石。巨石体量包括了两个博物馆。建筑形式是在建筑外表皮之内融合功能体量的结果。该功能性的外壳由两个博物馆体量及垂直交通连接元素—花朵、公共广场和基座所组成。该巨石的外皮为一个动态面，根据中心区的具体情况来扭动其表皮以取得与城市环境文脉的相互呼应。该扭转建立起一个新的入口

方向，指向中轴线交点以及主要的交通人流。2008 年 2 月市政府同意实施奥地利蓝天组"两馆"方案。

5.4　金融总部集聚中心区（2008 年）

2008 年市中心区迎来金融总部建设高潮（图 5-15），值此机会，福田区推进环 CBD 高端产业带建设，落实《促进福田"环 CBD 高端产业带"发展若干措施》。从深南大道看中心区十年巨变（图 5-16），反映出中心区开发建设速度和成效。2008 年 5 月深圳全市建筑普查结果显示，中心区已竣工的永久建筑面积 610 万 m²（计容积率面积 731 万 m²），其中已竣工的商务办公建筑面积 194 万 m²，行政办公 38 万 m²，商业 35 万 m²，服务类建筑（餐饮、娱乐、金融网点等）11 万 m²，旅游建筑 30 万 m²，住宅 213 万 m²，住宅配套 7 万 m²，公共建筑 55 万 m²，市政交通类等其他建筑 27 万 m²。中心区已完成建设项目总数约 82 个，包括市民中心（图 5-17）等政府投资项目 21 个、住宅类 17 个、商业办公楼 44 个。建设总投资约 380 亿元人民币，其中政府投资约 120 亿元、社会投资约 260 亿元（包括住宅 60 亿元、商业办公 200 亿元）。

5.4.1　平安金融中心方案确定

根据《2007—2008 年中国总部经济发展报告》，深圳的总部经济发展能力在全国 35 个主要城市中位列第四，仅次于北京、上海和广州。按照《深圳市总部企业认定办法（试行）》，2008 年深圳市拥有总部企业共 824 家，分布在全市六区，其中福田区总部企业最多，占全市总数的 31%，类型以金融总部、商贸总部和综合型总部居多。2008 年第二批金融总部办公楼选址中心区，中心区成为福田区金融总部最集中之地。

至 2008 年 3 月，中心区第一、第二批金

图 5-15　2008 年中心区航拍图
（来源：市规划部门）

图 5-16 从深南大道由西向东看中心区十年巨变（上图 1998 年，下图 2008 年）
（来源：陈宗浩摄影）

图 5-17 2008 年 7 月市民中心
（来源：陈卫国摄）

融办公用地均已安排完毕，中心区金融办公用地售罄。平安金融中心建筑设计方案进行国际招标，中心区城市仿真研究比选了几个投标方案，2008年评审确定平安金融中心建筑中标方案，该方案造型刚柔并济、经典耐看，独具深圳创新时代精神气息。

5.4.2　深交所片区城市设计

2008年8月，由深圳市金融发展服务办公室、市规划局和5家业主（深圳广播电影电视集团、建设银行深圳分行、深圳市中保太平投资有限公司、南方基金管理有限公司/博时基金管理有限公司、招商银行）组成的深交所片区[①]商务办公楼项目联合招标委员会举行中心区深交所片区4个高层建筑加1个总体城市设计概念性方案国际竞赛。4个高层建筑用地图，其中已确定建筑方案的深圳证券交易所（图5-18中BO5号方案）是最核心项目。几个参赛方案各有精彩（图5-19、图5-20），遗憾的是，在本片区各建筑工程项目都完成土地合同签订之后才组织此次城市设计，该城市设计导则"分配"的各建筑之间公共空间的建设营运的"规划权利义务"就无法落实到相关项目的土地合同条款中去，所以，土地出让后的城市设计注定难以实施。

5.4.3　启动水晶岛设计国际竞赛

水晶岛位于中心区的核心，又是深南大道东西交通轴的重要节点景观。所以，水晶岛工程始终被看作是中心区规划实施过程中最后"画龙点睛"之笔。2003年之前的几次设计方案都未被采用，主要原因是建设时机不成熟。2008年因施工建设穿过水晶岛地下空间的轨道交通线，对水晶岛地块进行了明挖，影响了城市交通和景观。因此，为了避免水晶岛标志物建设时再次开挖，希望抓紧

图5-18　2008年深圳证券交易所营运中心参赛设计方案

图5-19　2008年深交所片区城市设计参赛方案之一

图5-20　2008年深交所片区城市设计参赛方案之二

---

① 该片区以深交所为核心，东北侧为太平金融大厦，东南侧为南方博时基金大厦，西北侧为建设银行大厦、广电大厦（位于建设银行大厦西侧）。

图 5-21　2009 年 12 月中心区高铁福田站工地实景
（来源：笔者摄）

确定水晶岛设计方案，可分期进行，第一期尽快落实地下空间方案，与轨道交通的开挖建设做好施工衔接。2008 年 11 月，市政府决定启动水晶岛规划设计方案国际竞赛。

5.4.4　福田枢纽站动工

高铁福田站位于中心区深南大道和益田路交叉口处，车站主体沿益田路布置，车站总长 1 023 m，宽 70 m，总建筑面积约 14.7 万 m²，是当时国内乃至亚洲最大的地下火车站。该站以广深港客运专线为中心，是汇集了地铁 1、2、3、4 号线以及 11 号线（机场线、穗莞深城际线）、公交首末站、小汽车及出租车接驳场站的综合交通枢纽站。福田站为地下 3 层车站，共设 4 座岛式站台，在地下 2 层、3 层分别与地铁 1、2、3、4、11 号线连接换乘。该枢纽站下穿深南大道和多条地铁线，周边还有众多超高层建筑，施工难度大。2008 年 8 月高铁福田站开工建设，采用明挖法施工（图 5-21），标志着中心区在深圳轨道交通枢纽城市规划建设期间又迎来新的发展机遇。

5.5　中轴线首次亮相双年展（2009 年）

2009 年，金融业已经成为深圳的重要支柱产业，深圳全市金融业总资产达 3.36 万亿元，实现增加值 1 148 亿元，占全市 GDP 比重达到 13.5%，再创历史新高，在全国大中城市中位居前三。2009 年 1 月，深圳市政府发布《深圳市支持金融业发展若干规定实施细则》，明确给予在深圳的金融机构及其高管人员一定的优惠政策。2009 年，福田总部企业和现代服务业分别实现增加值 630 亿元和 780 亿元，占福田区 GDP 的 38.9% 和 48.1%，各种数据表明，福田驱动力已从工业转到总部经济和现代服务业。2009 年福田区环 CBD 高端产业带建设加快推进。环 CBD 高端产业带实现增加值 620 亿元，占福田区 GDP 比重 38%[①]。由此可见，中心区（图 5-22）用地面积仅 4 km²，却给 76 km² 的福田区带来了巨大的经济效益。

5.5.1　水晶岛设计竞赛：“深圳之眼”方案

随着轨道交通方案的调整，水晶岛周围的轨道线站加密，商业价值更加提升。借水晶岛地铁施工（图 5-23）契机，市规划局于 2009 年 2 月举办了深圳市中心区水晶岛规划设计方案国际竞赛。水晶岛规划研究范围的 45 hm²，水晶岛设计范围约 10 hm²。2009 年 6 月，经国际评审委员会的评审，荷兰大都市建筑事务所和深圳都市实践设计公司（OMA+ 都市实践）联合体以“深圳之眼”方案获得了该项目地下空间详细方案、地上标志物概念设计和市民中心广场改进规划 3 个分项的一等奖。该方案设计直径 600 m 高架人行圆环（二层标高 6 m，环顶标高 12 m）连接市民广场和水晶岛以及南广场 3 栋办公楼；环上设公共步行通道和少量餐饮，地下布置餐饮、零售商业及停车库

---

① 《福田区政府工作报告》，福田政府在线，2010 年 3 月 20 日发布。

图 5-22　2009 年中心区航拍图
（来源：市规划部门）

图 5-23　2009 年 6 月地铁 2 号线东延段工地实景
（来源：笔者摄）

图 5-24　2009 年 6 月水晶岛国际竞赛第一名方案
（来源：OMA+ 都市实践）

等。获胜方案"深圳之眼"（图 5-24）总建筑面积约 22 万 m²，其中，地上办公 4.4 万 m²、餐饮 600 m²，深圳眼（公共环）2.1 万 m²，地下商业、文化、车库等 15.6 万 m²。

5.5.2　平安金融中心开工

平安保险总部大厦建筑设计方案已经通过国际招标确定。2009 年 8 月举行平安国际金融中心奠基仪式，同年 11 月该工程基坑开挖。

5.5.3　中轴线成为双年展主场

2009 年底在市民广场举行第三届深圳·香港城市 / 建筑双城双年展开幕式，中轴线和市民广场成为本次双年展的主展场。2009 年中轴线公共空间首次亮相深港双年展，中轴线公共空间作为主展场，它的位置和景观好，交通方便，人气很旺。中轴线开敞宽阔的平台及市民广场的地下空间展厅（图 5-25~图 5-27）使地面、二层、地下三个层面的空间有机联系、一气呵成，取得了较理想的效果。这次展览充分彰显了中轴线公共开放的精神文化，体现了中轴线城市客厅的功能和魅力。

5.6　岗厦更新规划确定（2010 年）

5.6.1　中心区规划建设 30 年进展

（1）2010 年福田建区 20 年，福田区总部经济和现代服务业"双轮驱动"，福田区产业结构初步实现高端化。2010 年中心区规划建设 30 年成效显著（图 5-28），中心区进展状况如下[①]：A. 人口现状：根据 2010 年中心区社区工作站统计，截至 2010 年，中心区现状居住人口规模为 54 171 人（包括常住人口 42 887 人、流动人口 11 284 人），就业人口 15 万人。B. 土地出让情况统计：中心区可建设用地面积 233 hm²，至 2010 年 8 月已出让用地面积 200 hm²，约占中心区可建设用地面积的 86%，储备建设用地 33 hm²。C. 2010 年中心区已竣工建筑面积约 760 万 m²，占规划总建筑面积的 2/3[②]。D. 已完成建设项目总数约 82 个，包括政府投资项目 21 个（图 5-29 为其中一部分）、住宅类 17 个、商业办公类 44 个。

（2）购物公园（北园）已建成（图 5-30），购物公园（南园）仍在进行基础施工。

（3）2010 年 3 月 16 日，市领导到市规

---

① 深圳市福田 01-01&02 号片区（中心区）法定图则（第三版）现状调研报告（送审稿），发展中心，2011 年 7 月。
② 鉴于法定图则（第二版）规划总建筑面积 750 万 m²，但 1993 年中心区市政道路管线容量按地面建筑 1 280 万 m² 规模预留并建成，因此，2010 年中心区已竣工建筑面积约占总规模的 2/3。

划和国土资源委员会研究当代艺术与城市规划馆设计方案、中心区水晶岛设计方案、中心区环境景观提升工作实施建议等重点项目工作。会议原则同意市规土委牵头组织优化的"两馆"建筑设计方案；水晶岛要结合现有商业布局和地下空间开发，抓紧完善设计方案，依程序报请市政府常务会议审议；原则同意中心区环境景观提升工作实施建议。

（4）中心区金融总部办公建设如火如荼，以深圳证券交易所（图5-31）为首的深圳金融主中心正在形成。

（5）南中轴建筑及屋顶广场景观工程进展较缓慢。例如，2010年，晶岛国际（现皇庭广场）外立面玻璃颜色与环境不协调（图5-32），为了迎接大运会，福田区市容环境提升行动指挥部于2010年11月发函要求整改。再如，南中轴东西两侧下沉花园广场的设计建设及经营水平与深圳建设国际城市的水准有一定差距（图5-33）。

5.6.2 福田枢纽站开工建设

福田站的功能定位为国内大型地下铁路车站、珠三角重要的城际交通枢纽、深圳市重要的轨道交通换乘中心。2010版总规布局的深圳中部发展轴由中心区通过广深港客运专线向南联系香港，向北联系东莞，构成莞—深—港区域性产业聚合发展走廊，充分发挥中心区的辐射功能。至2010年，深圳市轨道交通规划在中心区布局8条线（图5-34），已基本形成网络化规模[①]，使中心区功能在行政中心、文化中心、商务中心的基础上，又增加交通枢纽中心。2010年进行高铁福田枢纽站（图5-35）的初步设计，包括：A.地铁2、3、11号线福田站土建及常规设备工程；B.深

图5-25　2009年中轴线作为第三届深港双年展主展场
（来源：笔者摄）

图5-26　2009年市民广场第三届深港双年展实景
（来源：笔者摄）

图5-27　2009年市民广场作为第三届深港双年展主展场
（来源：笔者摄）

---

① 2022年6月经深圳市城市交通规划设计研究中心股份有限公司教授级高级工程师邵源院长复核，该图中原16号线的编号是《深圳市轨道交通规划2007—2030》首次提出，2015年实施时改为10号线；11号线在《深圳市轨道交通规划2007—2030》终止于福田站，但《深圳市轨道交通规划2012—2040》规划继续东延。

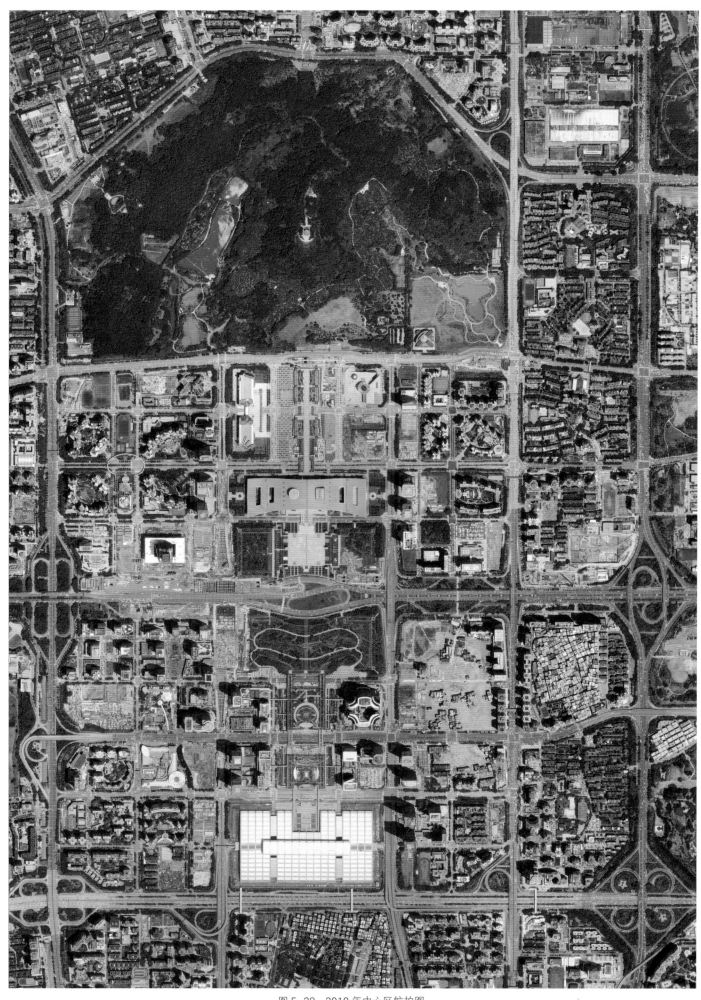

图 5-28　2010 年中心区航拍图
（来源：市规划部门）

图 5-29　2010 年 7 月市民中心与中轴线
（来源：陈卫国摄影）

图 5-30　2010 年购物公园（北园）内景
（来源：笔者摄）

南大道南北两侧的配套交通设施及配套服务设施；C.益田路东侧的小汽车及出租车接驳场站；D.交通疏解及道路恢复工程；E.管线改迁工程；F.环境景观工程。

5.6.3　岗厦改造规划方案确定

2010 年岗厦河园片区更新专项规划通过审批。同年，岗厦改造项目业主签约率已达 96.7%，建筑与环境艺术委员会（简称"建环委"）2010 年第 2 次会议通过《福田区岗厦河园片区改造专项规划》（图 5-36），批复内容如下：

（1）功能定位和改造目标　通过拆除重建将岗厦河园片区建设成为市中心区 CBD 的商务配套区，以高品质的办公、商业、商务公寓、住宅及其配套、休闲娱乐、交通枢纽等为主导的多功能综合发展区。

（2）主要经济技术指标　拆迁用地 23 hm²，建设用地 16.15 hm²，总建筑面积约 111 万 m²，计容积率建筑面积约 100 万 m²，包括住宅 23 万 m²，商业 22 万 m²，商务公寓 28 万 m²，商业办公 26 万 m²，及其小学、幼儿园等配套面积 1.6 万 m²，地下商业及配套设施面积约 10 万 m²。

（3）公共空间控制　通过调整岗厦路道路断面，沿岗厦路形成 30 m 宽的片区中心广场，各街坊分别布置公共绿地或广场，鼓励进行屋顶绿化，改造区内需提供不少于 19 736 m² 的公共开放空间。根据中心区城市设计确定建

图 5-31　2010 年 4 月深交所建设工地
（来源：笔者摄）

图 5-32　2010 年晶岛国际东北立面实景
（来源：笔者摄）

图 5-33　2010 年南中轴东侧下沉花园实景
（来源：笔者摄）

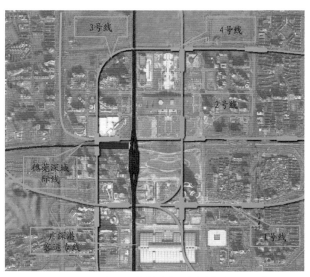

图 5-34　2010 年深圳市轨道交通规划在中心区的布局
[来源：福田中心区法定图则（第三版）修订稿]

图 5-35　2010 年 4 月高铁福田枢纽站施工现场
（来源：笔者摄）

图 5-36　2010 年岗厦改造规划地块划分图
（来源：中规院）

图 5-37　2011 年 8 月深交所片区建设工地
（来源：笔者摄）

筑高度，强调沿金田路"双龙起舞"的超高层建筑。

（4）步行系统设计　在满足市政道路管线建设和消防要求的前提下，结合建筑布局和地铁站点，设置地下和二层步行连接，形成立体步行系统。

至此，岗厦村改造规划历经十年研究终于确定更新规划方案。

5.7　法定图则（第三版）修编（2011年）

2011年深圳证券交易所片区金融办公顺利建设（图5-37），以及平安国际金融中心施工等标志着中心区CBD金融主中心建设进入高潮（图5-38、图5-39）。深南大道中心区益田路段也正在改造施工（图5-40）。

5.7.1　法定图则（第三版）修编

2011年1月，市规划部门委托发展中心开展中心区法定图则（第三版）修订。修编背景：2000年中心区图则（第一版）确立了中心区之前的详规和城市设计内容框架，而中心区规划一直处于边修改边实施的过程中；2002年中心区图则（第二版）汇总了城市设计深化修改、专项规划及重大项目选址调整。后因莲花山公园内选址的4个建设项目被"叫停"，所以第二版图则未公布。至2011年，中心区可建设用地还剩少量未出让（图5-41）。本次修编原因如下：

（1）随着中心区不断发展，已经对2002版图进行了重大调整，而法定图则始终未能随之动态调整。规划修改内容包括18项个案修改和36个地块的用地性质修改。其中仅两项个案修改提交市规划委员会审批通过，其

余个案修改均以政府会议纪要的形式予以确定，造成已批建设项目与法定图则不一致，影响了法定图则作为城市规划管理法定文件的严肃性。

（2）广深港客运专线2006年选址在中心区建设大型地下铁路车站，在轨道网络的配合下将有力地推动深圳和香港的发展，提升深圳在珠三角地区的中心城市地位。因此，在现状步行系统基础上，法定图则要加强步行系统网络化规划设计。

（3）2010年岗厦河园片区更新专项规划通过审批，该专规也应纳入图则。2011年岗厦村改造基本完成现场拆迁（图5-42），即将建成一批商务办公、公寓、商业休闲和居住配套项目。岗厦更新建设后将成为中心区CBD组成部分。

（4）罗宝线、蛇口线、龙岗线、龙华线的建成及机场快线、东部快线、平湖线的规划建设，证券交易所的迁建，水晶岛、平安大厦等的规划建设都应纳入图则滚动修编。

5.7.2　公交枢纽总站委托代建

按照中心区规划，位于中心区南中轴与会展中心相邻的19号地块工程——晶岛国际广场与占地7 000 m²的公交枢纽站[①]是不可分割的整体。2008年10月，市政府要求市建筑工务署加快该工程建设，并优先施工与晶岛广场连接的主体工程，减少对中心区整体形象的影响。2011年5月，市交通运输委员会发函[②]深圳融发投资公司，将晶岛国际广场的公交枢纽总站委托该公司代建，请按照政府投资建设项目有关规定，立即开展该项目的设计及建设管理工作，确保在大运会前完成外立面施工，并在第十三届高交会前全部

---

① 晶岛国际广场现名皇庭广场。"深圳市建设用地规划许可证"深规许字01-2005-0172号规定：在地上一层靠福华路一侧设置占地7 000 m²的公交枢纽站。
② 《关于委托代建晶岛国际购物中心公交总站建设项目的函》，深交函〔2011〕827号，深圳市交通运输委员会，2011年5月9日。

图 5-38　2011 年中心区航拍图
（来源：市规划部门）

图 5-39　2011 年 8 月市中心区实景
（来源：陈卫国摄）

图 5-40　2011 年 6 月中心区实景
〔来源：笔者摄〕

建成投入使用。

5.7.3　水晶岛"深圳之眼"修改进展

市领导要求水晶岛项目要结合现有商业布局和地下空间开发，适当加强该区域商业功能，为中心区营造商机，凝聚人气，把交通、商业、人气很好地结合起来。水晶岛"深圳眼睛"方案经过一年多修改，至 2011 年底完成深化设计（图 5-43）。2011 年 3 月，市领导基本同意水晶岛深化设计方案，建议采用社会投资实施水晶岛建设，并要求进一步完善设计方案并研究实施建设机制后，报市政府常务会审批。

中心区水晶岛建设项目 2011 年已列入深圳"十二五"白皮书，2011 年 8 月，市规划部门提议参照"两馆"BOT 建设方案，对土地的使用权采用公开招标方式，尽快确定水晶岛 BOT 建设定位，加快推进水晶岛项目的实施[①]。

5.7.4　皇庭广场立面景观改造

皇庭国商购物广场迎大运会立面改造报建说明：第 26 届世界大学生夏季运动会于 2011 年 8 月 12 日到 8 月 23 日在中国深圳举行。深圳市市容环境提升行动全面启动。位于深圳会展中心北侧的皇庭广场（原名晶岛国商购物中心）由于种种原因，虽然项目于 2005 年立项，且工程已竣工几年，但 2011 年未能运行。原有外立面及屋顶环境由于年久失修，缺少维护，面貌缺少现代特征和精致形象感。因此，该项目建设方进行立面改造，旨在打造一个现代时尚地标性建筑，提升深圳城市

---

① 《关于加快推进中心区水晶岛建设项目有关问题的请示》，深圳市规划和国土资源委员会文件，深规土〔2011〕475 号，2011 年 8 月 3 日。

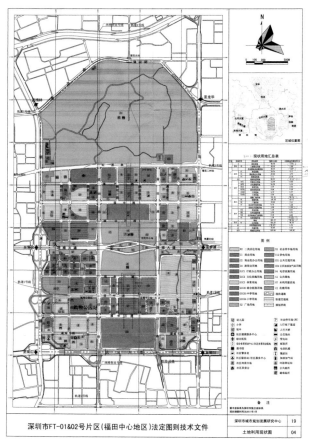

图5-41 2011年1月中心区法定图则土地利用现状图(浅灰色为未出让地块)

图5-42 2011年8月岗厦村完成拆迁
(来源:笔者摄)

形象,迎接深圳大运会。

5.8 水晶岛设计继续修改(2012年)

5.8.1 北中轴二层步行平台接通莲花山

北中轴是深圳行政中心和文化中心的"脊梁",是深圳书城、地下车库、地铁站和屋顶文化休闲广场的多功能复合空间。2005年深圳书城中心城竣工启用,北中轴与书城融为一体,但北中轴上跨红荔路的二层步行平台建设"迟缓"。市轨道办领导勇于担当,为民干实事,借地铁少年宫站施工的契机,于2012年顺利接通了北中轴二层步行平台和莲花山(图5-44),连接了行政文化与自然景观,不仅让中轴线接"地气",而且实现了几代规划师的梦想。

5.8.2 水晶岛高架环改地面环

2012年12月,市规划部门根据市领导听取水晶岛项目汇报历次会议精神,提出了水晶岛高架环改地面环的设计修改方案(图5-45、图5-46),并拟定土地使用权出让方案[①]。

(1)水晶岛修改方案 如何与市民中心匹配?如何与南中轴和谐连接?(图5-47)这是设计重点,并用城市仿真辅助设计修改(图5-48)。A.公共文化空间包括"深圳之眼"、"慢行环"、水晶岛公园三部分。其中"深圳之眼"位于水晶岛正中位置,建筑面积不少于5万m²,主要功能是深圳新地标和文化创意中心,设置一个设计博物馆作为深圳文化产业的展示中心。"慢行环"由市民广场上直径600 m"高架环"改为地面步行环道[②]。水晶岛公园,即市民广场公园,绿化面积超

---

① 《市规划国土委关于水晶岛项目实施建设有关问题的请示》,深圳市规划和国土资源委员会文件,深规土〔2012〕755号,2012年12月16日。

② 2012年5月23日,市领导指示要强调水晶岛的文化性、公益性很高的项目,水晶岛暂不考虑高架环,采用地面环。

过30万 m²（不含道路和广场面积），对市民广场上6个光塔进行美化改造等建设，使其成为高质量、有创意内涵的文化艺术公园。B. 商业空间包括地面和地下两部分。地面商业3.5万 m²，位于水晶岛公园的四角，为4组聚落式小型建筑群，以高端文化艺术为主。为保持水晶岛公园的开阔景观，地上建筑应以1~2层为主，单体建筑物尺度不宜太大。地下商业建筑面积16万 m²。C. 地下停车库建筑面积6.6万 m²，可设置在地下一层或二层，以满足停车需求，尽量减小开挖范围和对公园景观的影响。

（2）水晶岛土地出让方案　A. 出让规模：公共文化空间、商业空间和地下停车库整体打包出让。项目出让涉及总用地面积约34万 m²，总建筑面积约31.3万 m²（地上地下总计），建筑面积为建议性指标，最终以挂牌出让条件指标为准。B. 产权及管理运营：商业空间和地下停车库产权归竞得企业所有，公共文化空间产权归市政府，公共文化空间的日常运营管理权归竞得企业。C. 租售条件：本项目商业部分20年内不得销售。D. 准入条件（省略）。

5.8.3 南中轴城市客厅现违建

媒体报道的南中轴皇庭广场二楼出现违法建设。2012年10月24日《南方都市报》刊登报道《中心区中轴线上现违建？》（图5-49）。南都记者实地登上在建的皇庭广场二层，发现堆砌了泥沙、木材、钢筋等建材。二层已经搭建了上千平方米房屋状建筑（图5-50）。按照城市规划和项目土地合同规定，南中轴商业工程只有地面一层建筑，屋顶广场是城市客厅的延伸，属于公共开放空间，二层仅允许建造绿化设施，屋顶以上产权均为市政府所有。涉事项目为皇庭国商购物广场（原名：晶岛国商购物中心，宗地号 B117-0010），当时正在施工，改造工程施工图报建复函明确：本次改建在皇庭国商购物广场建筑外轮廓线以外新增的建、构筑物及设施，其产权均属政府所有，建成后应无偿移交政府。

图5-43　2011年水晶岛方案修改后仿真输出图
（来源：深圳市规划国土房产信息中心）

图 5-44　2012 年中心区航拍图

（来源：市规划部门）

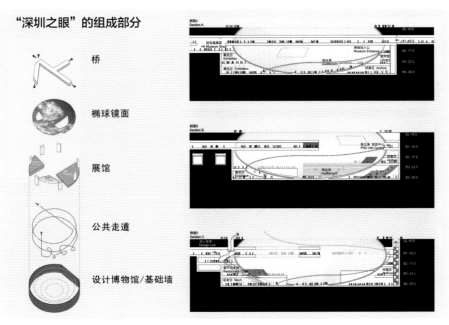

图 5-45 2012 年水晶岛方案剖面
（来源：OMA+ 都市实践）

图 5-46 2012 年水晶岛修改方案
（来源：OMA+ 都市实践）

图 5-47 2011 年 10 月从会展中心 35 m 平台北望中轴线实景
（来源：笔者摄）

185

图 5-48　2012 年水晶岛与市民中心及南中轴连接仿真输出图
（来源：深圳市规划国土房产信息中心）

图 5-49　2012 年 10 月 24 日南中轴屋顶现违建
（来源：《南方都市报》）

图 5-50　2012 年 7 月南中轴水晶岛广场屋顶实景
（来源：笔者摄）

5.9　第四阶段小结

第四阶段（2005—2012 年），中心区得益于以往 20 多年储备预留用地，该阶段集中建设金融中心和交通枢纽中心。这是市场踊跃投资中心区金融总部办公建设的鼎盛时期，也是规划实现 CBD 功能并逐步实现金融产业经济的关键阶段。特别是 2006 年确定了高铁福田站选址中心区，增添了中心区交通枢纽中心的新功能，恰好中心区有限的储备用地基本能满足该时期金融总部办公建设的需求，才圆满完成了中心区作为深圳金融主中心的规划定位，在核心产业上真正实现了 CBD 功能。该阶段还接通了北中轴屋顶平台到莲花山公园，遗憾的是，南中轴屋顶广场的二层步行系统建设"久拖未连"，中心区核心"绿脊"形象受损。中轴线城市客厅至今未形成整体。

6 第五阶段：空间规划成功实施，产业经济成效显著（2013—2020）

以人为本的市井生活场所具有三个特点：无等级、无特定地点、无特定针对性，这是活力存在的最重要特点。

——中国工程院 院士 王建国

6.0 背景综述

第五阶段（2013—2020年）是深圳以城市更新为主、重点规划建设前海中心，以建设粤港澳大湾区核心城市和先行示范区为目标，金融和文化产业创新升级、海洋产业升起的新阶段。该阶段深圳人口增幅最快，深圳常住人口从2013年的1 063万人增加到2020年的1 756万人，年均增加99万人，给城市空间规划建设带来很大压力。深圳GDP从2013年的15 234亿元增长到2020年的27 670亿元，年均增长超过1 700亿元。这是深圳40年来人口、经济增速最快的阶段。

该阶段中心区高楼大厦已建成，进入宜居环境品质提升时期。中心区竣工建筑面积从2013年的887万 m²到2020年的1 244万 m²，年均建成面积超过50万 m²，该阶段中心区全部建成，但城市设计完成比例不足六成。

该阶段是深圳（轨道＋公交）枢纽城市建设的大时代，中心区的3个枢纽（福田枢纽、会展中心枢纽、岗厦北枢纽）的规划建设也得到强化和提升。加上深圳标志建筑（平安金融中心）和文化建筑"两馆"等建成，使中心区在交通枢纽和标志建筑的加持下，再次焕发青春，也强化了福田"再中心"地位。

自2016年起，深圳市开始实行强区放权，区政府作为主体统筹中心区南中轴改造，二层空中连廊续建、街道断面优化改造、中心区品质提升、人气活力增强等。

2016年，平安金融中心区这个标志性建筑竣工。

该阶段中心区金融中心地位巩固，空中连廊详规获国优奖。

6.1 法定图则（第三版）草案（2013年）

2013年中心区金融中心建设如期进行（图6-1）。

6.1.1 呼吁连通中心区空中连廊

2013年，位于中心区中轴线南端的商业工程皇庭广场终于开业，规划未实施的中轴线空中连廊南北连通问题再次受到市领导和市民的高度关注。2013年11月11日，深圳市委、市政府《信息快报》第208期（总第4890期）建议在市中心区建设空中连廊。市中心区已建成的空中连廊仅有市民中心至莲花山公园段，该连廊在一定程度上方便了行人出行和游览，但明显仍不完善，远远不能满足中心区人流出行需要，且没有起到提升整个中心区形象的作用。为此，建议仿效香港做法，在中心区加建空中连廊，将会展中心、中心城、市民中心以及莲花山公园整个片区连通起来，并以此贯通中轴线南北，进一步

图 6-1　2013 年中心区航拍图
（来源：市规划部门）

提升中心区的交通环境质量。市领导针对此信息批示：中轴线已有规划，空中连廊与地下空间利用相结合，请市规土委进一步完善规划并抓紧实施，并就实施进展加强宣传和公众指引。

6.1.2 法定图则（第三版）草案公示

中心区法定图则（第三版）修编以"修补"为主，并结合中心区轨道网络化及地下交通枢纽建设，重点开展地下空间和CBD慢行系统的专题研究。图则草案经2013年10月市规土委业务会议审议，于2013年12月至2014年1月公开展示30日。本次修编主要内容包括[①]：

（1）发展目标和主导功能是加强用地功能的复合，体现中心区是深圳这一国际化城市集行政、文化、商务、枢纽功能于一体的综合城市中心，使中心区成为中央活动区。

（2）中心区建设规模总量1 100万 m²（不包括公共服务设施、城市基础设施和地下空间），规划居住人口规模7万~8万人，规划就业人口规模约25万人。

（3）为提高土地利用效率，为未来建设预留弹性，本图则对尚未出让的几个地块的容积率做下限控制。

（4）据2013年初步统计数据，中心区已经建成的地下空间面积160万 m²，北区以地下停车为主，南区地下商业面积近11万 m²。未来规划中心区地下空间面积250万~330万 m²，但其中的商业面积难以估算。

（5）强化中心区"轨道＋慢行"综合交通规划，已经通车和在建的轨道交通有9线10站3枢纽，轨网密度全市最高，远期规划一城际（深汕城际线）和2条地铁线（20号、24号）。还有3大交通枢纽和10处站点，因此，须增强慢行系统在地面、空中、地下三层面

的可达性。中心区保留现状人行过街设施8处，规划多处二层空中连廊（图6-2）以提供多种步行联系方式。

（6）加强市民中心北侧市级公共设施的交通，以吸引更多人流。市民中心北侧现状有多处市级公共设施，未来还将在东侧建成文学艺术中心、西侧建设博物馆等大型市级文化设施，将形成沿红荔路的公共设施服务带。因此，沿线设置有莲花西、少年宫、莲花村等3处地铁站点。

（7）中心区地下空间规划应重点解决公共交通换乘问题，以凸显区域性交通枢纽中心的定位，提高交通效率。中心区范围内轨

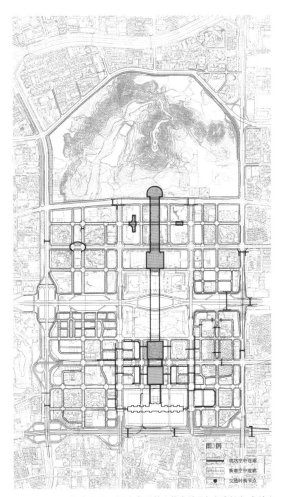

图6-2 2013年中心区二层连廊现状（蓝实线）与规划（红虚线）
（来源：佟庆制图）

---

① 佟庆，高级规划师，中心区第三版法定图则项目负责人，提供项目统计数据。

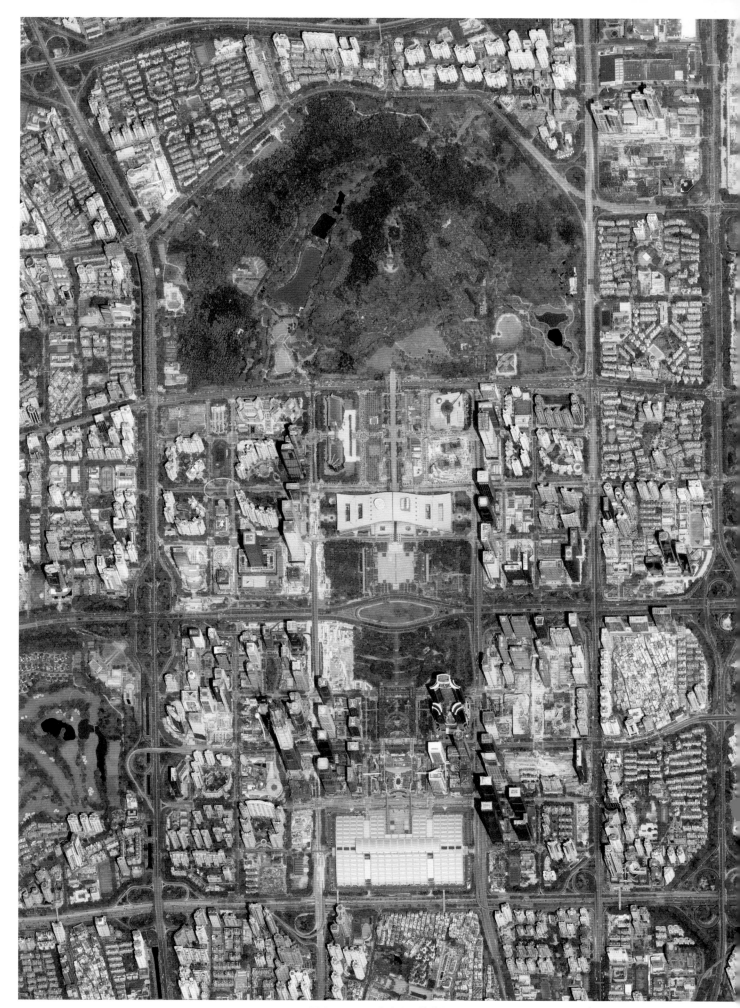

图 6-3　2014 年中心区航拍图
（来源：市规划部门）

道及站点覆盖面广，特别是在深南大道将形成福田—岗厦北双枢纽结构，与水晶岛及市民广场单元共同组成集交通、商务、文化于一体的大型城市客厅。本次规划在水晶岛及市民广场单元中配建了公交首末站，以便更好地衔接轨道交通与地面公交系统，提高交通疏解能力。

6.2 中心区及周边慢行系统规划（2014年）

截至2014年12月底，中心区已出让土地占总量的99%，中心区地面以上已竣工建筑总面积首次超过1 000万 m^2，达到1 093万 m^2，其中已建成办公建筑面积652万 m^2，约占已竣工总面积3/5。另有在建金融总部办公面积达

112万 m^2。中心区可谓真正意义上的CBD（图6-3、图6-4）。

2014年广深港高铁福田站到深圳北站隧道贯通，岗厦河园片区改造工程开工建设，深圳平安国际金融中心核心筒结构封顶（建筑高度600 m）。中心区市民中心北侧第4个文化建筑——"两馆"正在施工建设中（图6-5）。岗厦河园片区改造建设进展顺利。

6.2.1 中心区及周边慢行系统规划

中心区土地开发强度大，功能复合，人流车流密集，是全市工作岗位最集中区域。为落实低碳绿色交通，市交通运输委会同福田区政府组织编制了《福田中心区及周边片区慢行系统规划》，2014年9—12月书面征求了相关部门意见，同时向社会公示征求民

图6-4 2014年会展中心实景
（来源：陈卫国摄影）

191

图 6-5　2014 年北中轴及"两馆"建设工地实景
（来源：笔者摄）

图 6-6　2014 年中心区北中轴二层步行系统实景
（来源：笔者摄）

图 6-7　2014 年 9 月在会展中心平台北望南中轴立体步行系统
（来源：笔者摄）

意。该规划重点内容如下：

（1）建立轨道慢行接驳及多样化立体步行系统（图 6-6），延伸轨道公交服务范围。

（2）建立连续舒适的慢行休闲系统，（如图 6-7），引导市民短距离出行采用慢行交通。

（3）实施本规划要进行人行天桥、空中连廊、人行道的改造或新增共 47 项工程，力争 2015 年启动建设，加快提升中心区慢行环境质量。

6.2.2　水晶岛规划设计原则

2014 年 6 月深圳市政府办公会议研究水晶岛规划设计问题，主要内容[①]包括：

（1）确定水晶岛规划设计原则　A. 地下开发与地上表达兼顾。既要注重地下空间的综合开发利用，也要注重地上建筑物，处理好周边环境与项目的立体关系，无论驾车、步行还是从高处俯视均有好的视觉效果。B. 南北通达与功能配置兼顾。既要满足连接深南大道南北片区的需求，合理设置出入口、接驳点，确保交通系统特别是人行系统的便利性和通达性，也要合理区分商业、办公等功能配置，避免相互干扰和冲突。C. 公共服务与商业经营兼顾。既要注重提供公益文化、旅游休闲等公共服务，也要有零售、餐饮、娱乐等商业空间，满足市民和游客的多元需求，更好地聚集人气、创造商机。D. 国际理念与中华文化兼顾。既要注重借鉴国际先进理念，在功能、设计等方面体现国际化城市特点，也要融入中国传统元素，突出中华文化氛围，打造中西合璧、相得益彰的高品位建筑体和功能体。

（2）对水晶岛规划设计的具体意见A. 进一步推敲水晶岛项目的名称。B. 深化研究公共文化空间及设施的投资模式、准入条件、产权归属、建设标准、运营期限、监管

---

① 《关于研究水晶岛规划设计问题的会议纪要》，市政府办公会议纪要（135），2014 年 6 月 16 日。

主体等问题。C.充分考虑与现有轨道交通线位的衔接并预留规划线位空间。D.统筹考虑排水、供电、通信等配套设施建设及绿化管养等问题。E.可结合轨道交通建设时序，研究是否先行开发水晶岛南侧地下空间问题。F.请市规土委按照上述意见抓紧修改完善水晶岛规划设计方案，并补充研究水晶岛片区与周边区域建筑、交通、功能上的呼应关系，尽快上报市政府审议。

6.2.3 法定图则（第三版）公示意见信受关注

中心区法定图则（第三版）草案公示后，2014年初收到公众意见721条，主要针对的是莲花西地块的规划用地性质由体育产业用地（容积率1.0）调整为商业用地（容积率7.0）。黄埔雅苑业主对此地块的规划调整提出强烈反对意见，媒体也高度关注。因深圳土地紧缺，本次图则修编本着用地功能复合利用、提升中心区活力的原则，考虑到该地块西侧已有轨道站通车，按照市政府会议纪要将该地块纳入地铁投融资平台，在保留该地块原体育功能的基础上，增加了办公、商业等功能，用地性质拟调整为商业用地，提高容积率，并安排公共活动空间和公交首末站。这样的结果既兼顾了居民体育锻炼的需要，也充分利用了轨道站周边土地资源为城市服务。

6.2.4 中心区室外物理环境评估

（1）2014年12月，深圳市建筑科学研究院完成了《福田中心区物理环境调查及示范片区物理环境改善规划研究》和《福田中心区室外物理环境改善规划技术和实施方案》，通过模拟分析和调研测试的方法，对中心区不同街坊位置室外的声环境、光环境、热环境、风环境等进行全面评估。该评估结果显示，中心区室外物理环境良好，为在中心区工作、居住的人员提供了适宜的室外娱乐和休闲活动场所，但也发现了一些问题，今后可根据此次环境评估结果提出的技术措施进行改善，进一步提升中心区环境质量。

（2）中心区室外物理环境改善实施内容：A.中轴慢行系统：改造中心书城二层500 m绿化遮阴连廊，新建跨越深南大道步行和自行车专用廊道，以及设置二层慢行系统与地面连接坡道。B.绿地系统改造：改善市民广场两侧绿化公园内受太阳暴晒的人行步道，提高人行道绿化遮阴率。C.广场系统改造：在北中轴广场及市民中心广场设置可穿越的"移动型"绿化遮阴走廊、绿化遮阴休憩亭，在广场中央设置雾森系统等配套服务设施。D.屋面系统改造：会展中心屋顶面积高达16万 m²，通过太阳能光伏板改造，可改善场馆内舒适度，并降低建筑能耗；地铁站玻璃房出口站采用绿化改造或加太阳能板等方案。

（3）中心区规划实施后环境效应评估内容、方法、结果在上述成果基础上修改后纳入《深圳福田中心区（CBD）规划评估》[①]一书出版。

6.3 福田CBD经济规模全国第一（2015年）

2015年，中心区金融总部办公楼群建设已经呈现兴旺景象（图6-8）。至2015年底，中心区进展情况为："两馆"工程主体已封顶，正开展室内装修和景观工程施工；坐落于市民中心B区3层的深圳市城市规划展厅，2015年完成装修和布展后开馆，展厅面积达2 500 m²；市规土委完成水晶岛建设项目规划设计和挂牌条件研究并上报市政府；2015年福田高铁站开通运营，高铁从中心区到香港西九龙站约需14分钟，一站到达。

---

① 陈一新，刘颖，秦俊武 . 深圳福田中心区（CBD）规划评估 [M]. 北京：人民出版社，2017：198–225.

图 6-8　2015 年中心区航拍图

（来源：市规划部门）

6.3.1　中心区经济规模全国第一

中心区35年规划建设不仅展现了整体优美的空间形象（图6-9），其经济产业指标也成为中国CBD中的翘楚，作为深圳金融主中心的地位得到巩固。2015年福田CBD经济规模全国第一[①]。据中国社会科学院城市所及社会科学文献出版社发布的《商务中心区蓝皮书：中国商务中心区（CBD）发展报告No.3（2016—2017）》显示，2015年深圳福田CBD经济总量2 622亿元，位居全国第一；纳税总额1 111亿元，居各地CBD之首，纳税过亿的楼宇有69座，占比高达53%。此外，企业总部有342家，世界500强企业有98家，也位居前位。中心区这份靓丽的成绩单说明，中心区不仅实现了城市设计的空间规划蓝图，而且实现了金融产业集群及产业经济目标。

6.3.2　规划评估

2015年，笔者出版第二本、第三本个人专著（图6-10、图6-11）后首次主持中心区规划实施后的综合效应评估。截至2015年底，中心区已建成建筑面积1 100万㎡，地下建筑量为350万㎡，平均容积率为2.8（不含莲花山），就业人口约18万人，常住人口约20 447人[②]（比2010年的常住人口54 171人减少了33 724人，因岗厦河园片区处于更新改造阶段）。中心区不仅扩展了城市中心，建成了以金融为主的CBD，成为深圳经济产值的高地，还逐步形成对人流、物流、资金流、技术流、信息流的集中及融合，产生了环CBD（图6-12）的经济辐射效应。深圳市中心区是国内几十个商务中心区规划建设较完整成功的实例之一。因此，2015年，市

图6-9　2015年6月中心区和莲花山公园实景
（来源：陈卫国摄影）

---

① 宋华. 福田CBD经济规模全国第一[N]. 深圳商报，2017-09-14（A04）.
② 来源于2015年"织网工程"人口数据。

图 6-10　2015 年 3 月陈一新出版第二本个人专著

图 6-11　2015 年 6 月陈一新出版第三本个人专著

规划部门开展中心区规划实施后综合效应评估[①]，这是中心区首次规划评估，也是深圳规划建设 35 年来首次进行详规片区实施后的规划评估，既是探索，也是示范。这对于深圳城市规划体系形成从规划编制、规划实施到规划评估的"闭环"效应，及时改进规划编制内容，提升规划水平具有重要的历史意义。该成果经修改后正式出版。

6.3.3　"画龙点睛"留给后人

2015 年，市规土委 3 次书面请示市政府关于中心区水晶岛建设项目实施的有关事项[②]。鉴于水晶岛二层环形天桥从空中环改为地面环（图 6-13）之后未解决中轴线行人过深南大道的问题以及地面建筑等存在异议，2015 年 5 月 14 日，市领导听取水晶岛项目调整方案汇报后，指出之前确定的一些内容不宜再变，如"深圳之眼"的位置等，但现阶段可以暂不实施，地下及地面建筑可集中于市民广场南侧规划建设。水晶岛的地下连通、文化性以及随轨道同期建设相对明确。由此，水晶岛设

图 6-12　2015 年 12 月中心区西北片及周边已产生了环 CBD
（来源：笔者摄）

---

① 陈一新，刘颖，秦俊武.深圳福田中心区（CBD）规划评估 [M].北京：人民出版社，2017：155–156.
② 《市规划国土委关于市中心区水晶岛项目建设项目实施有关事项的请示》，深圳市规划和国土资源委员会文件，深规土〔2015〕423 号，2015 年 7 月 18 日.

计修改暂告一段落，"画龙点睛"之笔留给后人。图 6-14 为 2015 年的水晶岛航拍图。

6.4　金融中心基本建成（2016 年）

6.4.1　平安金融中心封顶

2016 年 6 月，国内运营时速最快的城市轨道交通项目——深圳地铁 11 号线（机场线）开通试运营。从中心区福田站到深圳机场仅需半小时，加上早已通车的广深港客运专线福田段（高铁福田站），中心区的区位优势和功能地位更加巩固（图 6-15）。2016 年深交所迁址中心区，平安金融中心建筑结构封顶，金融集聚中心区效应凸显（图 6-16）。2016 年福田区金融业实现增加值 1 245 亿元，占全市的四成以上[①]，占全区地区生产总值的 35%。作为全市金融中心和金融强区，中心区地位更加稳固。

6.4.2　空中连廊详规再启

从 2003 年中心广场和南中轴各地块"各自"独立建设以来，至 2016 年中心区二层步行空间仍未成系统（图 6-17），断断续续，人气不旺。深圳市政府强区放权后，福田区落实"中轴提升战略"，制订福田核心区复兴激活计划，推进平安大厦等国际性综合体建设，增强福田 CBD 的核心辐射力。2016 年 12 月，区政府委托市规划国土发展研究中心详细规划中心区空中慢行系统（会展周边片区）。该项目后来命名为"深圳市福田中心区空中连廊详细规划"，这使 2003 年中轴线工程搁浅十几年来的二层步行系统再次启程，完善了空中连廊。

深圳市中心区是国内较早规划且按规划蓝图实施的城市中心区。市级公共设施聚集，枢纽站点密布，公共服务能力全市第一。但

空中慢行环 2009 年		地面慢行环 2015 年
地上办公 44000m² "深圳之眼" 21000m² 地下商业 125000m²		地上办公 35000m² "深圳之眼" 18500m² 地下商业 105000m²

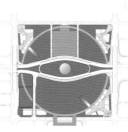

图 6-13　水晶岛二层环形天桥从空中环改为地面环
（来源：2018 年《福田中心区中轴城市客厅及立体连接规划研究》）

图 6-14　2015 年航拍水晶岛及市民中心
（来源：陈卫国摄影）

由于城市设计实施未完成，特别是中轴线二层步行系统长期未贯通，因此面临如下问题：中轴空中连廊不连贯，地下步行不顺畅，立体步行不连续，垂直交通未衔接，公共空间欠活力等。虽然北中轴已经连通莲花山和市民广场，形成中轴"北客厅"，但中轴跨深南大道问题长期未解决，南广场和南中轴空中花园未连接，中轴"南客厅"尚未成形，缺乏公共活动空间。希望借由空中连廊详规

---

① 《2017 年福田区政府工作报告》，2017 年 1 月。

图 6-15　2016 年中心区航拍
图（来源：市规划部门）

编制，通过针灸式缝合，立体化织补，多节点激活，使中心区从"看的明信片"变成"中央活力区"。

6.4.3 岗厦北综合交通枢纽站规划设计

2016 年 12 月，市领导召开会议研究岗厦北综合交通枢纽工程规划设计方案等问题[①]，会议强调，岗厦北综合交通枢纽是深圳市即将开工建设的重要交通枢纽，建设理念、整体规划、建筑设计、工程实施等要向国际一流标准看齐。会议议定，原则同意岗厦北综合交通枢纽工程规划设计方案。该方案要强化枢纽与周边地下空间网络的连通，预留好向西至水晶岛、福田枢纽的工程条件，力争一体化规划设计，加强与周边建筑的连通和联系，做好出入口接驳条件预留工作。请市规土委结合岗厦北枢纽和轨道交通 11 号线东延线建设，抓紧研究完成水晶岛和中心区地下空间规划，争取水晶岛地下空间开发与轨道交通建设一体化实施。关于轨道交通项目地下空间及连通通道产权问题，请轨道办牵头会同市规土委、市法制办等单位开展政策研究，争取通过特区立法解决此类产权问题。

6.5 空中连廊详规（2017 年）

6.5.1 中心区经济居全国 CBD 第一

2017 年 9 月中国社科院发布的《中国商务中心区发展报告》显示，2015 年，深圳福田 CBD 经济总量 2 622 亿元人民币，纳税总额 1 111 亿元人民币，福田 CBD 经济居中国 CBD 第一。中心区是深圳的幸运，也是中国较早规划建设并按照规划蓝图较完整实施的城市中心区最佳实践区之一（图 6-18~图 6-20）。2017 年笔者和同事合著出版《深圳

图 6-16　2016 年中心区实景
（来源：陈卫国摄影）

图 6-17　中心区二层步行空间仍未成系统
（来源：2016 年 7 月笔者摄）

福田中心区（CBD）规划评估》（图 6-21）。

6.5.2 空中连廊详规

（1）深圳市 2017 年被住房和城乡建设部列为首批城市设计试点城市之一，城市设计备受重视。2017 年，福田区明确将加快推进中心区空中连廊立体步行系统规划建设列为区重点工作。市规划部门 2017 年 1 月 6 日召开深圳市中心区空中连廊详细规划专家工作会议，听取深港两地专家意见。该项目规划中心区面积为 4 km²，规划对象是中心区空中连廊及立体慢行系统。6 月 22 日，该规划对外公示。

（2）主要内容　该规划以福田中轴为核

---

① 《关于研究岗厦北综合交通枢纽工程规划设计方案等问题的会议纪要》，市政府办公会议纪要（206），2016 年 12 月 9 日。

图 6-18　2017 年中心区航拍图
（来源：市规划部门）

图 6-19 2017 年 6 月中心区航拍实景
（来源：陈卫国摄影）

图 6-20 2017 年中心区中轴线及西北片周边实景
（来源：顾新摄影）

心打造深圳城市客厅，旨在建设便捷连通、舒适有活力的空中连廊系统。空间规划布局三大策略：A. 贯通脊梁，打造城市客厅。通过下沉深南大道，使地面层市民广场南北贯通，实现市民便捷过街。地下层设置十字公共廊道，纵轴进一步加强中轴南北连接，横轴连接福田、岗厦北双枢纽，完善地下慢行网络。在空中层打造标志性慢行环，连接多处重要建筑及设施，并为市民提供更独特的观景体验。B. 立体连接，激活城脉。通过分析轨道站点、地下地面慢行空间、现状路网、车流量、人流量、现状连廊分布等，针灸式"缝合"原本未实施的立体慢行系统，实现"地下—地面—空中"上通下达的立体慢行网络（图 6-22）。C. 植入文化功能，丰富多彩生活。在中轴北段、中段、南段分别通过文化艺术、公共展览、城市花海、时尚秀场、天台派对、室外会展等展示城市科技及中心商务等活动

图 6-21 2017 年出版的《深圳福田中心区（CBD）规划评估》

图 6-22 2017 年 7 月从中心区北中轴空中步行平台看市民中心实景
（来源：笔者摄）

图 6-23 2017 年 7 月市民广场二层平台看中心区南片实景
（来源：笔者摄）

（图 6-23），增加中心区人气活力。

（3）主要结论[1] A. 激活中轴，尽早开展面向实施的中轴活动策划；B. 确定高水平运营管理机构，建立运行良好的管理机制；C. 规划新增空中连廊 23 段，总长度 3 km，连接 32 个地块。其中规划新增连廊 18 座（含深南大道跨线桥 2 座），落实已规划连廊 5 座，改造现状连廊 4 座，改造现状平台 4 处，新增垂直交通设施 19 处，改造垂直设施 10 处。

（4）规划成果包括总报告（含规划图纸）和以下四个专题：A. 专题一《深圳市福田中心区空中连廊详细规划公众咨询报告》；B. 专题二《深圳市福田中心区公共空间管理与运营研究报告》；C. 专题三《深圳市福田中心区商业活力研究报告》；D. 专题四《深圳市福田中心区中轴空中平台活动策划及辐射带动效应研究报告》。

6.5.3　核心区地下空间规划研究

2017 年《福田中心区核心区地下空间规划研究报告》[2]纳入法定图则，为具体的规划实施提供指导。

（1）项目背景　福田中心区经过 20 多年的开发建设，已形成了密集的轨道网络，但面临空间资源紧缺和中心职能待强化的挑战。2017 年，深圳轨道 10 号线正在建设中，规划 14 号线纳入深圳轨道建设 4 期工程，规划 11 号线由福田站东延，这 3 条线路均在中心区设站，且岗厦河园片区城市更新正在建设中，与之相邻的岗厦北综合交通枢纽也在规划建设中。为科学利用中心区核心区地下空间，结合轨道建设契机，发布《福田中心区核心区地下空间规划研究报告》，重点提出岗厦北综合交通枢纽及周边片区地下空间

---

[1]　《深圳市福田中心区空中连廊详细规划》第一分册：总报告，福田区政府、市规划和国土资源委员会福田管理局、发展中心，2017 年，第 15 页。

[2]　《福田中心区核心区地下空间规划研究报告》，深圳市规划和国土资源委员会、市发展中心，2017 年 12 月。

规划指引和主要通道连通要求，以提高核心区地下空间的环境品质。

（2）工作内容　A.中心区地下空间总体布局规划研究：在充分结合地面建设的容量、功能、交通、市政等规划和现状建设基础上，明确核心区地下空间开发的基本原则与开发策略，因地制宜地提出片区地下空间综合开发的近期、远期规划，明确其功能、规模界线、空间布局及开发时序。同时，须界定预留的地下公共空间的主要通道和引导连接地块的次要通道。B.重点地段：规划研究岗厦北交通枢纽周边片区地下空间的商业服务设施、公共文化服务设施、地下人行通道的布局以及与轨道站点接口的布局、与相邻项目接口的衔接；加强地下公共通道交通流线组织及与地面交通的衔接、转换引导；制定地下公共空间设计指引；协调市政管线与地下空间开发的关系，明确市政管线与地下空间开发在平面和竖向空间上的布局。

6.6　央视拍摄深圳纪录片《奇迹》（2018年）

6.6.1　央视记录中心区规划故事

2018年，中国改革开放40周年之际，中央电视台纪录片频道摄制组专程到深圳拍摄8集纪录片《奇迹》，记录深圳各行业代表人物长期深耕深圳的追梦故事。摄制组也到深圳市中心区拍摄规划实施成果纪录片作为深圳奇迹的缩影（图6-24~图6-26）。摄制组得到深圳市委宣传部的支持，向各有关单位发函《关于请支持庆祝改革开放40周年纪录片〈奇迹〉拍摄工作的函》（图6-27）。深圳市规划与国土资源委员会领导安排陈一新

从城市规划角度予以配合，接受《奇迹》摄制组采访。摄制组几次跟随记录陈一新工作和生活场景，分别拍摄在规划大厦办公室工作及写作中心区城市规划历史书籍、在莲花山顶广场介绍深圳城市规划、到前海参加城市规划专业会议以及夫妇俩周末到深圳湾口岸迎接在美国留学暑假返深的女儿等不同场景（图6-28），较全面地记录了陈一新作为一名老深圳人和资深规划师对深圳中心区城市规划的热爱和追梦故事。该纪录片于2019年6月在CCTV9频道播出，其中第2集《生长》记录陈一新在深圳30多年为中心区城市规划实施奉献芳华及坚持不懈研究中心区城市规划历史的追梦故事。此外，中心办于2018年编制福田区整体城市设计，优化了城区功能。深圳中心区灯光夜景首秀实现CBD片区43栋楼宇灯光联动，获央视全程直播，填补了深圳灯光夜景的空白。

6.6.2　中轴城市客厅及立体连接规划研究

《深圳市福田中心区中轴城市客厅及立体连接规划研究》[①]提出，2018年利用岗厦北轨道交通枢纽建设契机，深入研究深南大道市民广场段下穿的可行性，将中轴线跨深南大道连通的事宜提上议事日程。市规土委和交通运输委及福田区政府已开展了相关研究，提出以下建议：深南大道市民广场段下穿，在原水晶岛中心位置设置深圳城市原点，取消水晶岛地下文化设施的规划；在市民广场西南、东南和东北角可安排小规模建构筑物，兼顾广场空间活力等。该项研究内容如下：

（1）研究范围　福田中心区4 km²（其中城市客厅0.4 km²），经过30多年规划建设，基本建成中国当代城市设计与商务区的样板。

（2）中心区现状条件　2015年福田CBD

---

① 《深圳市福田中心区中轴城市客厅及立体连接规划研究》，深圳市规划和国土资源委员会、深圳市福田区人民政府、市发展中心，2018年4月。

图 6-24 2018 年中心区航拍图
（来源：市规划部门）

图 6-25 从中心区东南角看市中心 18 年巨变（上图 2000 年，下图 2018 年）

（来源：马庆芳摄影）

图 6-26 中心区 20 年（上图 1998 年，中图 2004 年，下图 2018 年）对比照片

（来源：陈宗浩摄影）

图 6-27 央视纪录片《奇迹》邀请函

图 6-28 笔者和女儿参加 2018 年 7 月央视拍摄电视纪录片《奇迹》场景之一

图 6-29 2018 年 3 月市民广场南中轴临时种植向日葵实景
（来源：陈卫国摄影）

图 6-30 2018 年 3 月市民南广场向日葵
（来源：翁锦程摄影）

经济总量及纳税总额已排名全国 CBD 之首，公共服务能力全市第一，轨道线网密度、轨道站点密度全市第一，但存在南北空间割裂、中轴线未贯通等问题，主要是因为中心广场延迟建设所致。例如，有时采取临时措施，2018 年 3 月，市民广场南侧的临时景观（向日葵花园）吸引了许多市民游客，给高楼林立的中心区增加了人气（图 6-29、图 6-30）。所以，水晶岛及中心广场的城市设计实施是解决问题的关键。

（3）策略和原则 A. 建设城市客厅，连接可行走的中轴线，深南大道下穿，保持中心广场空间整体性。B. 激活中轴，丰富中轴功能，承担各种城市公共活动，营造生态的、高品质的公共空间。C. 立体连接中轴，贯通南北，地下连通成网，连廊缝合商圈。

（4）主要成果

① 中轴空中连接：将原"深圳之眼"二层圆环状天桥的直径缩小到 480 m[①]，建立空中慢行系统。

② 中轴地面连接：深南大道在金田路至益田路段局部下沉（交通局初步论证可行），建设连通南北的中轴平台（宽度 360 m），主辅道均下沉，完全释放地面空间。两侧辅道与地下公交接驳站及市民中心地库相互联系。深南大道总下沉长度 570 m，地面覆盖段 360 m（图 6-31），其中完全暗埋段 170 m，两端敞口加盖段共 190 m，两端敞口段共 210 m。

③ 结合轨道枢纽建设地下空间系统，建设"一横一纵"地下空间骨干通道，提供综合服务。"一横"指福田站至岗厦北公共通道（550 m 长），"一纵"指中轴南北公共通道（460 m 长）（图 6-32）。

④ 中心区南区商业量大，文化功能缺失。

---

① 《市规土委关于推进福田中心区中轴城市客厅项目有关建议的请示》，深规土〔2018〕353 号，深圳市规土委，2018 年 5 月 16 日。

图6-31 2018年《深圳市福田中心区中轴城市客厅及立体连接规划研究》图片1

图6-32 2018年《深圳市福田中心区中轴城市客厅及立体连接规划研究》图片2

截至2018年，南区商业已运营面积45.4万m²，待运营面积40.6万m²，商业总量约等于5个万象城的商业规模。其中地下商业已运营面积12万m²，待运营面积16万m²，南片区商业体量巨大。规划不宜再增加大量商业。建议规划植入文化创意、设计展示、纪念活动、精神标志、城市展示、休闲娱乐、运动健身、主题花街、表演场地等，从而彰显城市魅力。

⑤ 为保护核心区生态景观，维持对称格局，将开发区域限定在南区的福田站、彩田路西侧以及中轴线跨深南大道局部。

⑥ 地下空间方案：三横三纵，网络连接。三横：福田—岗厦北公共通道（550 m），福华一路公共通道（720 m+530 m），福华路连城新天地（1 200 m）。三纵：中轴文化艺术公共通道（460 m），岗厦区间（460 m），中心四路公共通道（230 m）。

（5）建议启动中心区中轴线城市客厅国际咨询，向国内外征集最具创意的城市客厅设计方案。

6.6.3 空中连廊建设工程

中心区空中连廊现状是建设断断续续，人气不旺，因此开展了本项目规划设计。在中心区原规划二层步行系统基础上续建完善空中连廊及配套设施的建设工程正在实施，例如，续建人行天桥或增加垂直电梯等。2018年10月19日，福田区领导主持召开福田中心区二层空中连廊及配套设施建设工程工作会议，听取了深业置地投资发展公司关于该工程建设一期、二期工程进度情况的汇报。本次区长工作会议[①]要求深业置地投资发展公司做好以下工作：（1）做好一期工程的收尾工作，确保工程质量，确保2018年11月完工。（2）加快推进二期方案设计，一定要选择具有国际水准的国内外顶级优秀设计师及设计团队，确保设计方案既能体现深圳特点，又具有国际影响力，也要接地气，同时要求在建成区域新增的连廊不能影响原有建筑的美观。（3）空中连廊二期准备续建，要求深业置地投资发展公司选择有实力、有技术、有责任心的正规施工单位，确保二期工程于2020年中期完工。（4）要求本工程不可过度设计及过度施工，确保品质的同时控制工程造价。

---

① 《福田中心区二层空中连廊及配套设施建设工程工作汇报会议纪要》，区长工作会议纪要（222），2018年11月2日。

6.6.4 法定图则（第三版）通过审议

2018 年 9 月 29 日，法定图则委员会 2018 年第 6 次会议审议并原则通过中心区第三版法定图则（图 6-33~ 图 6-35）及公示意见处理，并提出进一步优化图则成果的意见：

（1）因规划编制持续时间较长，原有现状资料（如现状人口规模数据等）需根据实际做进一步更新。

（2）进一步加强市民中心北侧市级公共设施的交通可达性和功能复合性，以吸引更多人流。

（3）地下空间应重点解决公共交通换乘问题，以凸显区域性交通枢纽中心的定位，提高交通效率。

（4）进一步研究儿童医院床位增加的可行性，为以后发展预留弹性。

（5）由于粤港澳大湾区的建设尚未对中心区提出新的发展要求，宝安国际会展中心建成后，现有的会展中心如何利用，有待明确。

6.6.5 福田枢纽站开通

2018 年 9 月，京广深港高铁香港段正式通车，中心区的高铁福田站启用，标志着京广深港高铁全线开通运营，从深圳福田站至香港西九龙站最短运行时间为 14 分钟，西九龙站口岸"一地两检"缩短了旅客通关时间，实现了福田 CBD 与香港金融中心轨道直连，为深港金融合作提供了便利条件。至此，中心区轨道交通线已通车 6 条轨道交通线及 9 座站点，其中 2 条轨道线（地铁 4 号线、京广深港高铁）通香港。自 2008 年高铁福田站开工建设后，中心区规划建设了 3 个综合交通枢纽站，使中心区在深港交通轴上、在大湾区的金融中心地位得到巩固加强。

6.6.6 交通设施及环境提升方案

2018 年 1 月发布的《深圳福田中心区交通设施及空间环境综合提升工程》[①] 方案（图 6-36），提出了在大都市中心区营造高品质的公共空间，从以"车"为主改成以"人"为主，打造人人共享的完整街道。本工程范围约 5.3km²，外围道路包括滨河大道、新洲路、红荔路、皇岗路及深南大道，共长 11.4 km。北片区道路共 13 条，全长约 14.0 km；南片区道路共 29 条，全长约 17.6 km。该项目具体内容详见本书 6.8.3 章节。

6.7 空中连廊详规获国优奖（2019 年）

6.7.1 政协提议打造大湾区中轴线

2019 年 4 月 21 日，深圳市政协委员议事厅第二期召开"抢抓湾区机遇 做强中轴脊梁"会议，探讨如何谋划粤港澳大湾区的"中轴线"。政协委员们认为，有形才有势，轴线是城市营造的精神空间。现在应抓好中轴线粤港澳大湾区建设机遇，把"中轴脊梁"概念写进政府工作报告中，建议以深圳福田中心区中轴线为基础，向南延伸至香港口岸，向北伸展到梅林、松山湖等地，不仅成为一条地理上的中轴线，而且要成为规划产业上的中轴线，集聚华为、富士康等智能终端产业，继而成为粤港澳大湾区产业发展的主轴。2019 年中心区中轴线实景见图 6-37~ 图 6-40。

6.7.2 中心区公共空间活力提升研究

2019 年 9 月 3 日，市规资局业务会议审议通过了《深圳福田中心区公共空间活力提升研究》项目成果。会议纪要如下：

（1）该项目研究在深圳城市转型中中心

---

① 《深圳福田中心区交通设施及空间环境综合提升工程》，福田区建筑工务署和深圳市城市交通规划设计研究中心有限公司，2018 年 1 月。

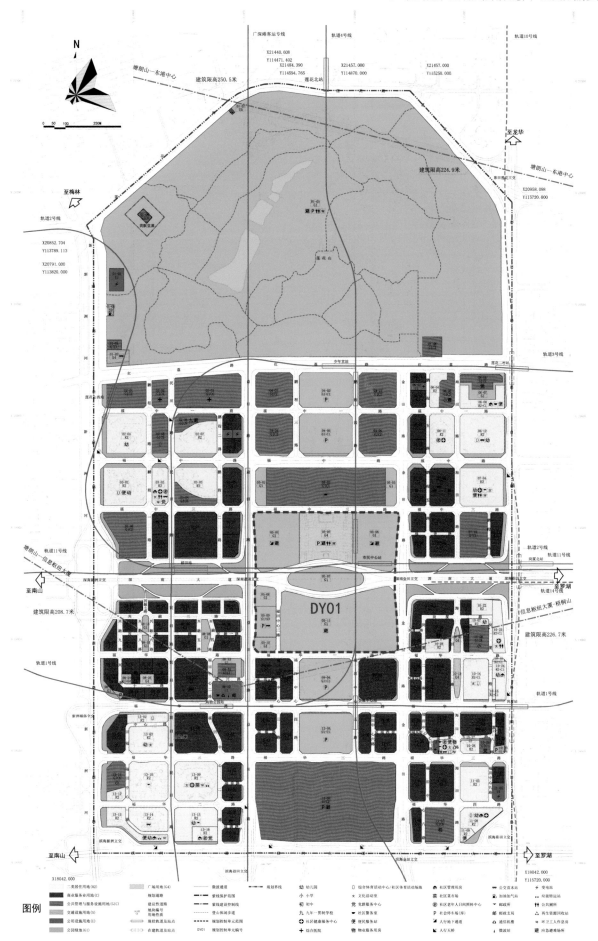

图6-33　2018年中心区法定图则（第三版）图片

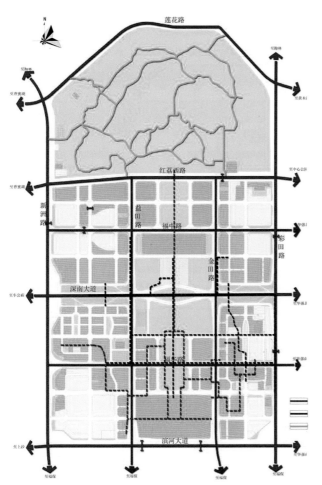

图 6-34　2018 年法定图则（第三版）规划立体人行系统（红色虚线表示二层步行廊道，黑色虚线表示地下步行廊道）

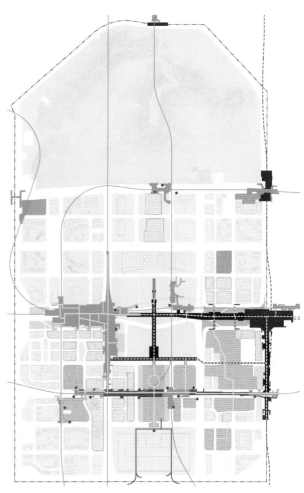

图 6-35　2018 法定图则（第三版）地下空间现状及规划图（橘红是现状地下商业街，深红是规划地下商业街，天蓝是现状轨道站，深蓝是规划轨道站）

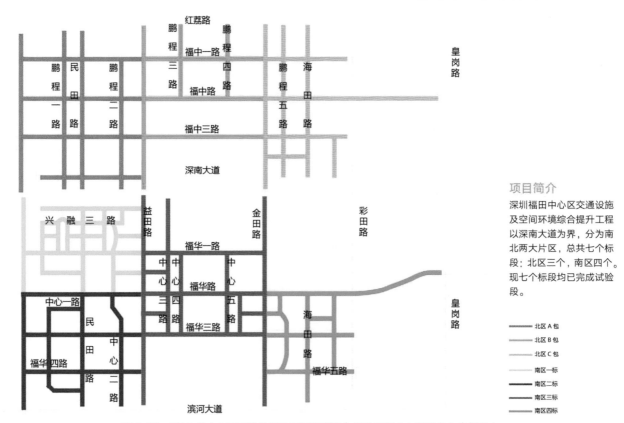

项目简介

深圳福田中心区交通设施及空间环境综合提升工程以深南大道为界，分为南北两大片区，总共七个标段：北区三个，南区四个。现七个标段均已完成试验段。

北区A包
北区B包
北区C包
南区一标
南区二标
南区三标
南区四标

图 6-36　2018 年中心区交通设施及空间环境综合提升工程（七种颜色七个标段）
（来源：邵源提供）

图6-37　2019年5月在中轴线市民中心二层平台南望中心区
（来源：笔者摄）

区公共空间活力提升的改造和运营方式，结合两条轴线和多个功能片区提出了多元的提升方案和措施，助力高标准、高品质打造中心区公共空间（图6-41）。

（2）下一步应加强该概念规划方案与项目落地实施的衔接，结合中心区实际情况分门别类梳理一批可实施的项目，建立项目库，有计划逐步推进实施，打造丰富多彩的活力中心区。

（3）项目的推进实施建议由福田区政府主导进行整体谋划，探索创新的管理机制，进行全流程统筹，引入有能力、有担当的社会企业参与，尝试更广泛的合作运营机制。

6.7.3　交通成功实现76%的绿色出行

中心区交通成功实现76%的绿色出行。中心区不仅有三大交通枢纽（会展中心、福田高铁站、岗厦枢纽站），而且中轴线屋顶广场平台与周边许多建筑的二层商业走廊相接通，使得屋顶步行广场与轨道交通枢纽相连通。因此，这种人车分流交通使中心区实现了"轨道＋公交＋步行"的绿色交通模式。至2019年，

中心区"轨道＋公交＋慢行"的绿色出行比例升至76%，中心区为4 km²（不含莲花山），中心区范围内市政道路总长43 km，路网密度为8 km/km²。至2019年已通车6条轨道交通线（1号线、2号线、3号线、4号线、11号线、京广深港高铁），设有9座站点①，其中2条轨道线（地铁4号线、京广深港高铁）直通香港，中心区内实现了轨道交通500 m半径全覆盖。近年来，深圳公交优先发展成效显著，绿色出行方式占据主导。然而，街道空间人车分配未能匹配，车行空间比例超过一半，有效慢行空间不足30%。2019年，深圳市城市交通研究中心受福田区政府委托进行中心区街道空间环境品质综合提升工程设计②，确定以动态管控车速、压缩车行空间、扩大慢行空间为原则，从"方便出行"向"人享其行"的目标努力，实现交通、景观、生态环境的全面优化整治。

6.7.4　空中连廊详规获国优奖

（1）空中连廊的实施成效　A.中心区空中连廊详规成果填补了政策空白，从此深圳

---

① 张晓春，邵源，安健，等.数据驱动的活动规划技术体系构建与实践探索：以深圳市福田中心区街道品质提升为例[J].城市规划学刊，2021（5）：49-57.

② 同①.

图 6-38　2019 年中心区航拍图
（来源：市规划部门）

图 6-39 2019 年中心区及周边航拍图
（来源：陈卫国摄影）

图 6-40 2019 年 7 月晚霞映照的中心区及周边实景
（来源：陈卫国摄影）

国有土地出让必须明确空中连廊的出让性质、配建条件、产权归属、管养要求等内容。例如，促进平安产险大厦的连廊层转变为公共空间（图6-42），增加了中心区公共空间的多样化，营造城市趣味节点。B. 该详规有效指导以下工程建设落地实施：已完成连廊建筑工程（图6-43）深化设计8段，已完成5段连廊的升级改造工程，已完成垂直交通设施（加装电梯、楼梯等）10处（图6-44）。此外，规划成果优化了中心区建筑方案，有效指导了建筑方案的制定及地下空间的规划（图6-45）。

（2）空中连廊详规获国优奖。以中轴为脊梁的空中连廊系统的规划设计历经概念规划、详细规划、几轮城市设计的反复推敲打磨，建设实施经历了从一气呵成的理想模式到分块建设、陆续织补的模式。中心区空中连廊的续建实施，继承了深圳几代规划师的梦想，延续了深圳精神。中心区空中连廊详细规划获得2019年度广东省优秀城市规划设计二等奖（图6-46）和国家级奖项——2019年度优秀城市规划设计三等奖（图6-47），这是中心区规划首次获奖（遗憾之前未曾申报过）。

6.8 空间规划和金融产业双赢（2020年）

2020年，在深圳经济特区建立40周年、福田建区30周年之际，福田区工作实现"十三五"圆满收官。区经济实力实现历史性跨越，福田区GDP从2015年的3 371.78亿元增至2020年的4 800亿元，达到中等城市的规模。福田区以不到全市4%的土地面积，贡献全市近1/4进出口总额和税收收入、近17%的GDP，高质量发展优势凸显[①]。福田

区支柱产业金融业增加值首次跨越2 000亿元大关，占全市金融业增加值比重的48%，金融科技"七个首创"引领全国。总部经济增加值占GDP比重达47%，现代服务业增加值占GDP比重达73.4%，全市五成以上高端专业服务机构集聚福田，商贸中心地位进一步巩固。在福田区这张漂亮的成绩单里，城市规划功不可没。中心区舒适大气、雍容华贵的城市空间吸引了许多优质服务企业，特别是高端金融企业入驻福田区，真正形成以金融为主中心的CBD，中心区高品质城市设计（图6-48、图6-49）也成了深圳靓丽的"城市名片"。

6.8.1 福田CBD经济居全国前列

科学的规划是最大的推动力。至2020年，中心区仅有2个地块未出让，其他全部建成，中心区竣工建筑面积达1 243.9万 m^2，其中商务办公竣工建筑面积达789万 m^2，约占总竣工建筑面积近63%，福田区环CBD经济效益彰显，中心区作为深圳金融主中心的地位更加巩固。

（1）中心区金融产业集聚效应高，福田CBD经济居全国CBD第一梯队。2019—2020年，中国CBD的地区生产总值位居第一梯队的分别是广州天河CBD、深圳福田CBD和北京CBD，地区生产总值均超过了1 500亿元。从GDP占全市比例来看，广州天河CBD和深圳福田CBD均超过了10%。从地均GDP来看，福田CBD居第二位，地均产值超过100亿元 $/km^2$。

（2）2020年福田CBD的持牌金融机构总部占深圳市的67%，物流企业总部和安防企业总部均占深圳市的70%；在专业服务机构方面，福田CBD聚集了全市50%的会计师

---

① 福田区政府工作报告（2021），2021年1月25日在福田区第七届人民代表大会第七次会议上，区长黄伟。

图 6-41　2019 年 6 月中心区公共空间系统航拍图
（来源：陈卫国摄影）

图 6-42　平安产险大厦二层连廊接通中心区公共空间
（来源：虞稚哲提供）

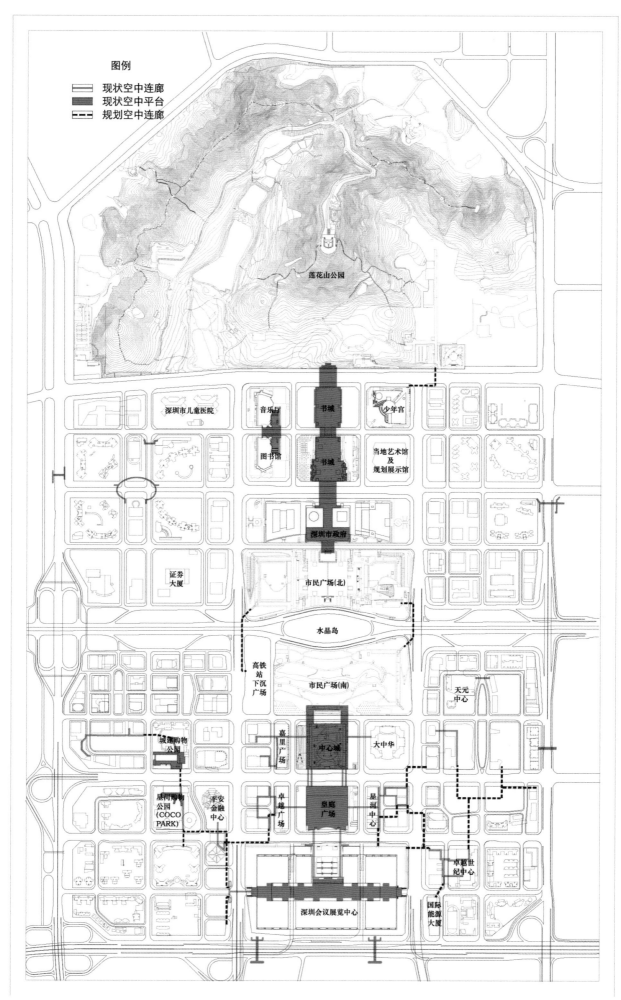

图例
现状空中连廊
现状空中平台
规划空中连廊

莲花山公园

深圳市儿童医院　　音乐厅　　书城　　少年宫

图书馆　　书城　　当地艺术馆及规划展示馆

深圳市政府

证券大厦　　市民广场(北)

水晶岛

高铁站下沉广场　　市民广场(南)　　天元中心

城建购物公园　　嘉里广场　　中心城　　大中华

星河购物公园(COCO PARK)　　平安金融中心　　卓越广场　　皇庭广场　　星河中心

卓越世纪中心

深圳会议展览中心　　国际能源大厦

图 6-43　2019 年中心区二层步行系统（红色块、实线为现状，虚线为规划）示意图
（来源：翁锦程绘制）

图 6-44　2019 年 11 月中心区步行系统增加电梯，方便公共空间连接
（来源：翁锦程摄影）

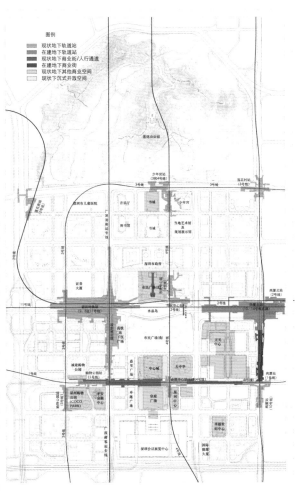

图 6-45　2019 年中心区地下空间（蓝色为现状，深蓝为在建）示意图
（来源：翁锦程绘制）

图 6-46　2019 年中心区空中连廊详规获省优奖

图 6-47　2019 年中心区空中连廊详规获国优奖

图 6-48　2020 年中心区航拍图

（来源：市规划部门）

图 6-49 2020 年 7 月中心区及西南侧周边实景
（来源：陈卫国摄影）

事务所和专利代理机构，成为粤港澳大湾区的重要引擎和总部集聚地[①]。

6.8.2 新添文化设施开工建设

中心区再添新的文化设施——深圳文学艺术中心。艺术中心位于关山月美术馆对面、红荔路南侧、中银花园北侧，该建筑占地面积近 1 万 m^2，建筑面积 43 000 m^2，具有"原创、展示交流、市民参与、综合服务"四大功能，

---

① 郭亮，单菁菁，周颖，等 . 商务中心区蓝皮书：中国商务中心区发展报告 No.6（2020）CBD：引领中国服务业扩大开放 [M]. 北京：社会科学文献出版社，2020：9.

以及当代文学馆、演艺空间、文化大讲堂等 9 个艺术空间，建成后不仅作为文艺作品的创作空间，还将成为服务市民的艺术生活综合体。该项目于 2020 年 3 月开工建设。

6.8.3 交通设施及环境提升工程实施

2020 年完成中心区街道空间品质提升工程的实施，中心区呈现的交通运行情况如下：中心区现状就业岗位约 17 万个，居住人口约 6 万人，每天进出中心区的人流量（进 + 出）：134 万人次 / 日，"轨道 + 慢行"主导特征显著，超过 80% 的出行者会使用地面道路空间（图 6-50 为公共空间现状图）。尽管中心区拥有 43 km 长的市政道路（平均路网密度为 10 km/km²）、地下高铁福田站、6 条轨道线路以及 9 个站点，实现了轨道交通 500 m 半径全覆盖（图 6-51）等交通优势，但因是 1990 年代设计施工的市政道路，车行空间比例超过一半，有效慢行空间不足 30%。本次街道品质提升的重点是缩小车行道、加宽慢行道，增加"几个功能合一"综合电杆等。

（1）修改中心区街道断面，提升功能和生态环境　A. 生态连通，贯通莲花山生态轴线，压缩机动车道释放出空间 9 万 m²，加上零散分布的绿地，共同打造成 12 个"微公园"和 36 段休闲带，形成轴带串联的生态网络体系。B. 增加绿量，扩展主次廊道绿量宽度，主、次廊道绿化覆盖率分别达到 50%、35% 以上，修复了 58 处街头绿地"消极斑块"，通过降低热岛效应，改善微气候，提升市民出行体感舒适度。C. 改善空气质量，提高负氧离子含量，新增 25 种净化空气能力强的树种。

（2）提升街道空间品质　具体做法：A. 压缩机动车道，增加步行道宽度，路权归还于民。根据深圳地方新标准，将中心区 29 条总长超过 17 km 的机动车道宽度从现状的 3.5~3.75 m 压缩至 3~3.25 m，步行空间的单侧平均宽度从 2.2 m 增加至 3.5 m 以上。B. 局部调整支路为步行街，减少路内停车位 510 个，增加慢行空间约 7800 m²。C. 缩小道路转弯半径，缩短行人过街距离、降低车速。将 90% 的道路交叉口转弯半径从 15~25 m 压缩至 5~15 m。D. 实施车行道与人行道"零高差"的连续舒适，在交叉口、支路路段、建筑出入口等关键节点，采用"零高差"设计，有效改善了中心区步行、骑行、轮椅、童车推行的无障碍系统[①]。

6.9 第五阶段小结

第五阶段（2013—2020 年）是中心区努力连接中轴线、缝合二层步行系统和提升街道空间景观环境的阶段。该阶段中心区重点完成了金融总部办公建筑面积 100 多万 m² 的建设，岗厦河园片区改造为商务中心区的组成部分（图 6-52、图 6-53）。中心区成功实现了空间规划和产业经济双赢的目标。特别是 2016 年强区放权后，福田区政府积极有为，提升中心区街道空间品质，实施二层连廊系统连接等，为增强中心区的吸引力作出积极探索。遗憾的是，该阶段规划部门曾多次组织水晶岛设计方案修改，试图推进实施未果。

中心区规划建设 40 年虽已成效显著（图 6-54、图 6-55），但政府尚需进一步完善配套设施，织补二层步行系统，加强 CBD 建筑标识、户外广告、灯光夜景、街道设施等管理工作。

---

① 张晓春，邵源，安健，等 . 数据驱动的活动规划技术体系构建与实践探索：以深圳市福田中心区街道品质提升为例 [J]. 城市规划学刊，2021（5）：49-57.

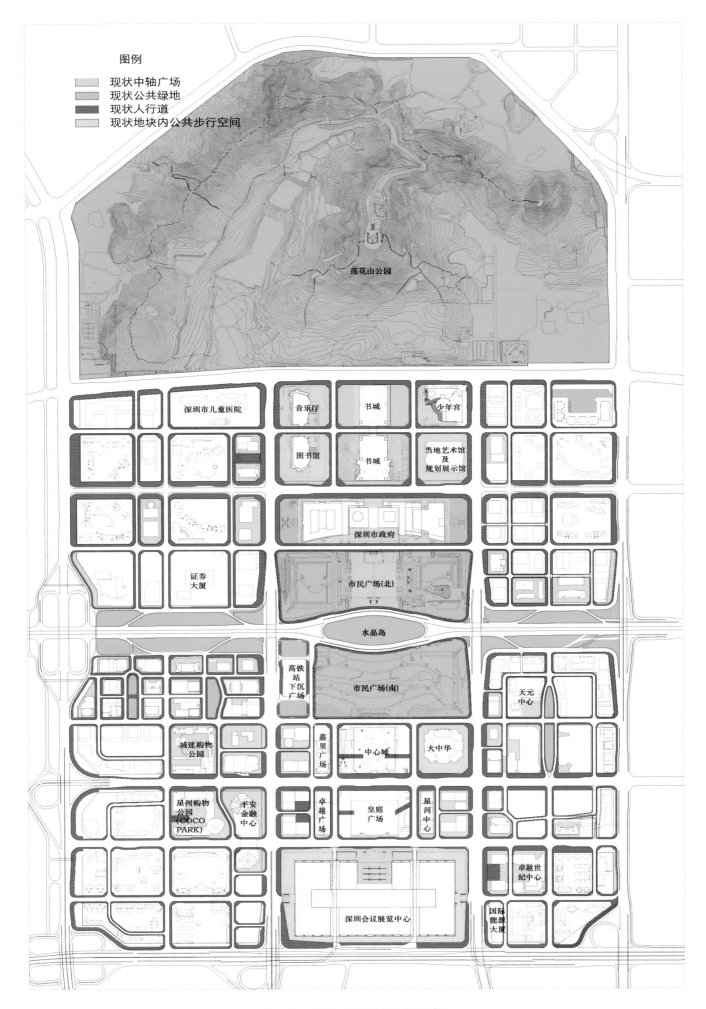

图例
现状中轴广场
现状公共绿地
现状人行道
现状地块内公共步行空间

莲花山公园

深圳市儿童医院

音乐厅

书城

少年宫

图书馆

书城

当地艺术馆及规划展示馆

深圳市政府

证券大厦

市民广场(北)

水晶岛

高铁站下沉广场

市民广场(南)

天元中心

城建购物公园

嘉里广场

中心城

大中华

星河购物公园(COCO PARK)

平安金融中心

卓越广场

皇庭广场

星河中心

卓越世纪中心

深圳会议展览中心

国际能源大厦

图 6-50 2020 年中心区公共空间现状图
（来源：翁锦程绘制）

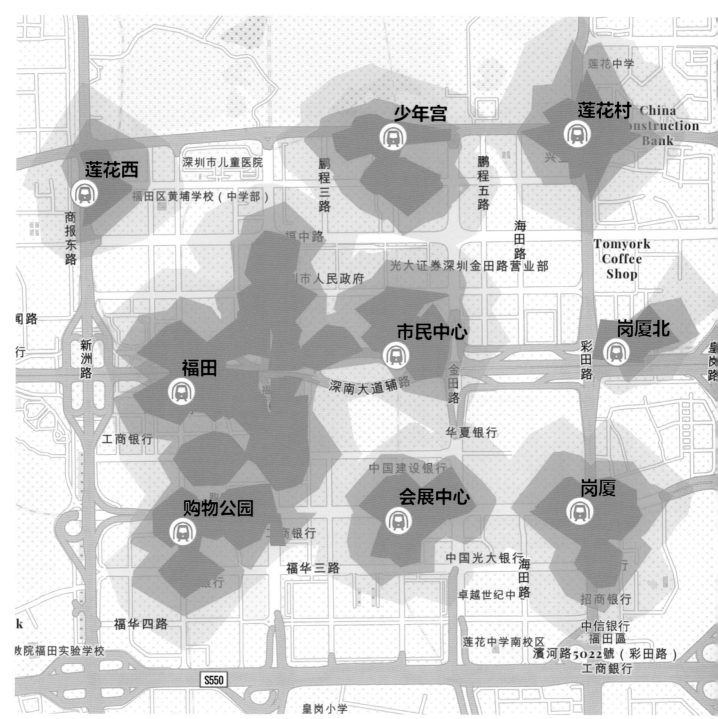

图 6-51　2020 年中心区轨道交通覆盖范围示意图
（来源：邵源提供）

图 6-52　2020 年 8 月建设中的岗厦河园片区及岗厦枢纽中心
（来源：杜万平摄影）

图 6-53　2020 年 8 月中心区岗厦河园片区及周边实景
（来源：杜万平摄影）

图 6-54 2020 年 7 月中心区绚丽晚霞
（来源：陈卫国摄影）

图 6-55 2020 年 8 月中心区实景
（来源：杜万平摄影）

7 专记：中轴线城市设计及实施历程

　　轴是一种均衡的线性基准。是一种结构简明、概括性强、支持内涵广义延伸的模式。轴具有生长性、开放性、连续性、统一性、均衡性特征。

——中国科学院 院士 齐康

7.1 中轴线公共空间特征

　　中轴线空间秩序反映了"北山南水，负阴抱阳"的中国传统城市布局理念，核心空间开阔通透、功能交通复合、人车分流的二层步行系统南北贯通，两侧"双龙飞舞"的高层建筑带等反映出城市设计理念和城市活力。中轴线开发建设过程体现了"城市新区开发"模式，按照规划蓝图"从无到有"逐步实施。轴线可维持建筑群秩序。中心区地处原特区东西向带形城市的几何中心，南北向中轴线标注其在城市中心的位置，犹如一条"脊梁"，统领和串联着中心区上百栋建筑物所构成的公共空间（图7-1）。

图7-1　2015年中心区全景
（来源：陈卫国摄影）

　　（1）中轴线构成　中轴线长约2.5 km，平均宽度250 m（中心广场长600 m、宽600 m）。轴线"穿过"市民中心，建筑中区与轴线"咬合"，既体现了公共轴线空间的开放性特征，又演绎了深圳鹏城亲民的形象[①]。根据中轴多功能复合空间的特点，中轴线可划分成3段（北中轴、市民广场、南中轴）共7个地块。北中轴有2个地块（33-7、33-8），市民广场包括北广场（33-2）、水晶岛（33-3）、南广场（33-4）3个地块，南中轴有2个地块（33-6、19）。7个地块沿线接通多个轨道站点，并且是一条人车分流的城市公共空间开放轴线。

　　（2）中轴线功能　中轴线融合了城市客厅、屋顶广场、轨道交通、公交枢纽、商业服务、文化旅游、地下车库等七大功能。它在时间延续、功能形态、隐喻文化等方面犹如城市音乐总谱[②]。A.北中轴有2个地块，地上1层

[①] 陈一新.深圳CBD中轴线公共空间规划的特征与实施[J].城市规划学刊，2011（4）：111-118.
[②] 深圳市规划与国土资源局.深圳市中心区中轴公共空间系统城市设计[M].北京：中国建筑工业出版社，2002：12-17.

和地下 1 层为书城。B. 市民广场 3 个地块（北广场、水晶岛、南广场）也称城市客厅。其中北广场为庆典礼仪广场；水晶岛是跨深南大道、连接南北广场的观光驻足平台，也是深圳城市标志；南广场北接水晶岛、南连南中轴，可设置艺术展览、旅游配套等商业广场。C. 南中轴有 2 个地块（怡景中心城、晶岛国际），地上 1 层和地下 3 层设置大型商业，并有连接多条轨道站点的商业街，其屋顶广场已接通会展中心，可举办产品发布、时尚秀、天台派对等室外商务活动。

（3）中轴线形态特征：连续生长 中轴线是一个带状的、开放的、连续的城市客厅，是中心区"绿色脊梁"，体现了"绿、简、平"的简约风格。中轴线 7 个地块占地面积 54 hm²（不含轴线跨越的道路面积），总建筑面积 33 万 m²（含地下车库 13 万 m²），自莲花山向南穿过市民中心至会展中心，是由屋顶绿化广场及连接平台组成的一个连续开放的公共空间系统。中轴线城市设计简约舒展，沿中轴两侧有序布局了超高层建筑带，构成"双龙飞舞"的天际轮廓界面。根据 2007 年深圳市中轴线整体城市设计研究结果，中轴线未来可进一步向南北生长，期待未来成为深港国际大都会集金融、科创和文化产业于一体的生态产业轴，成为粤港澳大湾区的一条核心轴线。

（4）中轴线文化特征：传统与现代融合、中西融合 中心区中轴线反映了深圳对中国传统城市的继承与创新。A. 中轴线是深圳人的"精神家园"，在深圳东西向带状城市中，中心区首次创造了南北向中轴线，与东西向深南大道垂直相交，形成了"十字轴"。中轴线是深圳迄今为止功能最多、规模最大的公共空间，是人车分流的城市客厅，它已成为深圳的"精神家园"。B. 中轴线融合了中国传统与现代文化元素，市民中心神似中国

传统大屋顶建筑，中轴线人车分流的二层步行广场及商业复合地下轨道交通等功能也颇具西方现代 CBD 元素（例如，法国巴黎的拉德方斯 CBD 二层步行系统与商业、轨道复合连接，又与巴黎传统中轴线空间相连续，体现了巴黎传统与现代的对话）。C. 北中轴是目前深圳文化建筑和文化广场集中之地，从书城到"诗、书、礼、乐"4 个小型文化公园均已建成，呼应相邻的图书馆、音乐厅、少年宫、"两馆"4 座文化建筑。D. 中轴线已成为融商业、文化休闲、轨道交通、公交枢纽和地下车库于一体的大型屋顶花园，已显示深圳精神文化空间的巨大潜力。2009 年第 3 届深港城市 / 建筑双城双年展以中轴线公共空间开敞平台及市民广场地下展厅为主展场，发挥了深圳城市客厅的功能作用，取得了理想的效果。这次双年展充分体现了中轴线文化价值。E. 以中轴线为"脊梁"的公共空间系统规划设计打造了深圳文化活动"硬件"空间，未来政府和民间组织将培植文化"软件"。

7.2 中轴线及水晶岛设计历程

中轴线及水晶岛规划设计从 1982 年总规简图出现中轴线雏形至今 40 余年历程，大致分 3 个阶段：1982—1995 年是平面轴线阶段，1996—2008 年是立体轴线阶段，2009 年至今是水晶岛架空圆环方案修改及研究增强城市客厅活力阶段。中轴线规划演变从规划理念、功能、形态等都经历了逐步丰富完善的过程（表 7-1），但直到 2023 年尚未出现大家公认能反映深圳城市精神气质的"理想方案"。

中轴线如何跨越深南大道连接中心区南北两片？这是中心区城市设计的最大难题。水晶岛是中轴线与深南大道交会处的标志点，也是"画龙点睛"之笔。中轴线经历了 6 次

表 7-1　中轴线城市设计内容演进

年份 / 年	设计项目名称	规划理念 / 修改起因	轴线功能	轴线形态	轴线层数	市民广场形态	中轴线与深南路关系
1982	总规讨论稿	福田新市区	景观休闲带	南北向轴线	未定		莲花山到深圳湾视线通达
1984—1986	深圳特区总规	福田中心区的中轴线	商业等公建带	十字轴线	未定	地上一栋标志性高层建筑	莲花山到南小山绿地连通
1987	深圳城市规划研究报告	福田中心区的中轴线	公建、商业休闲	十字轴线	未定	低层建筑围合广场	人行天桥上跨深南路
1988	福田分区规划	向南北延伸中轴线	公建、商业休闲	强化了中轴线	未定	低层建筑围合广场	轴线从莲花山到深圳湾
1989—1991	中心区规划方案征集	福田中心区的中轴线	公建、商业休闲	多样化	未定	圆形、方形，或两者组合	咨询比较 4 个方案后综合
1992	中心区控规	福田中心区的中轴线	公建、商业休闲	南北向轴线	未定	圆形广场，标志物	增加指向深圳湾的景观斜轴
1994—1995	中心区南区城市设计	市中心区的中轴线	公建、商业休闲	南北向轴线	未定	广场设标志塔	南端增加两栋超高层摩天楼
1996—1997	中轴线城市设计国际咨询	城市中央公园	二层步行、地下车库、地铁	屋顶起伏立体轴	地上 1 层、地下 1 层	水晶岛城市雕塑	创建立体中轴线系统
1998	中轴线深化详细设计	生态、信息轴线	二层步行、地下车库、地铁、生态低碳示范	二层立体轴	地上 1 层、地下 2 层	广场结合低层建筑	人行天桥上跨深南路
1999—2000	中心区地下综合规划国际咨询	自然光引入地下一层	二层步行、地下车库、地铁、公交枢纽站	二层立体轴	地上 1 层、地下 2 层	空中"飞碟"观光台	增加南中轴水系
2001—2003	中轴线整体建筑景观工程	中轴线建筑景观建设一气呵成	二层步行、地下车库、地铁、公交枢纽站、城市客厅	二层立体轴	地上 1 层、地下 2 层	水晶岛城市雕塑	人行天桥上跨深南路
2004—2008	中轴线分段建筑及景观工程	北中轴、市民广场、南中轴分段设计建设	二层步行、地下车库、地铁、高铁、公交枢纽站、城市客厅	二层立体轴	地上 1 层、地下 3 层	准备重新招标方案	水晶岛位置开挖施工地铁
2009—2011	市民广场、水晶岛国际竞赛	新增高铁地铁线站、市民广场重新设计	上述功能不变，广场角部新增公建	二层立体轴、水晶岛大圆环	地上圆环、地下 4 层	架空圆环、3 栋 7 层办公	二层高架圆环上跨深南路
2012—2017	水晶岛架空圆环方案修改	利用地下轨道施工的契机修改城市设计	上述功能不变，广场角部改为商业	二层立体轴、地面圆环	地下 4 层	地面圆环、角部三组商业	未解决深南大道南北步行连接
2018—2022	中轴城市客厅及立体连接规划	深南大道南北连接形成二层步行系统	上述功能不变，强化中轴城市客厅及二层步行连接	未定方案	未定方案	维持现状	未解决深南大道南北步行连接

城市设计国际咨询[①]后，专家们肯定了中轴线过深南路段（水晶岛）采用上跨形式，提出了中轴线环境设计要整体化、自然化，减少人工痕迹等宝贵意见。

7.2.1　平面轴线阶段（1982—1995 年）

1982—1995 年，中轴线规划设计主要形态为平面轴线，沿轴线带形广场两侧布置小型低层公建和绿化，作为连续界面形成轴线公共空间。

（1）中轴线是早期规划的一条轴线。1982 年深圳特区总规示意图在莲花山下首次

出现单线表示的中轴线雏形，此可谓深圳规划历史上重要一笔。在 1983 年总规草图上，福田中心区从莲花山向南规划了一条南北向中轴线，以公建和商业建筑围合而成的中轴线和深南大道形成了"十"字轴的雏形。

（2）1986 年确定人车分流轴线，以一条正对莲花山峰顶 100 m 宽的南北向林荫道与深南大道正交，形成东西、南北两条主轴。在中心区 4 km² 范围内实行较彻底的人车分流、机非分流、快慢分流体系，形成较完整的行人、非机动车专用道路系统[②]。

---

① 深圳市中心区中轴线详细规划及城市设计前后历经 1987 年、1989 年、1996 年、1998 年、1999 年、2009 年 6 次国际咨询。

② 《深圳经济特区总体规划》，深圳市城市规划局、中国城市规划设计研究院，1986 年。

（3）1987年深圳首次城市设计研究报告提出了中心区中轴线形态是以中轴线与深南路交界点为中心，北向红荔路逐渐放宽形成"倒锥形"，南向滨河路逐渐放宽，形成"锥形"绿带。从整体上看，中轴线是开阔的南北向带状绿地，在深南路北侧建步行中央广场，不仅是中心区的中心，而且是整个城市的中心。

（4）1989年总规图上显示中轴线从莲花山（2000年之前为大约30 m高的小山）一路向南到会展中心位置，中轴线继续向南延伸，在益田路东侧、皇岗村西侧之间保持150~300 m宽度直达深圳湾水边。

（5）1990年中心区4家单位的咨询方案中，同济大学建筑设计院和华艺设计公司方案在中轴线位置采用中央二层大平台上跨深南路，中规院方案和新加坡方案采用左右两座天桥上跨深南路。

（6）1991年同济大学和深规院合作综合方案中未明确表示中轴线跨越深南路的方式。例如，1991年底小组专门在北京工作了一段时间，与周干峙院士、中规院总院的领导讨论中心区方案的诸多问题。一次王健平总工带刘泉和朱荣远去吴良镛院士家讨论跨越深南路的技术方案，讨论了若干种方案和可能性。不确定因素太多，深南路方案又决定在即，在离开吴先生家时，也没有能够选出一种让大家心服口服的方案[①]。

（7）1992年控规也未明确表示中轴线跨越深南路的方式。

（8）1995年南区城市设计也未明确表示中轴线跨越深南路的方式。

7.2.2 水晶岛及立体轴线的开端（1996年）

1996年是立体轴线元年，1996年中心区城市设计国际咨询李名仪事务所优选方案首次提出立体中轴线和水晶岛方案，把中轴线从红荔路到滨河大道形成波浪形起伏的、人车分流的二层步行体系，即中轴线与主、次干道相交处局部抬高（二层人行、地面车行、地下车库）。同时"水晶岛"（Crystal Island）设计为一个水晶钻石状的城市雕塑型标志，另设计一个"深圳塔"备选方案。该水晶岛方案采用中间1座天桥跨深南路连接南北两侧。

1996年以后，中轴线逐步成为连接屋顶、地面和地下的立体轴线，以及结合轨道交通、文化商业、屋顶广场的复合功能轴线。1997年，中心区交通规划成果认为中轴线应保持人行连续的竖向高度，建立与其他交通方式紧密接驳的人行系统，并与中心区公共空间景观相配合。从此，中轴线不仅落实了中心区早期规划的人车分流体系，而且把天桥、屋顶平台等二层步行系统继续向轴线周边地块延伸，形成CBD二层步行大系统。

7.2.3 规划贯通立体轴线（1998年）

1998年，日本黑川纪章建筑师事务所对中轴线进行详细规划设计，将李名仪事务所优选方案中跨路时局部抬高的波浪形起伏的中轴线修改为整体高架的二层步行系统的立体轴线。从此，中轴线形成了地上一层、地下二层和屋顶广场三个层面的水平贯通及垂直连接的立体轴线。之后中轴线城市设计一直沿着立体轴线、人车分流的思想深化发展。该方案沿用了李名仪事务所在水晶岛东西两侧各1座天桥（共2座天桥）跨深南路的市民广场设计构思，且水晶岛方案不变。该方案经几次国际专家会议评议，原则同意日本黑川纪章建筑师事务所方案的总体布局。该方案创新性地提出在北中轴做几项生态低碳实验的示范性设施，

---

① 朱荣远的回忆，资料来源：《福田中心区详细规划小组工作备忘录》。

后因缺乏具体的经济、技术方面的可行性分析，暂时不予考虑实施[①]，但可保留未来增建的可能性。

7.2.4　水晶岛高悬观光及南中轴水系（1999 年）

1999 年，中心区城市设计及地下空间综合规划进行国际咨询，德国欧博迈亚公司的方案非常新颖，方案设计的水晶岛为高空悬拉索"云观光厅"，采用 4 根斜柱及 4 条钢拉索连接飘浮在空中的 150 m 高的"云观光厅"。后经研究计算预测，深圳最大台风时，"云观光厅"最大位移可达 2 m，让人受惊，所以未采纳该方案。另一方案是中轴线地面广场连通深南路南北两侧，深南路局部下穿。该优选方案同时提出南中轴两侧水系和下沉花园，以利于地下商场采光，后经专项规划研究认为，南中轴两侧水系实质是人工水系，在深圳严重缺水的情况下，可实施性不大，且未来长期运维费用太高，因而取消了水系，仅采用南中轴东西两侧下沉花园方案。

7.2.5　水晶岛"深圳之眼"方案（2009 年）

2007 年，随着深圳轨道交通规划版本升级，水晶岛周围的轨道线路和站点越来越密集，商业价值更加提升。借地铁在水晶岛地块的施工契机，2009 年再次启动了水晶岛规划设计方案国际竞赛，希望在解决水晶岛地下交通的同时，增加市民广场地下空间的商业开发规模，实现商业、展览与地面交通和地下交通等公共设施的有效连接，提高城市公共空间的生活质量。OMA/ 都市实践方案获得竞赛第一名，该方案设计水晶岛为下沉广场的"深圳之眼"，在市民广场上方设计直径为 600 m 的二层高架圆环（环底高 6 m，环顶高 12 m），连接深南路的南北两侧，圆环上设公共步行通道和小量餐饮。南广场布置 3 栋小型办公楼，

地下布置餐饮、零售商业及停车库等。

"深圳之眼"方案在后续几年多次修改，例如建筑规模的修改调整，2009 年"深圳之眼"方案总建筑面积约 22 万 m²（其中：地上办公 4.4 万 m²），餐饮 600 m²，"深圳之眼"（公共环）2.1 万 m²。2010 年 10 月该方案完成修改，等待土地招标落实开发投资商后实施。2012 年水晶岛设计修改后的方案："深圳之眼"位于水晶岛正中位置，建筑面积不少于 5 万 m²。2012 年 5 月，市领导指示要强调水晶岛的文化性，水晶岛暂不考虑高架环、采用地面环。但地面环的不足是没有解决中轴线市民广场跨越深南大道的连续步行问题。2015 年方案的总建筑面积约 31.5 万 m²（其中：地上办公 4.5 m²，"深圳之眼" 5 万 m²，地下商业 22 万 m²）。2017 年，市规土委上报方案的总建筑面积为 15.8 万 m²（其中：地上办公 3.5 万 m²，"深圳之眼" 1.8 万 m²，地下商业 6.7 万 m²，地下停车 3.8 万 m²）。至 2018 年，水晶岛方案修改为：二层高架慢行圆环落地，地上建筑集中于南侧布置，商业总量减少，增加公共文化功能。

7.3　中轴线实施历程

中轴线"一气呵成"的梦想未能实现，实施过程可谓曲折漫长。2003 年 2 月之前，相关工作者一直在中轴线建筑和景观工程统一设计、统一建设、统一管理的指导思想下积极努力工作。

7.3.1　北中轴实施顺利

2001 年，北中轴建设项目已确定由深圳新华书店建书城，之后建管养进展较顺利。北中轴包括深圳书城屋顶和 4 个文化公园，是深圳大型书城、地下车库、地铁站、休闲

---

①　中心区中轴线一期（北中轴），《深圳市建设工程设计方案审批意见书》，深圳市规划国土局，1999 年 3 月 22 日。

广场、文化公园等多功能复合空间。北中轴和市民中心、市民广场已按规划建成大型屋顶广场，连通莲花山。

1998 年，政府确定采用日本黑川纪章建筑师事务所中轴线详规方案。1999 年 3 月，政府指定由市民中心建设办公室作为甲方负责北中轴屋顶广场方案报建并组织工程实施。之后，北中轴地上 1 层和地下 1 层主体工程由新华书店接手设计和工程建设，2002 年 6 月深圳书城中心城开工，2005 年书城顺利竣工，从书城可通过楼梯或电梯直达屋顶广场。政府负责建设的北中轴屋顶广场尽管实施"迟缓"，但总体上建设顺利。市轨道办领导积极作为，借助地铁少年宫站的施工契机决定修建北中轴屋顶广场上跨红荔路的二层步行平台，于 2012 年实现了北中轴与莲花山的步行无缝连接，实现了中心区规划师们多年的期盼。北中轴两侧规划的"诗、书、礼、乐" 4 个小型文化公园也陆续建成，与图书馆、音乐厅、少年宫、"两馆" 4 个文化建筑相呼应。根据 2001 年中心区雕塑规划，北中轴为深圳城市历史雕塑的空间平台，但至 2023 年还未实施。

7.3.2 市民广场实施"一波三折"

（1）北广场作为市民中心建筑的前景广场，由政府建设地下车库，与市民中心地下连通使用。李名仪事务所在设计市民中心建筑工程的同时，1998 年与罗兰 / 陶尔斯景观建筑师及场地规划师事务所合作设计了市民广场方案，该方案从广场四周向中心点呈放射形缓坡下降形成"锅底"，锅底点标高大约比市民中心 ±0.00 标高低 3 m，"锅底"大概在升旗台那个位置。景观设计"锅底"

目的是让人在深南路上能看清市民中心全貌。如果广场地面不降的话，市民中心就看不全[①]。该方案设计了 6 个"树塔"作为广场照明和地下进出口，广场地面设计了世界地图，寓意深圳将成为全球版图上的知名城市。广场两侧二层人行天桥（长 350 m）上跨深南大道。该广场方案几次报建未通过。后来还召开了专家讨论会，提出北广场与水晶岛要统一设计、整体建设，故北广场方案设计暂停了。如今回顾此方案未实施是一大遗憾。

（2）2002 年 11 月，市政府决定尽快组织北广场地下两层车库工程的设计和建设，以便与市民中心同时使用，市民广场地面以上仍与整个广场及南中轴统一设计。于是，委托深圳市第一建筑设计院进行北广场地下车库的设计。鉴于市民中心建筑 2004 年 5 月竣工启用时，市民广场不能是一片工地，2003 年又委托该院进行市民广场外部环境设计，以便在地下车库施工时与未来广场整体有良好衔接。由此出现了市民广场的临时过渡方案。

（3）2005 年 6 月，市民广场施工图设计（图 7-2）报建[②]，由 4 家设计单位（株式会社日本设计、深圳市憧景园林景观有限公司、东北建筑设计院深圳分院、北京市政工程设计院）联合设计。2006 年建成的市民广场有 6 个 25 m 高的玻璃光塔（塔身长约 11 m、宽约 4 m）（图 7-3）。因光塔尺度过大，疑似 6 个小型"玻璃建筑"突兀地"站立"在城市客厅中央，与市民中心的尺度关系不和谐，对中心区产生了负面影响（图 7-4）。市民广场 6 个灯塔几乎成为"标志"（图 7-5、图 7-6），临时方案建成使用至今已近二十年，

---

① 王红衷，高级工程师，现任深圳市机关事务管理局局辖物业安全监管总监，五级职员。1998—2005 年任市民中心建设办公室工程部工程师，曾负责市民广场报建工作。2022 年 8 月 23 日访谈回忆。

② 本次报建市民广场设计范围包含 4 个地块：北广场 33-2 号地块、南广场 33-4 号地块、南中轴 33-6、19 号地块。

历史和我们开了个不小的玩笑。

（4）南广场。2000 年 2 月，市政府根据中心区城市设计，决定将南广场和南中轴 2 个地块分别出让给深圳市商贸控股公司、香江集团公司和融发投资有限公司这 3 家公司开发建设商业及地下车库。2002 年，按照政府对中心广场及南中轴建筑和景观工程"一气呵成"的要求统一设计，2003 年 2 月该工程设计停止后，至 2023 年未有进展。

7.3.3　水晶岛推进实施过程

（1）2005 年由深圳市建筑工务署进行水晶岛临时工程建设，为降低工程造价，取消水晶岛地下人行通道和地面环境工程。根据中心区规划，当时水晶岛环境设计工程为临时工程。为减少项目投资，便于今后永久方案设计的灵活性，水晶岛维持现状[①]。深圳市土地开发中心 2005 年 10 月致函市规划局，已按上述修改意见，由原设计单位株式会社日本设计完成了对取消水晶岛地下通道的设计调整。2005 年 11 月，市规划局复函同意取消水晶岛地下人行通道和地面环境工程，水晶岛维持现状[②]。

（2）水晶岛自决定采用 2009 年国际竞赛第一名"深圳之眼"方案后，市规划部门曾多次组织方案修改，8 次请示上报市政府，希望推进水晶岛建设，最后仍未实施，原因是建设条件发生以下变化[③]：A. 轨道网络调整。11 号线将交通枢纽福田站东延至岗厦北枢纽，受轨道转弯半径和下行坡道限制，11 号线必将贯穿"深圳之眼"。原方案无法实施。B. 原方案无法实施福田高铁站建设，福田高

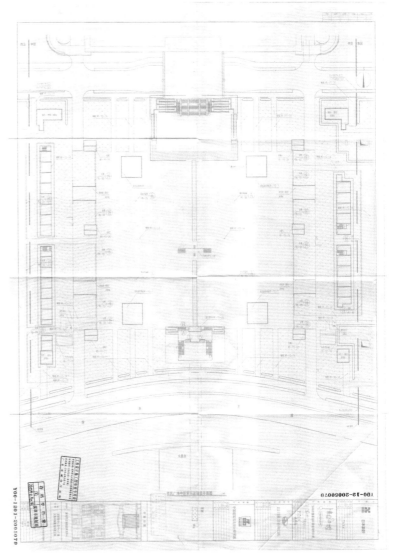

图 7-2　市民广场 2005 年 6 月报建图
（来源：市规划部门）

图 7-3　市民广场上的 6 个灯塔实景
（来源：笔者摄）

① 《关于修改中心区水晶岛和南中轴景观环境工程设计的函》，深规函〔2005〕263 号，深圳市规划局，2005 年 6 月 3 日。
② 《关于深圳市中心区中心广场及南中轴景观环境工程方案调整的请示》复函，深规函第 HQ0501896 号，深圳市规划局，2005 年 11 月 3 日。
③ 《深圳市福田中心区中轴城市客厅及立体连接规划研究》，深圳市规划和国土资源委员会、深圳市福田区人民政府、市发展中心，2018 年 4 月。

图 7-4　市民广场的 6 个灯塔与市民中心的尺度不和谐
（来源：笔者摄）

图 7-5　2008 年 5 月市民广场 6 个灯塔
（来源：陈卫国摄影）

图 7-6　2022 年 8 月市民广场临时方案中的 6 个灯塔
（来源：笔者摄）

铁站位置与地面环冲突，地面环无法完整实施。C. 中轴南北贯通问题仍未解决。针对地上步行连续问题，通过地面环形走廊在深南路做地下连通处理，难以达成中轴线慢行贯通的意图。D. 开发功能与开发量存在争议。中心区南片区商业规模现状为 45.4 万 m²，规划新增 40.6 万 m²，体量巨大（其中：地下商业 28 万 m²），而且该方案地上地下开发量多次调整，仍难以确定。

7.3.4　南中轴实施曲折

（1）南中轴 2 个地块分布在福华路南北两侧，地上 1 层和地下 3 层功能布局为大型购物中心、公交枢纽站、地下车库等，地下层直达福华路地下商业街"连城新天地"，并连通几个地铁站出入口。南中轴屋顶为步行休闲广场，与城市客厅相连。2001 年市政府确定采用 PPP 模式开发建设中轴线，所有可经营面积（商业、地下车库等）由企业投资建设和营运，所有公共空间和不可经营的公共设施（屋顶广场、多个天桥和公交枢纽站等）全部由政府负责投资和管养。因此，北中轴由深圳新华书店建设书城，中心广场和南中轴的可经营面积由 3 家公司投资。

（2）南中轴与南广场曾为"连体"工程。为了保证工期和质量，2002 年，政府牵头成立市民广场及南中轴工程开发建设项目"3+1"小组，签订合作协议，协同开展设计和建设工作，朝着中轴线"一气呵成"的目标努力。2003 年 2 月该项目终止后，政府决定让各投资方负责各自合同范围内的设计和施工。由此开始了南中轴漫长的建设过程。

（3）2003 年南中轴与中心广场（南）分开实施。中轴线"一气呵成"计划中止。2003 年 3 月以后，市民广场与南中轴各地块单独进行工程建设，南中轴的 2 个地块开发商按照 2003 年市民广场与南中轴景观工程设计中标方案，在遵循详细的中轴线景观设计导则的前提下各自负责建筑及景观建设。2003 年 9 月，政府又举行了中心广场与南中轴屋顶景观工程方案国际招标，株式会社日本设计的中标方案是否落实到南中轴？还有待研究考证。

（4）1999 年国际咨询优选方案的南中轴东西两侧水系被证明不具备可实施性，水系改为下沉花园并建设实施后与南中轴商业融为一体。2005 年，由市建筑工务署进行南中轴二层步行平台上跨福华路的两个连接平台建设。原福华路商业街施工时预留了部分桥梁墩柱，后因中标方案与原规划不同，未利用上原预留墩柱，造成上跨福华路两个连接平台的方案工程造价过高。会议同意修改连接平台位置，利用原预留墩柱，以降低工程造价①。市土地开发中心 2005 年 10 月致函市规划局，已按上述修改意见，由原设计单位株式会社日本设计完成了跨福华路两个连接平台位置的设计调整。2005 年 11 月，市规划局复函同意所报方案，请推进南中轴景观环境工程进度②。

（5）怡景中心城于 2006 年建成并开张营业，皇庭购物广场建筑立面的修改、该项目包含的大型公交枢纽站建设问题、该项目与会展中心之间的天桥建设施工等多方面原因使南中轴建设周期超过了 8 年（图 7-7）。皇庭购物广场于 2010 年规划验收，但至 2022 年，中轴线屋顶广场二层平台还未实现整体连通。其间，南中轴屋顶广场曾被"变性"为"郊野公园"，2012 年还出现了屋顶"违章建筑"，这与"深圳效率"和"深圳名片"的初衷相去甚远。

7.4 反思中轴线的经验教训

凡事都具有两面性，中心区中轴线城市设计及其实施过程既有经验，也有教训。

7.4.1 中轴线规划设计一脉相承

自 1982 年首次出现中轴线雏形至今 40 年来，中轴线规划设计一脉相承，体现在以下几方面：

（1）中轴线位置一直未变，一直是以莲花山为起点的南北向轴线。早期最理想的规划是中轴线从莲花山一路南下至深圳湾。后由于难度太大，中轴线改为从莲花山到滨河大道的小山包（现会展中心位置）。中心区中轴线"始于绿色、终于绿色"，使中心区与自然生态系统接通。

（2）中轴线功能与时俱进，轴线内容不断丰富完善。中轴线从早期的小型公建和广场变成现在的文化、商业、屋顶广场、地下车库与多条轨道线站连接的多功能复合轴线。

（3）中轴线的交通可达性不断增强。早期规划关注公交可达，20 多年来不断增加轨道交通线路和站点。目前中心区轨道有 10 线 3 枢纽，是深圳市轨道网线密度最高的片区之一。再加上公交巴士，不仅公交能便捷到达中轴线，而且人车分流的立体中轴线也提高了步行舒适度。

（4）中轴线形态从平面到立体，日臻完善。中心区规划吸收了中国传统中轴线形态，1995 年以前为平面轴线，沿轴线布局小型公建设施围合成轴线空间。1996 年城市设计为立体轴线、景观轴线、多功能轴线，综合形成深圳市中心的城市客厅。A. 中轴线使福田

---

① 《关于修改中心区水晶岛和南中轴景观环境工程设计的函》，深规函〔2005〕263 号，深圳市规划局，2005 年 6 月 3 日。
② 《关于深圳市中心区中心广场及南中轴景观环境工程方案调整的请示》复函，深规函第 HQ0501896 号，深圳市规划局，2005 年 11 月 3 日。

图 7-7　2008 年还在建设中的南中轴工地
（来源：笔者摄）

图 7-8　2014 年从会展中心看中轴线实景，尚未形成城市客厅
（来源：笔者摄）

组团在深圳多中心组团结构中更具特色，更有城市几何中心的统领作用。B. 中轴线两侧"双龙飞舞"超高层建筑带限定了轴线空间边界，轴线尺度适宜。C. 中轴线以莲花山为起点，以市民中心为核心标志建筑，以会展中心为南端"结尾"，有较强的空间节奏感和韵律美感。

（5）中轴线规划设计 40 年一脉相承，始终延续中轴线公共空间的开放、生态、景观特性，使"人工味"极强的 CBD 富有自然人文气息。规划与时俱进，始终坚持着公共空间轴线，在深圳历次房地产高潮中没有把土地"瓜分掉"，至今它是深圳东西向带形城市中唯一一条南北向轴线，这是经验。

7.4.2　南中轴开发时机及建设模式反思

（1）南中轴开发时机过早　中轴线在完成城市设计后再出让土地，把握了较好的城市设计时机。但南中轴土地出让时间过早，2001 年中心区大多是空地，没有人气，没有市场需要，尚不具备商业经营的情况下就出让南中轴土地，导致土地出让"门槛"不高，未设置商业经营准入条件。由于开发商的经济实力和经营经验，南中轴 2002—2022 年整整 20 年尚未形成国际性城市中心的城市客厅（图 7-8）。

（2）南中轴 PPP 建设模式过于超前　2001 年确定中轴线的实施机制为政府负责中轴线 7 个地块的地上一层屋顶防水层以上的覆土绿化和屋顶广场，3 家企业（国企、股份公司、私企）负责建设和营运商业和车库。2002 年，市政府牵头组建了中心广场及南中轴工程"3+1"建设协调小组。实质上是中心区超前采用了 PPP 建设模式，但当时深圳才建设了 20 多年，城市法治化水平和综合治理能力尚不足以采用中轴线建设 PPP 模式，过于超前的 PPP 开发机制缺乏社会政治、经济、生态的支撑。试想，如果当年采用常规思路，由政府投资建设全部中轴线建筑和屋顶广场后再出租可经营的商场及车库的话，则中轴线城市设计实施既实现了"一气呵成"，也为深圳国际化城市提供了大气漂亮的城市客厅，中心区作为"城市名片"会更靓。

7.4.3　中轴线建设本应"拼贴城市"

中轴线城市设计时机恰当、成果质量高，具备可实施性。但在中轴线建设初期，中心办成员缺乏"拼贴城市"理念，在执行市中心区开发建设领导小组"一气呵成"实施中轴线的建设方案中，未向领导提议"拼贴城市"的分段实施中轴线方案，值得反思。

（1）城市规划实施本应"拼贴城市"，过于乌托邦式的理想主义是难以实现的。现

图 7-9　2015 年中心区中轴线实景
（来源：陈卫国摄影）

实中，城市总图无一例外都是"一片一片""一段一段""一块一块"拼贴出来的，城市中有漂亮的"名片"，也充满着无奈之地。"打补丁"式的有机更新将一直伴随着城市生命全过程。理性地说，中轴线应该结合实际需要分期建设，市民广场 3 个地块也可分块实施，南中轴 2 个地块也可分开建设。因此，2003 年 2 月以后，中心广场及南中轴各投资方各自负责合同范围建设的模式是可行的，但后面设计实施的一定要尊重前面的历史，尽量采用"补台"方式修补前面的历史遗憾，或者与前面建筑及环境都保持协调和良好衔接。必须说明的是，分散实施对规划主管部门的履职能力要求更高，主管部门就相当于"总

设计师"，把中轴线 7 个地块的屋顶广场统一建好、管好、维护好，就不至于出现如今的局面：从空中看，中轴线似乎是连通的（图 7-9），但实际上行人无法在南中轴屋顶广场自由行走和休闲娱乐。南中轴实施近 20 年，期盼已久的中轴线"脊梁"还未支撑贯通起来，这是中心区城市规划史上深刻的教训，也验证了"空间是政治性的"原理。

（2）作为中心区"脊梁"的中轴线长2.5 km，至 2022 年未全部连通。1996 年至 2003 年 2 月，市中心区开发建设领导小组秉持中轴线城市设计整体实施"一气呵成"思路，中心办工作重要目标之一是建立中轴线整体建管养机制，使之成为深圳市中心的城

市客厅。因为中轴线实施从未有过备选方案，所以 2003 年 2 月中心广场和南中轴工程第一次概念设计方案被终止后，相关建设者束手无策。如果中轴线实施早有"整体"和"分块"两手准备的话，那么，虽然各地块商业开发由投资商自行组织设计建设，但各地块的屋顶广场仍由政府统一负责建管养。即使 2004 年中心办撤销，只要指定专门部门负责，中心广场和南中轴不至于出现如今局面：20 年未解决中心区跨越深南大道的南北连接问题，二层人行系统到了深南大道水晶岛位置就不得不"拐弯抹角"穿地下通道过马路；南中轴屋顶广场的违章建筑近十年未处理完，中轴线七个地块的屋顶广场所有产权归政府，但至今南中轴未实施公共开放。南中轴屋顶广场默默"平躺"在中心区 CBD 群楼中，20 年来未能发挥中轴线公共空间的功能作用。

（3）管理机构半途而废，管理思路变动较大。CBD 的管理机构仅工作 9 年便过早撤销，导致中轴线工程实施的"总协调人"缺位，政府管理缺位，加上政府对规划实施缺乏系统化管理的机制，导致精致规划的 CBD 成为"虎头蛇尾"的遗憾局面。

遗憾的是，中心区的公共空间"脊梁"——中轴线二层步行系统的南段至今未连通，中轴线跨越深南大道的历史课题未完成。中轴线二层步行系统连通已成为几代规划师的梦想。

7.5 小 结

中轴线规划设计 40 年一脉相承，现实方案是从莲花山到会展中心二层步行平台全线贯通，理想方案是从莲花山到深圳湾形成生态绿轴，这是深圳几代规划师的梦想。中轴线规划雏形始于 1982 年，1987 年首次深圳城

市设计就包含了福田中心区中轴线城市设计。可以说，中轴线规划设计（城市设计）前后历经 1987 年、1989 年、1996 年、1998 年、1999 年、2009 年 6 次国际咨询（竞赛）后，大家已经形成共识——中轴线是深圳集城市客厅、商业、文化、轨道交通、公交枢纽站、景观和功能于一体的多层次复合功能轴线，水晶岛是中心区"画龙点睛"之笔。特别是市规划部门近十几年来多次组织修改 2009 年"深圳之眼"方案，8 次请示上报市政府，希望推进水晶岛"深圳之眼"方案建设，至今未实施。众人期待水晶岛能成为反映深圳开拓创新精神气质的最佳标志建筑（构筑），成为深圳乃至粤港澳大湾区的标志，期待中轴线和中心区及其周边环 CBD 片区能成为粤港澳大湾区的核心功能区。

中轴线二层步行系统已建成从莲花山到市民广场北段，跨深南大道及南中轴段尚未连通。2003 年 2 月中轴线波折事件距今已 20 年了，期盼已久的中轴线"脊梁"还未支撑起来，这是深圳城市规划史上的遗憾。但从世界城市发展史角度看，中轴线漫长的城市设计演变和建设历程仍属正常范畴。城市原本就是"拼贴"过程，城市规划建设也是偶然性和必然性的组合。

中轴线建设的"两过"值得吸取教训——开发时机过早，PPP 建设模式过于超前。中轴线商业开发用地出让过早，市场需求不足，出让门槛不高，开发商实力不足、经验不足，南中轴建设坎坎坷坷十几年建成时屋顶还有违章建筑待处理，至今中轴线未连通到南中轴，这是深圳城市规划史遗憾之事。中轴线的遗憾也暴露出规划实施管理方面的短板，对后人有借鉴意义。

8 专记：深圳市中心区规划实施经验教训

建筑规划，终成大院；人才济济，桃李芬芳。

——中国第一代留学归国的著名建筑师、同济大学教授 吴景祥

中心区是深圳城市规划建设奇迹的缩影，是国内较早编制城市设计并成功实施的片区。中心区从1980年代规划选址、储备土地，到1990年代务实的城市设计及1996年建立"中心办"部门总师机制，这些是保证中心区城市设计成功实施的关键。中心区规划实施既坚守了刚性原则，又适应了市场弹性，探索了市场经济体制下政府规划与市场开发需求有效结合的模式。中心区规划建设40年较成功之处包括前瞻规划选址并准确定位、统征土地并3次储备用地建成金融中心、弹性规划开发规模并睿智决策建设、交通规划成功实现"轨道＋公交＋慢行"模式、城市设计详细落地实施、创建城市仿真保证公共空间效果等6条重要经验。中心区规划经验教训[①]值得总结。

图8-1 2021年8月中心区实景1
（来源：杜万平摄影）

8.1 中心办"部门总师"护航规划实施

（1）1996年，市政府决定在市规划国土局内专门建立"深圳市中心区开发建设办公室"，中心办负责落实市中心区开发建设领导小组的决策，统一负责中心区土地出让、规划设计、城市设计、建筑方案报建，直至建筑竣工后规划验收等行政职责，负责细化落地实施中心区城市设计。中心办"一条龙"负责制使中心区在规划建设最关键的9年中，城市设计得到细化和落地实施。图8-1为2021年8月中心区实景。

（2）"中心办"是9年临时机构。中心办机构作为中心区规划建设"部门总师"，从1996—2004年运作9年，时间虽短，但影响长远，开创了中心区"十个第一"。至2004年中心区竣工建筑面积仅占规划总建筑面积的1/3，仍有2/3未建，就突然撤销中心办，导致中轴线中心广场和南中轴长期未能建成

---

① 陈一新．探讨深圳CBD规划建设的经验教训[J]．现代城市研究，2011，26（3）：89-96.

连通①，此为深圳规划史上的遗憾。

（3）中心办前、中、后三阶段工作连续性不足，是为遗憾。例如，1993年福田中心区规划设计审查意见中确定的"以街坊为单位统一规划设计，做好地上、地面、地下三个层次的详细规划设计，特别是以南北向中心轴和东西向商业中心为主轴的地下通道的设计，并预留好各个接口"②。这一"前阶段"重要的信息（例如，1987年中心区城市设计成果）未能传递给"中阶段"管理者——中心办，甚至中心办根本就不知道有这个会议纪要，以至于1999年才开始进行中心区地下空间利用规划，误以为前人从未意识到要进行中心区地下空间规划。1999年的地下空间规划将中轴线地下空间与商业中心的地下空间规划为一个"十"字形的地下空间方案，1999年的规划成果与1993年的规划思路也是不谋而合的。如果当时的工作能连续进行，不至于让中心区的地下空间规划延期整整6年时间。这仅是其中一个片段而已，类似这样的事例有许多。

（4）2004年中心办撤销后，中心区的规划管理放在市局分局分工管理，重大项目由市局城市设计处负责管理，一般项目在福田分局管理，形成多头管理，缺乏整体统筹协调。造成的直接结果是中心区国际化城市的高起点、高标准未能实现，完整的二层步行系统、地面步行绿环（规划福华路、民田路、福中路、海田路形成四围闭合环路）、行道树规划、广告标识系统等多项城市设计、景观设计未能实施，使中心区地面步行环境仅仅达到了一般水平。站在历史高度长远看，中心区是深圳二次创业的核心区，绝非九年就能建成，即使在中国城市化最快时期、最快之地，中心区的规划建设起码也需要三十年历程。这是古今中外所有城市规划历史不争的事实。

8.2 准确选址，前瞻定位

深圳特区之初就准确选址未来的市中心——深圳市中心区（图8-2），并高起点定位、高标准规划。这是深圳历届市领导和

图8-2 2021年8月中心区实景2
（来源：杜万平摄影）

---

① 至2022年8月本书交稿，中心广场和南中轴仍未建成连通。此项目从2001年至2022年整整20多年未完成。
② 《关于福田中心区规划设计审查意见的情况报告》，深规土字〔1992〕223号，深圳市规划国土局，1993年6月8日。

规划师们的远见，也是深圳的幸运。1980年《深圳市经济特区城市发展纲要（讨论稿）》提出，莲花山脚下那一片（皇岗区）是以吸引外资为主的工商业中心，是集聚金融、商业、贸易机构的繁荣商业区。之后，深圳总规、分区规划、详细规划等都坚定不移地落实提升市中心规划定位，并逐步丰富中心区功能。1986版总规《深圳经济特区总体规划》将福田新市区定位为未来新的行政、商业、金融、贸易、技术密集工业中心，建立配套的生活、文化、服务设施。1996年，《深圳市城市总体规划（1996—2010）》确定中心区为体现国际性城市功能的中央商务区（CBD），为实现区域性金融、贸易、信息中心及旅游胜地的目标提供高档次的设施与空间条件。2010年，《深圳市城市总体规划（2010—2020）》提出中心区和罗湖中心区共同承担市级行政、文化、商业、商务等综合服务职能。福田区在承担全市行政中心、文化中心功能的基础上，未来发展成为国内重要的金融中心和商贸中心、国际著名的电子产品交易中心和国际知名的会展中心。由上述可见，深圳三版总规都将中心区定位为深圳城市中心和CBD。迄今为止，中心区已真正形成深圳全市的行政中心、文化中心、商务中心和交通枢纽中心。这不仅仅是历史的巧合，还是深圳城市规划的高瞻远瞩和务实高效的成果。

8.3　预留土地实现规划定位

土地是财富之母，但土地出让的速度节奏与市场需求相协调了，才能让政府与市场双赢。1980年代，深圳特区进行第二轮土地管理制度改革，为特区建设取得了相当一部分自筹资金。掌握土地资源，城市规划才能

图 8-3　1998 年中心区规划预留用地
（来源：笔者摄于设计大厦的规划展厅）

实施。中心区规划能够实施，关键是政府统征土地并三次储备用地，使之建成金融主中心，成为名副其实的CBD。齐康院士概括其为"留出空间、组织空间、创造空间"。

（1）三次预留储备土地[①]（图8-3），成功实现规划功能定位。

①第一次储备土地——收回土地协议

1981年，深圳市政府与港商签订了包括中心区在内的福田新市区 30 km² 土地合作开发合同，1986年，市政府收回了这片土地，为后来福田区的开发建设预留了宝贵的土地资源，赢得了特区城市规划战略意义上的主动权。这促使深圳在前15年一次创业时期集中力量建设罗湖上步组团，为二次创业的福田组团储备了大片"宝地"。

②第二次储备土地——拆除违建留地

1988年起统征福田新市区土地，1989年继续征用福田新市区剩余的 15 km² 土地。1991年中心区大规模征地拆迁。1993年深圳市城市建设监察工作力度加大，全市直接组织

---

①　深圳市规划国土局1993年工作总结和1994年工作设想，1993年12月23日。

了 5 次较大规模的违法建筑拆除工作。至 1994 年，中心区拆除各类违法建筑超过 110 万 m²（包括永久性、半永久性建筑物 60 万 m²，各类临时性建筑物约 51 万 m²），再次为中心区预留了宝贵的土地资源。

中心区非常幸运能在特区前十几年大规模开发建设过程中预留了这片宝贵的市中心用地。

③第三次储备土地——法定图则留地

在 1998—2002 年中心区第一、二版法定图则编制过程中，中心办成员凭着高度的责任心和使命感，敏锐地察觉到中心区开发早期市场地价较低，早期的投资者中不乏等待机会"炒地皮"的"冒险家"，等到中后期地价升高，进入中心区的投资者也更有实力建设高品质商务楼宇。只有把优质地块保留到最后出让，才能实现中心区规划目标，也有利于政府合理收取地价。所以，中心办就下决心要把那些位置好、景观好的地块留到最后出让。因此，在后续详规修编中，不但 1992 年规划确定的办公用地一律不得减少、不得改变功能，而且还在法定图则编制中想方设法留地，例如：多留了一所中学用地（在今凤凰卫视北侧）、储备了一块体育产业用地（西北角）、还预留一个大街坊作为发展备用地（临时给城管局培植小树苗）等，这些法定图则预留地，直到 2004 年深圳金融产业创新发展的大好机遇来临，中心区可建设用地中[1]仍有 30 万 m²（净地）能用于商务办公，挂牌出让给了金融机构，才使中心区建成了名副其实的金融中心。实践证明，中心办当年通过规划手段多留地是一种"战略留白"，也是可持续发展的长远之举。

（2）留地是实现空间规划与产业经济双赢的关键。

土地是规划实施的第一要素。尽管深圳由政府和民间"两条腿交替前行"建设，但深圳规划始终超前谋划城市发展策略，提前储备土地空间资源，因此，深圳城市规划功不可没。

1980 年代初期，深圳城建资金是以贷款为主；1990 年代以后，政府以地生财，城建资金中有相当一部分来源于土地出让的收入[2]。中心区 1996—2000 年土地协议出让的楼面地价为住宅 1 800 元 /m²，办公 2 500 元 /m²，商业 3 000 元 /m²。后来，随着中心区开发建设的推进，各类基础设施的逐步完善，中心区的地面基准地价已由 2007 年的 8.8 万元 /m² 上升至 2010 年的 10.1 万元 /m²，写字楼、住宅、商铺等各类物业的租金与售价也都有了较大幅度的上涨。2015—2022 年中心区地价为[3]：住宅由 22 308 元 /m² 上升到 37 105 元 /m²，办公维持在 24 180 元 /m² 左右，商业由 31 335 元 /m² 上升到 57 798 元 /m²。中心区规划建设经验证明，政府只有储备土地、把控好土地出让节奏，才能真正实现城市功能定位，保证地价收入，也有利于调控房地产价格。储备土地是中心区实现规划的重要经验。但是，如果过早"卖地"，不但空间规划难以实施，而且产业经济目标更难实现。

为了启动中心区建设，中心区土地出让方式前期以对外定向招标为主、拍卖为辅，实行政策倾斜，吸引资金重点投入中心区的开发建设。前期到中心区投资的以香港实力雄厚的知名企业为主。近几年来，中心区土地出让主要采用拍卖和公开挂牌的方式。

---

① 陈一新. 规划探索：深圳市中心区城市规划实施历程（1980—2010 年）[M]. 深圳：海天出版社，2015：117.
② 深圳市规划和国土资源委员会. 深圳改革开放十五年的城市规划实践（1980—1995 年）》[M]. 深圳：海天出版社，2010：4.
③ 深圳市房地产评估发展中心地区评估部，2022 年 9 月统计数据.

中心区开发建设的经济成效显著，不仅实现了城市设计的空间规划，而且建成了以金融为主导产业的商务中心区，实现了经济产业目标。中心区因为储备土地留足空间（图8-4），才顺利实现了规划与产业的双赢。这是深圳的幸运。

8.4 睿智确定 CBD 开发规模

（1）1992年中心区进行详细规划，其建设规模问题一直困扰规划，在找不到任何理论和市场依据的情况下，项目组只好从世界城市通用的空间形态上着手，研究城市形象，再反推若干种建设规模。由此产生中心区高、中、低3种开发规模（1 235 万 m²、960 万 m² 和 658 万 m²）方案[①]。

（2）弹性规划开发规模，睿智决策建设。1993年深圳市政府果断确定中心区开发建设

总规模采用"地下高方案建设，地上中方案控制"，即中心区地下市政管线按高方案容量进行工程设计，地上公建配套也按高方案，地上各地块的建筑总量按中方案控制。这一睿智决策在当时极具创新性，符合科学发展观。因此，1993年中心区市政道路工程按高方案大容量建造了基础设施，为中心区成为深圳长远的城市中心奠定了稳固基础，为深圳成为全国经济中心城市的发展提供了一个超前的基础平台。这是深圳市领导和规划师们一次高瞻远瞩的大胆创举。

（3）弹性规划原则保证了中心区在大框架（生态蓝绿网、市政道路网）稳定不变的前提下，依市场需要动态调整城市设计。1993年中心区采用规划高方案 1 280 万 m² 总规模进行市政道路建设，地面总建筑规模采用中下方案 750 万 m² 控制各地块的容积率，为中心区后续发展保留了富裕的弹性空间。

图8-4　2022年8月中心区实景1
（来源：杜万平摄影）

---

① 朱荣远的回忆，资料来源：《福田中心区详细规划小组工作备忘录》。

2022 年中心区地面以上开发规模已经建成 1 280 万 m²。回顾中心区市政基础工程，由衷钦佩领导选择高方案施工地下管网的英明决策。

8.5 交通规划超前与实施

在深圳多中心组团结构中，中心区因位于地理中心位置而拥有交通便捷优势。中心区交通规划受到各届政府的高度重视，从 1980 年代的机非分流规划，到 1990 年代的立体中轴线及人车分流规划，中心办始终把中心区交通规划放在首位，努力打通二层步行系统、加密支路网、减少立交。2005 年后，深圳轨道交通引领深圳土地的高强度开发，全市轨道交通规划不断加密中心区轨网，2010 年后，深圳进行枢纽城市建设，中心区逐步实现了"轨道＋公交＋慢行"的交通模式。

8.5.1 公交优先、人车分流

（1）中心区交通规划始终坚持公交优先、人车分流的原则　1985 年深圳特区第一版交通总体规划就提出公交优先，在商业中心区人车分流。所以，中心区交通规划坚持公交优先、人车分流的原则，并构筑连续的二层步行系统，以此支撑中心区高层高密度开发容量。中心区经过几轮交通规划调整，在理顺外围主干路、快速路的基础上，区内形成公交地铁接驳、人行系统完善的交通体系；在中轴线及 CBD 建筑群之间规划成网的二层步行系统，形成人行分流体系。中心区规划的公交站场基本顺利运行，但中心区最大的公交枢纽总站（位于南中轴 19 号地块）至 2022 年未开通运行，地铁会展中心站未接通地下商业空间和中轴线二层步行系统，导致人们误以为中心区交通规划不行。其实是中心区交通规划极其超前，规划理念达到国际先进水平，但组织实施乏力。

（2）中心区采取人车分流、机非分流　1985 年《深圳特区道路交通规划咨询报告》提出深圳道路系统以建立公共交通为主，建立机非分流、人车分流的交通结构。这是极其超前的交通规划。1986 年《深圳特区福田中心区道路网规划》提出：中心区采用方格形道路网，实行比较彻底的人车分流、机非分流、快慢分流体系，形成比较完整的行人、自行车专用道路系统。1988 年，福田分区规划仍明确中心区的道路交通进行机非分流设计。中心区道路施工中，仅实施了少量几个路口的机非分流，例如建设了金田路、益田路上跨深南大道交叉口的自行车专用道（今为机动车调头转弯道）及自行车系统。直到 1992 年，市政府确定在中心区不设自行车专用道，之后便取消了机非分流的交通模式，但人车分流的交通模式保留至今。如果中心区当时按规划的机非分流建成交通系统的话，深圳也许是全国低碳节能城市规划的样板。这反映了城市规划实施程序或带有一定的偶然性，至今未能改善。这是深圳规划建设史上的遗憾。

（3）中心区步行系统规划超前，但实施滞后　中心区一直努力打通以中轴线为"脊梁"、向东西两边延伸的人车分流的二层步行系统。尽管北中轴二层步行系统已接通莲花山公园，中心区南片也实施了多项二层天桥工程，但因南中轴商业项目工期延误，迟迟未能接通北中轴与南中轴二层步行。

8.5.2 从加立交到减立交

从中心区几个不同时期规划总平面图可以看出，中心区道路系统规划经历了从 1980 年代到 1990 年代的加立交，再到 2000 年以后拆立交的过程，这也标志着深圳从"车行为主"的时代进步到"人行优先"的时代。中心办 1996 年接手的中心区路网图是 1992 年中心区规划图，金田路、益田路上跨深南大道是不完全立交匝道，1997 年，中心区交通规划把这两个交叉口改为两个全互通立交，直到 2000 年 1 月批准的中心区第一版法定图则仍然如此。以上为中心区交通规划汽车主导的时期。2000 年起，中心办重新反思深南大道与中心区的关系，交通规划理念有了方向性转变，认为必须尽量减少中心区的立交桥，有利于形成"可步行的城市"，让中心区更像城市中心。2003 年初，中心办提出了深南大道中心区段下穿方案。2005 年拆除了金田路、益田路上跨深南大道的立交匝道，直到 2010 年以后，特别是 2018 年中心区第三版法定图则出台后，深圳交通进入政策综合调控和高质量发展阶段。中心区作为交通综合治理的示范进行街道环境治理，针对中心区 80% 出行者都使用地面道路空间而缩小车行道宽度，增加慢行道空间，进行街道全程无障碍设计，降低车速等。

8.5.3 中心区道路方格路网的功过

中心区道路系统方格网规划有"硬伤"，主次干道路网密度过高，导致市中心尺度过大、人行不便。好在后期轨道线站加密和枢纽站规划建设，在一定程度上提高了步行可达性。近几年，中心区道路景观工程优化，采取减立交、减车速、加灯控等措施。

（1）1992 年确定中心区市政道路系统为"方格路网"，这是崇尚汽车时代的产物。为了汽车畅行无阻，不造成堵车，中心区立交较多（表 8-1），主次干道路网密度高（图 8-5），主次干道较宽（表 8-2），成为中心区人气不旺的"根源"。尽管 2020 年中心区现状就业岗位 17 万个，居住人口 6 万人，每天进出中心区的人流量（进 + 出）134 万人次 / 日，但由于市政干道严重分割中心区，二层步行系统尚未完整连通，所以仍显活力

不足。近几年一直修改弥补，努力提升空间品质，增加人气活力。

回顾中心区法定图则第一版，中心区总用地面积 413 hm²。其中，道路用地高达 168 hm²（占总用地面积的 40.7%），绿地及广场用地 60 hm²（占总面积的 14.5%）。上述两项之和的公共空间比例高达 55%，当时中心办认为中心区道路广场绿化用地比例过高，现在看来非常必要，有利于中心区交通设施和公共空间的组织安排，践行了"留出空间、组织空间、创造空间"[①]。但公共空间的尺度及密度分布尚未做到"小而多"，这既是经验也是遗憾。

（2）中心区被密布的主次干道割裂成"九宫格"，步行空间被主次干道割裂。如今，中心区活力不足的原因是被多条宽路幅的主次干道穿越，例如，深南大道 190 m，福华路 60 m，福中路 55 m，且有多处大型立交，把中心区划分为"九宫格"，使中心区南北两片行人过街不便，公共空间的步行未成系统，导致了片区内人气不足，阻碍了整体商务功能的提升。

① 中心区有大约 4 km² 的用地，主干路将其分成了 12 大块。由于未能创造良好的步行活动空间，致使片区内人气不足。例如市民广场南侧绿地为 650 m×300 m 的用地，加之周边由主干路围合，形成一处空旷的空间，人迹罕至。同时在功能布局上，商务功能不够集约，很大程度上影响了集聚效应的形成。

② 道路割裂。中心区 4 km² 建设范围内，目前已有 1 条快速路（南边滨河大道）、9 条主干路、8 条次干路和 35 条支路。中心区内主干路、次干路的密度太大，导致中心区被分割为"九宫格"，多处人行交通被生硬地阻隔了。中心区范围（含四周道路）内共

---

① 齐康.建筑课[M].北京：中国建筑工业出版社，2008.

表 8-1　2011 年中心区法定图则（第三版）道路系统

序号	相交道路				立交形式
	道路名称	等级	道路名称	等级	
1	滨河大道	快速路	新洲路	主干路	苜蓿叶形立交
2	滨河大道	快速路	益田路	主干路	部分苜蓿叶形立交
3	滨河大道	快速路	金田路	主干路	部分定向式立交
4	滨河大道	快速路	彩田路	主干路	部分苜蓿叶形立交
5	深南大道	主干路	新洲路	主干路	苜蓿叶形立交
6	深南大道	主干路	益田路	主干路	菱形立交
7	深南大道	主干路	金田路	主干路	菱形立交
8	深南大道	主干路	彩田路	主干路	菱形立交
9	福华路	主干路	新洲路	主干路	喇叭形立交
10	莲花路	主干路	彩田路	主干路	部分苜蓿叶形立交

资料来源：依据现场踏勘。现场踏勘时间：2011 年 1 月。

表 8-2　2011 年中心区主次干道现状

序号	等级	名称	片区内道路长度 /m	道路宽度 /m	车道数（双向）
1	主干路	深南大道	1 908	191.5	主道有车道，辅道这车道
2	主干路	新洲路	2 822	91	8
3	主干路	红荔路	1 908	50	10
4	主干路	彩田路	2 928	70	8
5	主干路	福华路	1 986	62	6
6	主干路	福中路	1 870	54	8
7	主干路	金田路	2 130	52	8
8	主干路	益田路	2 200	47	6
9	主干路	莲花路	2 347	60	8
10	次干路	福华三路	1 870	44	6
11	次干路	福中三路	1 870	28	4
12	次干路	民田路	1 100	29	4
13	次干路	福华一路	1 870	29	4
14	次干路	福中一路	1 870	25	4
15	次干路	海田路（北段）	890	20.5	2
		海田路（南段）	500	29	4
16	次干路	中心五路	627	29	4
17	次干路	中心四路	625	29	4

资料来源：依据现场踏勘。现场踏勘时间：2011 年 1 月。
来源：法定图则（第三版）。

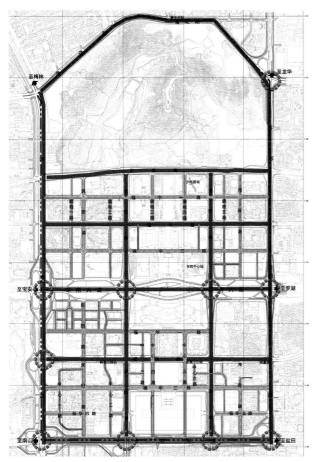

图 8-5　2011 年中心区法定图则（第三版）道路网（桃红色为快速路，深蓝色为主干路，绿色为次干路，黄色为支路）

有 10 座立交，阻碍人行交通。中心区有 9 条主干路，分别为深南大道、新洲路、彩田路、红荔路、福华路、福中路、金田路、益田路和莲花路。中心区有 8 条次干路，分别为民田路、福华三路、福中三路、福华一路、福中一路、海田路、中心五路和中心四路。由于岗厦村的改造，海田路在福华三路到深南大道之间的路段尚未建成。主、次干路交叉路口均画有斑马线，设有交通控制信号灯。

（3）190 m 宽的深南大道对中心区的影响最为明显，由于南北向人行体系一直未能按照详细蓝图的要求贯通，故而南北两部分产生了严重的割裂，导致片区内部交流不便。其他诸如益田路、福华路、福中路等城市主干路的宽度也在 50~60 m 内，双向机动车道 6 条，再加上高层建筑退红线，建筑物之间的距离就更大，还包括几处大型立交对土地的占用。深圳 CBD 的"宽道路、密路网"模式造成了土地资源的浪费，使提升人气活力的改造难度翻倍。

（4）不断加密支路网。1986 年，中心区采用方格网道路系统，与总体规划相协调，在后续详规深化中一直沿用这种道路体系，且不断提高支路网密度。例如，1992 年中心区总道路网密度为 9 km/km²，其中支路网密度为

0.9 km/km²。1997 年中心区总路网密度增加到 16.6 km/km²，其中支路网密度为 8.2 km/km²。2002 年中心区总路网密度提高到 18.5 km/km²，其中支路网密度提高到 10.4 km/km²。市政支路网不断加密，这是中心区交通规划成功之处。

（5）未来中心区需要"街道生活＋多功能建筑"。城市结构是一个城市最重要的骨架规划，道路为骨架，街坊为肌理。柯布西耶反对街道走廊，主张以像马赛公寓式的"多功能建筑"作为城市基本单元体，以解决大城市的交通拥堵、不便利的配套设施等问题。雅各布斯却赞赏街道生活。雅各布斯运用她对城市的观察开启了美国城市规划的新纪元。她重视街道和街区的形式及多用途。她认为，一个有活力的城市中心应包含 5 方面：较短而弯曲的路径、多用途功能混合、不同时代的新旧建筑穿插、标志性建筑、积极活跃的市民与繁忙的街道生活。笔者认为两位都对，他们的观点完全可以兼容。应用雅各布斯的观点营造片区内的路网和街道社会，应用柯布的思想设计建筑单体，兼收并蓄，既解决大城市的堵车问题，规划职住平衡的社区，又营造 15 分钟舒适的生活圈。对照上述观点，中心区至今之所以缺乏活力，关键是道路过宽，街道生活气息不足（图 8-6），留不住人。如何在车行道路上加宽慢行空间、增加"留人"设施，这是中心区未来的发展方向。

8.5.4 成功实现"轨道＋公交＋慢行"模式

中心区轨道交通线站密度在近十几年不断加密。1997 年确定的深圳地铁一期工程 2 条线（1 号线、4 号线）都经过中心区，轨道线总长 4.5 km，已于 2004 年底建成运行。

2007 年轨道交通规划中，经过中心区的地铁线新增 4 条（2 号、3 号、11 号、14 号地铁线），还新增京广深港国家高铁线福田站，中心区轨道线共有 7 条，新增轨道线长度约 10 km。近十几年，深圳轨道交通规划修编，中心区轨道交通线站有所增加。至 2023 年，中心区轨道交通共有 10 线 3 枢纽。其中，已通车 1 条高铁、规划 1 条城际（远景新增深汕沿海城际线，实现深汕合作区与中心区的快速联系）；地铁已通车 6 条（1 号线、2 号线、3 号线、4 号线、10 号线、11 号线），规划 2 条（14 号线西延段、20 号线）。3 枢纽中已建成福田枢纽、会展中心枢纽，在建岗厦北枢纽。中心区轨道网密度全市最高，10 条轨道线中有 2 条直通香港（地铁 4 号线、京广深港高铁）[1]。中心区轨道线密度高，与步行接驳较好，对城市时空、土地利用和交通形态产生巨大影响。水晶岛将强化公共空间的联系，激活片区的沟通。尤其是中国首座中心区地下高速铁路站——福田枢纽站建成，已使中心区交通呈现多样化、立体化。随着中心区轨道线站不断增加，中心区公交可

图 8-6　2022 年 8 月中心区实景 2
（来源：杜万平摄影）

---

① 张晓春，邵源，安健，等 . 数据驱动的活动规划技术体系构建与实践探索：以深圳市福田中心区街道品质提升为例 [J]. 城市规划学刊，2021（5）：49-57.

达性越来越高。

中心区"轨道 + 公交 + 慢行"的出行比例从 2014 年的 70% 上升至 2019 年的 76%，绿色出行方式占主导[①]，轨道交通网络化与步行系统较友好衔接。至 2020 年底，中心区已建成区内市政道路总长 43 km，路网密度为 8 km/km²。中心区土地的立体化开发、超前的轨道公交规划形成"轨道 + 公交 + 慢行"的交通模式，交通可达性强。中心区南中轴的公交枢纽总站一旦运行，二层步行系统全部连通建设，则 CBD 人流、物流、信息流、资金流就会畅通无阻，中心区在粤港澳大湾区发挥更大范围的经济辐射功能指日可待。

8.6 城市设计最早落地实施

8.6.1 街坊城市设计落地实施

（1）在 1998 年《深圳市城市规划条例》施行后，深圳城市设计贯穿于城市规划各个阶段，近二十年，城市设计普遍存在的问题是范围大、竞赛多、实施少，甚至把城市设计理解为一种理念或价值观，对实施内容重视不足。尽管城市设计尚未取得法律地位，但中心办人员凭着自身专业功底做了许多有深度、能落地实施的城市设计。"深圳市城市设计、建筑设计方案都是向世界建筑师开放的，也是中国内地最早开放建筑设计市场的城市。"[②] 其实，中心区在深圳率先举行城市设计国际咨询，也是深圳城市设计最早的实验场。中心区城市设计能落地实施的关键是城市设计落实到宗地，成果详细至建筑群公共空间的"三维总图设计"。理论上讲，城市公共空间品质的构成来自城市详规、城

市设计、建筑设计、景观设计等全过程的系列管控。但归根到底，城市设计的对象是街坊公共空间，它是城市详规要求向建筑设计传递的过渡桥梁，因此，公共空间品质高低标志着城市设计的水平。1996 年以后，中心区城市设计范围都限定在 1 km² 左右，典型的街坊城市设计用地仅为 10 万 m²，是完全结合土地权属、投资方需求的城市设计，因此中心区成果落地实施形成了优美的城市轮廓线。

（2）中心区城市设计三次"另起炉灶" 第一次是 1987 年英国规划师首次编制的《深圳城市设计研究》中含有中心区开发建设建议及城市详细设计五项原则。第二次是 1988 年中心区规划咨询征集方案及其综合成果，直到 1994 年南片区进行详细城市设计，延续至 1995 年市规划委员会建议举行中心区城市设计国际咨询。第三次是 1996 年中轴线两侧核心地段城市设计国际咨询，及其后来的深化实施。中心区城市设计的上述三次缘起，每次都是深圳规划管理中开创性的标志节点。

（3）中心区城市设计特点 边修改边实施，其过程的多项创新已成为深圳城市设计实施的先锋模范。1996—2004 年间，中心办开展了大量的城市设计和专项规划的深化修改工作，包括中轴线、道路交通、轨道交通、步行系统、地下空间利用等一系列详细设计。这个阶段通过规划的修改与补充，探索了在市场经济体制下，如何通过城市设计微调的办法，实现详规与市场需求的有效结合。例如：

① 1996 年确定中心区核心地段城市设计国际咨询优选方案，继承了中轴线公共空间的构架，开启了立体中轴线时代，落实了中

---

① 张晓春，邵源，安健，等.数据驱动的活动规划技术体系构建与实践探索：以深圳市福田中心区街道品质提升为例 [J].城市规划学刊，2021（5）：49-57.

② 薛求理.世界建筑在中国 [M].古丽茜特，译.上海：东方出版中心，2010.

心区人车交通分流体系。

② 1997年深化了中轴线详细规划设计，增加了中轴线的垂直空间层数，扩大了中轴线的建设规模，此方案一直沿用实施至今。

③ 1999年首次进行中心区地下空间规划，并确立了中轴线两侧"双龙飞舞"的城市设计轮廓线。2000年批准中心区法定图则（第一版）。

④ 2000年5月，市政府确定会展中心重新返回中轴线南段，2001年进行会展中心前期准备，并筹备"一气呵成"建设中心广场及南中轴建筑工程与景观环境工程。

（4）城市设计管控效果好 城市设计形成连续的建筑界面，城市建筑的核心品质是"连续的建筑"[1]，当今千城一面的关键是缺乏"连续的建筑"，导致有广场却无连续的广场空间围合，使广场空间发散，缺乏向心感，使城市有道路却无街道，难以形成商业街界面，缺失街道生活活力。中心区基本做到了连续的建筑界面，结合深圳气候特点在CBD办公楼群底层采用骑楼连续贯穿街坊。成功实施22、23-1街坊加密市政支路，区分人行和车行的支路，增加小型公园，统一骑楼尺

度，推荐建筑外观风格，规定立面的窗墙虚实比例等，中心区较严格的城市设计管控贯穿于建筑报建、规划验收全过程。上述城市设计管控办法，主要通过城市仿真（图8-7~图8-10）技术把控各单体建筑尺度，因而控制了片区城市设计尺度，中心区形成了整体优美的天际轮廓线。

（5）中心办履行了中心区"总设计师"职责 建筑师有城市设计的使命。中心办实质上是深圳最早"总师制"机构，作为中心区城市设计的甲方"总设计师"，中心办保证了中心区城市设计方案的有效实施，为中心区开发建设最关键的九年打下了城市设计良好的基础。中心办的职能从土地管理到规划要点、建筑设计报建，直至竣工后的规划验收。中心办的"一条龙"服务职能保证了中心区城市设计、建筑设计、景观环境设计一体化系统管理。

8.6.2 城市仿真保证城市设计效果

中心区在深圳乃至全国首次创建和应用"城市仿真"系统辅助中心区城市设计研究和建筑方案报建的尺度管控，使中心区建筑与建筑之间、建筑与莲花山自然景观之间、

图8-7 2005年中心区（西片）城市仿真输出图
（来源：中心区城市仿真系统输出图）

图8-8 2008年中心区仿真图
（来源：笔者摄）

① 科特金. 全球城市史（典藏版）[M]. 王旭，等译. 北京：社会科学文献出版社，2014.

建筑与人活动空间的尺度关系较好、景观效果较好。城市仿真保证了中心区整体公共空间设计精品化，塑造了中心区建筑群优美的天际轮廓线（图8-11），使中心区城市设计真正落地成功实施。

（1）中心区开创了中国城市设计应用仿真技术的先河，借助城市仿真实施城市设计精品。早在1995年，中心区的南片区进行过"城市仿真"建模，并在1995年10月深圳市房地产展销会上做过演示，当时叫视景仿

图 8-9 2008 年 7 月城市仿真研究平安金融中心方案
（来源：中心区城市仿真系统输出图）

图 8-10 2008 年 7 月平安金融中心方案城市仿真系统输出图
（来源：中心区城市仿真系统输出图）

图 8-11　2022 年 5 月无人机拍摄的中心区实景
（来源：邓肯摄影）

图 8-12　2016 年 7 月从莲花山公园看中心区
（来源：笔者摄）

真演示①。1998 年起中心区首次把城市仿真技术用于市民中心尺度研究。1998 年 3 月，中心办邀请香港耀华科技公司采用"城市仿真"②来检验市民中心的建筑尺度，特别是与莲花山的尺度关系，结果在仿真里把市民中心大屋顶抬高了十几米，使中景的大屋顶与远景的莲花山顶之间形成较好的"景窗"关系。1998 年，中心办首次应用仿真科学决策市民中心屋顶高度，亲身体验了城市仿真的"甜头"。"城市仿真"在中心区的应用初战告捷，避免了城市设计中的"败笔"。于是，中心办申请在市规划国土局前期经费中列项，要采购城市仿真的软硬件，建立一套深圳市中心区城市仿真系统。1999 年，深圳在全国首创建立中心区城市仿真系统，并于 1999 年 6 月在北京人民大会堂举行的国际建筑师协会（UIA）第 20 届世界建筑师大会上演示。笔者也荣幸参加了这次盛会，并见证深圳市规

划国土局荣获 UIA"阿伯克龙比爵士城市规划荣誉奖"。

（2）从 1999 年以后，中心办规定：中心区的每个项目建筑方案设计招标的成果都必须提交满足城市仿真格式的三维效果数据，中心办仿真室首先制作仿真模型，逐个检验招标方案的造型尺度与周边建筑、街道、莲花山的景观关系，通过不同建筑方案的模拟，可动态反映它们建成后在任意角度观看该建筑和周围建筑、景观的城市设计尺度关系，评标时首先淘汰城市设计效果不合格的方案。中心办坚持用城市仿真把握每个单体建筑设计尺度，保证新建项目都能与原有建筑及周围环境形成整体和谐的优美天际线。例如，平安金融中心也是通过方案招标、仿真比较选择出来的成功方案，该建筑形象优美，刚柔并济的外观造型颇具"深圳精神"，既是深圳市中心区的标志，也是深圳国际化城市的象征，未来将成为粤港澳大湾区核心城市的一个新地标。因此，"城市仿真"成就了深圳市中心区城市的精品设计（图 8-12）。

8.6.3　城市设计传导实施的关键

关于城市规划向城市设计的传导实施，笔者通过中心区城市设计多年实施管控的工作经历与反思，总结三点经验：

（1）在总体规划、分区规划层次，城市设计最重要的是确定"两网"，即"生态蓝绿网"和"市政交通网"。这"两网"的规划设计是城市空间结构体系百年大计的核心内容。在详细规划（法定图则）阶段，必须在充分细化并论证"两网"的体系逻辑性、生态合理性、经济可行性的前提下，进行人口、土地功能、容积率、市政配套等规划。如果"两网"

---

① 李春阳 2021 年 1 月 25 日主持访谈。《视景仿真赋能深圳城市规划和建筑设计》，深圳规划国土口述历史（1），2021 年 10 月。

② 1998 年 3 月，中心办邀请香港耀华科技公司到深圳市建艺大厦五楼中心区办公室直接模拟采用"城市仿真"。

规划成功了，则城市设计就成功一半。就中心区而言，以莲花山、中轴线为脊梁的公共空间系统和市政道路网划分的街坊肌理是长久不变的"两网"框架结构，其他如土地性质、容积率、公共配套设施、城市设计细部等内容都将随着时间推移和城市需求变化而进行有机更新改造。

（2）只有城市设计范围小、内容深、土地权属清晰的成果才能落地实施。综观我国当代城市规划历史，城市设计至今没有清晰的法律地位，所以城市设计成果无法作为建筑工程设计报建审批的依据。"控规"是报建审批的法定依据，而"控规"是"平面规划"和"指标规划"，缺乏对片区或街坊公共空间的整体设计。而建筑师的职责是按规划设计要点在用地红线范围内做建筑设计，使建筑与建筑之间的公共空间设计"缺位"。正因为中心办 1998 年已清晰认识到城市设计的内涵和价值，所以让中心区城市设计成为规划实施的重点环节。1998 年，眼看中心区城市设计即将付诸实施，中心办开始认识到，只有组织好各街区的详细城市设计，才能避免出现"穿新鞋走老路"的局面，避免公共空间系统的凌乱及步行系统的不连续。我们期待中心区整体优美的空间环境效果。

（3）如果城市设计组织编制与实施管理的机构不连续，则将导致事倍功半。齐康院士主张"留出空间，组织空间，创造空间"，他告诫我们："建筑师，不下工地不是好建筑师，不研究城市不是完整建筑师，不研究新技术不是进步建筑师。"期待深圳建筑师更多地研究城市设计，无论新建筑或城市更新，都要提升公共空间品质，把握城市设计尺度。美丽深圳的关键是城市设计，城市设计首要的是公共空间设计尺度。

8.7 中心区的创新及遗憾

凡事具有两面性，中心区有经验，也有教训，有成功，也有遗憾。这是真实的历史。

8.7.1 中心区创新"十个第一"

深圳市规划国土局中心办殚精竭虑地完善中心区规划设计蓝图，卓有成效地实施了中心区城市设计，使中心区在深圳乃至中国首次创新"十个第一"。

（1）第一个城市设计国际咨询。1996 年深圳市中心区核心地段城市设计国际咨询范围约 1.9 km²，咨询的参赛单位和评审规格等属国内首创，咨询成果奠定了中心区城市设计实施的基础。

（2）第一个街坊城市设计落地实施的实例。1998 年中心区 CBD 街坊 22、23-1 城市设计范围 10 hm²，该成果是深圳第一个街坊城市设计落地实施的范本（图 8-13）。

（3）中心区创建全国第一个城市仿真，辅助建筑方案报建决策。1998 年中心区首次应用城市仿真修正了市民中心大屋顶高度。此后，中心区的任何一个工程的建筑设计方案都通过城市仿真比选和评审，城市仿真技术辅助中心区决策建筑方案报建，也帮助中心区较好地实施了城市设计。

（4）中轴线穿过市民中心，这是深圳公共空间首次"贯通"公共建筑，体现了深圳包容、开放、创新的城市精神。

（5）全国第一个规划的大型屋顶广场，也是深圳第一个城市客厅，屋顶面积约 30 万 m²。

（6）人车分流规划深圳第一个片区。1985 年首次提出中心区人车分流交通规划。

（7）全国第一个征集并命名为"市民中心"的建筑名称。

（8）深圳第一个雨水利用的"海绵城市"。1998 年中心区在中轴线公共空间建造

图 8-13　2008 年 4 月中心区 22、23-1 街坊实景
（来源：笔者摄）

图 8-14　2021 年 8 月中心区实景（大量绿地）
（来源：杜万平摄影）

大量绿地（图 8-14），在莲花山公园规划设计中尝试雨水资源综合利用并得到实施。

（9）深圳第一个地下空间规划利用。1999 年举行中心区城市设计及地下空间综合规划方案国际咨询，这是深圳首次对地下空间开发利用的规划设计。

（10）"中心办"是深圳第一个"部门总师制"，统筹负责中心区的土地出让、规划实施的"三证"（工程用地规划许可证、工程建设许可证、规划验收合格证），全过程负责中心区规划落地实施。

总之，中心区开创了"十个第一"，中心区规划实施的管理机构——深圳市中心区开发建设办公室（简称"中心办"）成立于1996 年，中心办或中心区在深圳乃至全国城市规划建设领域创造了"十个第一"：城市设计先行示范实践，深圳第一；城市仿真技术辅助城市设计及建筑报建，全国第一；大型屋顶广场设计为城市客厅，全国第一；轴线公共空间贯穿衔接大型公建，全国第一；"市民中心"命名，全国第一；开发规模弹性规划，深圳第一；中心办负责土地规划报建"一条龙"管理模式，深圳第一；街坊城市设计成功落地实施，深圳第一；现"轨道＋公交＋慢行"交通模式，深圳第一；"海绵城市"深圳第一。

8.7.2 五个遗憾

（1）中心区未能留住"乡愁" A.中心区唯一的旧村——岗厦村历史悠久，始建于元朝，文应麟后裔文萃迁此建村。附近有大和岭（今莲花山），因村子坐落于山岗之下，故称岗下，后改名岗厦。中华人民共和国成立之初，属宝安县第二区沙头乡，1958 年属南天门公社，1959 年属附城公社，1979 年属深圳市罗湖区福田公社，1983 年属上步区

图 8-15　2022 年 8 月中心区岗厦村改造后实景
（来源：杜万平摄影）

福田街道岗厦行政村，1990 年属福田区福田街道岗厦行政村，1992 年属福田街道岗厦社区。世居村民主要为文姓[①]。遗憾的是，2010 年岗厦村拆除重建时几乎全部推平（仅留一栋高层住宅），旧改规划也未能保留更多的"乡愁"（图 8-15）。B. 购物公园名不副实。1996 年李名仪事务所城市设计优先方案首次提出"购物公园"概念，建议保留中心区本地或迁移一些深圳本地原有的历史"老房子"布置在购物公园里，"活化利用"传统建筑作为购物公园的商业建筑，让新旧建筑结合，让中心区"留住乡愁"。因受 1998 年亚洲金融危机的影响，深港两地房地产市场萧条，购物公园的土地使用权被迫拆分为南园与北园分别出让给两家公司开发，未能实现"购物中心 + 小型公园"的规划初衷，中心区"乡愁"难觅（图 8-16）。

（2）中心区职住平衡不足 中心区现居住人口不足 6 万，少于原规划人口，尤其是居住在中心区的人较少在中心区工作，所以每天进出中心区的最高人流量达 134 万人次 / 日，中心区居住配套对 CBD 职住平衡作用甚微。中心区居住及配套建筑面积共 233 万 m²，集中于第三阶段建成，虽为片区带来一定人气，但住宅配套先于商务办公建设，主导功能与配套功能不同步建设也是市场的选择，但结果是"豪宅"占据中心区 4 个角部，职住均衡得不到保证，中心区优势轨道和公交也得不到充分利用。

（3）中心区规划用地功能混合度不够 如果中心区更多地块采用商业办公、酒店、公寓等多功能综合体建筑，则能增加中心区活力。此外，中心区 4 个角上规划的居住小区建成了高档住宅，用围墙封闭管理的

图 8-16　2021 年 8 月从会展中心（会议层室外平台）北望中轴线
（来源：杜万平摄影）

---

① 深圳市史志办公室 . 深圳村落概览（第二辑）福田南山卷 [M]. 广州：华南理工大学出版社，2020：27.

居住小区与中心区缺乏交流，居民较少使用公共交通，其他人也不能进入小区。这样的居住小区和中心区没有太多交流，规划原意图要解决的职住均衡问题，也只能停留在纸面上了。如果中心区的居住设计成小型商务公寓，则可容纳更多居住人口，有更多人可充分利用中心区密布的公共交通和丰富的文化建筑等公共资源，也使中心区夜晚更有人气，使中心区成为24小时活力区。

（4）中心区雕塑规划未能实施 中轴线是深圳城市文化雕塑的公共展示空间，如果北中轴能收集和积累深圳改革开放历史故事雕塑，南中轴能够创作现代雕塑的话，则中轴线能够成为深圳真正的城市客厅。然而，2001年中心办主持的中心区雕塑规划几乎已被遗忘。这是城市文化积累的遗憾。

（5）中心区建筑颇具世界风格，缺少深圳地方特色，特别是中心区多数建筑为玻璃幕墙，绿色低碳建筑较少，响应深圳气候特点不足。公共空间骑楼等遮阴设施未能普遍采用，离"凉城"建设目标差距较大。

8.8 小 结

深圳40年前规划构想"福田新市区"，40年后按照城市设计全部实现深圳市核心功能定位。这是福田区的幸运，也是深圳的幸运。中心区已走过不平凡的历程，机遇与挑战并存，偶然与必然叠加，经验与教训兼备。归纳中心区规划成功实施的"三部曲"——1980年、1996年、2004年3个时间节点成为中心区的"良机"。1980年准确规划选址中心区后，先征地再规划建设；1996年市规划国土局成立了市中心区开发建设办公室，创新了一条实施城市设计的新路；2004年抓住了深圳金融大发展机遇，把中心区历年储备地全部用于金融总部建设。这三个关键步骤

使中心区按城市规划定位真正建成了深圳市行政中心、文化中心、金融中心和交通枢纽中心，福田CBD经济居全国CBD第一梯队。中心区实现空间规划和产业经济双赢，这是中心区优异的成绩单。

《易经》的经典核心12字"抓住不易，随时变易，至简至易"也适用于城市规划实施原则。城市规划应抓住百年不变的城市骨架系统，即山水生态系统（简称"蓝绿网"）和市政道路系统（简称"道路网"）。"绿水青山就是金山银山"，蓝绿网是城市生命线工程。道路交通是城市的脉络，是文明的纽带。道路网与土地权属、地下管线等关系密切，因此改造难度巨大。所以，"两网"是一个城市百年大计的系统工程，是规划不变的核心要素。城市总体框架建好了，每个街坊建设内容可根据市场需求与时俱进，如土地功能、开发规模、市政配套、城市设计、建筑造型等都属于弹性规划内容，随城市发展不同阶段而有机更新。大道至简，城市规划内容最终也要回归简易，给使用者留下"二次创作"的空间。城市是公民城市，建筑也是公民建筑。未来深圳城市规划在生态本底、产权宗地"双限"下有机更新，在国土空间规划下理性管控开发量及新增建筑规模，努力实现节能低碳，建设宜居宜业的美丽幸福家园。

深圳市中心区作为深圳二次创业的时代象征，已成为深圳"城市名片"，标志着深圳21世纪初规划建设现代化国际性城市的水平和能力。中心区凭借其地理优势、交通优势和金融规模，将辐射带动福田环CBD经济圈，未来将与香蜜湖片区、深港科创区连接香港北部都会区，共同营造产业空间与生态空间的宜居宜业片区，共同打造国际金融中心和中央活力区，乃至成为粤港澳大湾区的重要核心。

附录 1　深圳市中心区规划实施的故事

故事 1
陈一新：荣幸当了九年中心办负责人

【中心办最早五位成员之一】陈一新博士，现任深圳市规划和自然资源局一级调研员、副总规划师。国家一级注册建筑师，高级建筑师。1984 年、1987 年先后获同济大学建筑学学士、硕士学位，2001 年获得法国总统奖学金赴法国短期进修，2013 年获东南大学建筑学博士学位。历任上海交通大学土木建筑系教师、深圳大学建筑系教师、深圳市城市规划设计研究院副院长，1996—2004年任深圳市规划国土局中心办负责人。

故事 1-1　深圳市中心区和我都是时代幸运儿

采访缘由：深圳市政协组织的《深圳口述史 1992—2002》（第二季）拍摄采访，真实记录深圳各行各业建设者的奋斗历程。陈一新应邀于 2015 年 9 月 23 日在深圳市规划和国土资源委员会贵宾室接受《深圳晚报》苏静、杜婷等记者的采访。

【内容节选】

陈一新：我相信一个人或一座城市的命运，都有着无尽的偶然性和必然性。深圳是按规划蓝图建设起来的城市，是世界城市建设史上的奇迹，深圳市中心区尤为典型。我十分庆幸自己亲历了中心区从详规修改、城市设计优化到实施建设的过程。中心区按照规划蓝图全面实现了城市功能定位、城市设计空间形态和社会经济产业目标，真正成为深圳的行政中心、文化中心、商务中心和交通枢纽中心，这是中心区的幸运。

我觉得自己也很幸运，从 1996 年被选调到深圳市规划国土局中心办工作，连续九年，我十分珍惜在中心办工作的每一天，把实施好中心区规划当作一种责任和使命。我一直铭记贝聿铭大师的名言："人类只是地球上的匆匆过客，唯有城市将永久存在。"我至今还保留着在中心办工作九年的十本笔记本（附图1）。2004 年中心办撤销时，我说了一句话："我对得起中心区所有的事，对得起中心办所有的人。"中心办撤销十几年来，我始终心系中心区，不断努力挖掘深圳城市规划历

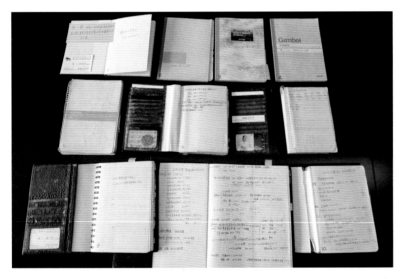

附图 1　1996—2004 年笔者在中心办工作笔记本（十本）

史资料，收集城市新的进展资料，记载中心区规划建设历史，给城市留点故事，给后人提供研究史料。

我的孩子是 1993 年出生的，我是 1996 年到中心办工作的，我把中心区看成了自己的"第二个孩子"，我会持续关注她、书写她，这也是一种责任和使命。我相信中心区规划史将成为深圳城市规划历史的组成部分而源远流长。

中心区规划建设历程凝聚了深圳市几代领导人和规划国土局几代同事们的心血和汗水，汇集了中外许多专家的智慧和经验，也印证了中心办同事们一起奋斗九年的工作业绩。我作为中心办负责人，能够亲历中心区城市设计实施最关键的九年，并书写中心区规划史，这是我人生的殊荣。从这个角度看，中心区和我都是时代幸运儿。

全文登载于《深圳口述史 1992—2002》，主编：戴北方，中卷，第 260—271 页，海天出版社，2017 年 8 月第 1 版。

故事 1-2　中心区十件大事

采访缘由：深圳市城市规划设计研究院成立 30 周年之际，陈一新作为院友接受深规院杜雁副院长邀请，于 2020 年 6 月 15 日接受孔祥伟（深规院副总规划师）、马诗梦（深规院主创设计师）采访，杜雁副院长、李锋副总工程师、杜万平研究员等出席。

【访谈节选】

马诗梦：我们有幸邀请到了深圳市规划和自然资源局副总规划师，也是深规院的院友陈一新教授，作为中心区规划历程的参与者和建设者，来与我们规划行业的后辈们一起分享中心区的前世今生。

陈一新：很高兴和深圳规划院年轻的后辈，也是规划界的主力，一起回顾中心区过

程中的一些故事。

孔祥伟：其实今天看中心区，我们看到的是已经建成的一个标志性地区。但我想，今天我们来这里希望能听到在过往波澜壮阔的 40 年里中心区的前世今生，它是怎么样从无到有，是怎么样从谋划到建起今天这样的一个状态，中间我们推动这个事情的一些重要事件和标志性事件。陈总，您能跟我们分享一下吗？

陈一新：非常值得回顾，因为中心区不仅建成了城市设计样本，而且幸运地实现了规划功能定位，并在全国 CBD 中经济效益名列前茅。1980 年《深圳市经济特区城市发展纲要（讨论稿）》就选址在莲花山的下面要建未来的城市中心。当看到这段文字时，我是特别感动。1980 年，就已经把中心区的位置选好了，太有远见了。1981 年深圳特区总规说明书就规划未来"全特区的市中心在福田市区"。所以最初的规划构想一直延续到后面的总体规划、分区规划、详细规划、法定图则、城市设计，一路这样走下来。所以，可以说中心区是按照规划蓝图完整实施的城市设计的一个标本。中心区 40 年经历的大大小小的事非常多，2015 年我出版了《深圳福田中心区（CBD）城市规划建设三十年历史研究（1980—2010）》和《规划探索——深圳市中心区城市规划实施历程（1980—2010年）》，中心区凡有文字资料的大大小小事情我都把它们记载下来了。今天，我提炼中心区规划建设十件大事：

第一件大事，福田新市区 30 km² 土地被市政府全部收回，才有今天的福田区和中心区。因 1981 年深圳特区没有钱搞建设，就把成片土地划给了港商和国企开发建设。1981 年跟香港合和公司签订了福田新市区 30 km² 土地合作开发协议，出让 30 年，深方出地，港方出资开发。1986 年市政府以 500 万元把

30 km² 全部收回来了。如果当年不收这个地，那么深圳就没有今天，也没有中心区。十几年后，1998年中心区法定图则（第一版）编制过程中，中心办有意预留了一批发展备用地。又过了6年，2004年这批发展用地恰好全部用于金融办公总部建设，使中心区幸运建成了CBD并实现了金融产业功能。所以，中心区能够按规划实施，凝聚了深圳几代人的合力。

第二件大事，1993年睿智确定中心区开发规模，留足弹性容量。1992年中规院编制福田中心区详规时，很难预测深圳城市未来人口和规模，当然也难推测中心区规模。规划师们很聪明，就对4 km² 中心区开发规模提出高、中、低3个方案。高方案是毛容积率3，约1 280万 m²，中方案是960万 m²，低方案是658万 m²。这3个方案供市规划国土局和市领导决策，领导做了一个英明决定：确定中心区地下市政管网容量按高方案施工建设，地面上建筑规模按中方案控制。1996年以后，中心办一直按750万 m²（中下方案）来控制中心区计容建筑面积。如今，中心区已建成了1 200万 m²，既是巧合，也是幸运。深圳市领导的远见卓识成就了中心区伟业。

第三件大事，1996年中心区城市设计国际咨询具有里程碑意义。这是深圳首次开创城市设计国际咨询，且咨询成果得到实施。李名仪事务所优选方案首次把中轴线规划成"深圳中央公园"，把平面轴线设计为立体轴线；首次规划"购物公园"；首次让中轴线公共空间贯穿于市民中心，打破了政府办公楼常规形象。市民中心"大鹏展翅"方案是当时四个应征方案中最具特色的，它既象征着中国传统大屋顶建筑，又象征着深圳鹏城在二次创业中再次起飞，还象征着民主政治。因为中轴线垂直贯穿于市民中心，市民24小时全天候可步行经过市民中心建筑的中

区，即百姓步道居中，政府、人大办公分布在东西两侧，这种民主政治的寓意非常超前和深远。

第四件大事，1998年中心区六大重点工程同时奠基，增强了投资信心。1998年亚洲金融危机，香港楼价大幅度下跌，拟投资深圳市中心区正在商谈土地出让合同的几家著名港商，纷纷退地不投资了，仅剩下和记黄埔公司继续投资建设黄埔雅苑。在中心区开发建设遇冷之际，市政府决定尽快启动开工原计划投资的中心区六大重点工程（包括市民中心、图书馆、音乐厅、少年宫、电视中心、水晶岛地铁试验站），以显示政府开发建设中心区的决心和实力。1998年12月28日，深圳市委、市政府隆重举行六大重点工程奠基仪式，成为中心区开发建设的新转折点，政府集中投资一批，给市场投资者传递了信心。

第五件大事，1998年中心办创新采用城市仿真，避免了"败笔"，让中心区每个项目设计都通过城市仿真比选方案后确定，从源头上避免城市设计尺度和建筑尺度的错误。鉴于市民中心是一个超大尺度的建筑，齐康院士特别提醒我们要谨慎研究该建筑尺度，该建筑与深南路的距离、跟莲花山的关系到底行不行？它与周围建筑、环境的城市设计如何？面对这个全世界独一无二的建筑造型，深圳敢不敢建？中心办首次创新应用城市仿真动态模拟该建筑建成后与深南路、莲花山及周边的景观效果。这次仿真模拟还真发现了大问题，即市民中心如果按原设计方案建起来的话，大屋顶太低了，从市民广场能看到大屋顶恰好"盖"在莲花山顶上。这个景观不行！那么我们马上就在仿真上调整大屋顶高度。当时借来的仿真模拟电脑就架在建艺大厦518室中心办的大办公室，市领导、局领导和中心办同志一起看着仿真调试大屋顶高度：把大屋顶抬高点，再抬高点，好，抬上

去十几米，这样行！让大屋顶与莲花山顶之间形成优美"景窗"，也就是现在的实际效果。否则大屋顶压住了莲花山，就是一大败笔，对深圳城市影响很大。随着大屋顶抬高十几米，市民中心的建筑体量也须加大。市民中心总建筑面积从原 7 万 m^2 增加到 21 万 m^2。因此，你们现在看到的市民中心屋顶高度就是当年城市仿真调试出来的最佳结果。正因为有了这次很好的体验，中心办认识到：哦，原来仿真这么有用！在图纸上的建筑设计方案，能够事先在电脑里按实际尺寸仿真"建成"，然后动态模拟观看实际效果。从此以后，中心区的每个项目建筑方案在评标前都必须仿真建模，评审专家先看仿真后评标，这样保证中心区每栋建筑都是合格作品，较好实施了中心区城市设计。于是，1999 年中心办列计划招标采购了一套软硬件设备，这样中心区正式建立了第一套城市仿真系统，是深圳市乃至全国第一代城市仿真系统。1999 年 6 月，中心区城市仿真在北京召开的国际建筑师协会（UIA）会议上公开演示。2004 年后，城市仿真在深圳全市重点地区推广应用。我们持续应用仿真技术已有二十多年历史，对建筑报建和城市设计实施起到了把关作用。

第六件大事，2000 年，会展中心重新回归市中心区 CBD，两者相得益彰。2000 年，市五套班子决定原先从中心区搬到深圳湾的会展中心项目重新返回中心区南片区 CBD，这对于 1998 年亚洲金融危机后市场投资低落的中心区开发建设是一个很好的契机，CBD 的商业酒店办公也将成为会展中心的配套项目，会展中心与 CBD 相辅相成。会展中心回来后，中心区的市场投资也活跃起来了。

第七件大事，2003 年，中心广场及南中轴建筑与景观设计暂停，这是深圳规划历史上的遗憾。中心区经历了开发建设以来最大挫折——中轴线建筑与景观工程"一气呵成"

计划告吹了。之后，中心广场及南中轴建筑与景观工程分地块各自进行建筑设计和施工，各自为政，断断续续。至今已过去近 20 年，中心广场（城市客厅）及南中轴的屋顶步行广场还未贯通，中轴线绿色"脊梁"尚未撑起来，特别是南中轴屋顶广场的违章建筑成为历史遗留问题。

第八件大事，莲花山险些被 4 个项目"瓜分"而缩小公园范围。莲花山占地约 2 m^2，自然山体高差约 100 m，是深圳市中心的"绿肺"，也是市民休闲活动最集中的地方。2003 年 10 月，市政府常务会议研究关于调整优化莲花山周边若干项目选址及为民办实事问题，决定将华南医院、市第二工人文化宫、市第二老干部活动中心、市民中心武警中队营房及训练场等 4 个建设工程项目全部撤离莲花山公园。有的项目停止，有的项目另行选址。理由是公建项目不能与民争利，应把莲花山公园留给百姓。幸亏新任市领导及时发现此问题，果断调整了莲花山布局的 4 个项目用地，才保住了莲花山的完整性和公众开放公园。这是深圳城市规划史上值得记载的历史故事。

第九件大事，2006 年高铁福田站决定选址中心区，使 CBD 再次迎来新机遇。当时，福田站周围的用地都出让了，而且已建起许多高楼。要在益田路下方明挖一个地下火车站，造价高、安全风险大，该选址极具挑战性，这是一个非常了不起的选址决定。我认为高铁站对中心区是利好，确保了中心区在深圳特区的中心地位，并且中心区未来成为粤港澳大湾区核心的概率就更大了。这是深圳城市规划的远见。

第十件大事，水晶岛"留白"给后人"画龙点睛"，这是历史选择。作为中心区最核心的水晶岛是一块黄金宝地，地上是城市标志（原点），地下是连通中心区 3 个轨道枢纽站的核心，是中心区未来地下商业城的转换中心。20多年来，水晶岛几轮国际咨询方案都未能实施，貌似遗憾，反过来看，也储备了这块宝地，为深圳未来留下更多发展空间，给粤港澳大湾区预留了一个标志点。

孔祥伟：陈总在过往的几十年里面，既是参与者，也是这段城市历史的记录者。我们刚才已听到了一个非常鲜明的中心区从无到有的过程，今天我们同样也是一个观察者。中心区经过这么多的变化，比如说收回土地，通过各种国际咨询制定更好的规划蓝图。今天中心区已建成，您是怎么评价中心区在城市里面发挥的作用和它在整个历史上承担的使命的？您认为中心区以后会有些什么样的影响呢？请您再给我们分享一下。

陈一新：中心区的城市功能定位，准确且超前。1980年规划选址就明确定位深圳新的城市中心就在莲花山脚下。1981年总规说明它是全特区的中心，后来的几版总规一直确认它是深圳市中心。1992年中心区详规提出它是深圳的行政中心、文化中心、商务中心（CBD）的功能定位，一直延续至今。其实，以前我仔细读了1980年那一小段文字，定位莲花山下是未来市政府办公的城市中心，也是深圳对外金融贸易机构的集中办公地方，那就是CBD，只不过那时国内还没有引进CBD这个词而已。因此，中心区的城市功能定位40年来一直不变，它是城市的行政中心、文化中心、商务中心。后来，随着轨道交通的大规模建设，它又增加了"交通枢纽中心"功能，这样市中心的地位更加稳固了。我还期待它未来是粤港澳大湾区的中央活力区。只要把中心区步行系统都完整连通起来了，中心区一定非常吸引人，也会是旅游者打卡之地。到那时，中心区的功能将是"五个中心"——行政中心、文化中心、商务中心、交通枢纽中心、旅游中心。中心区一直承担着深圳市中心的使命。

孔祥伟：您刚才好像把中心区当成有生命的个体，不但有各种各样城市的要求，还有各种各样中心的使命。我们深圳人，都特别喜欢去福田中心区。无论你早上从莲花山顺着步道一直到中心书城，还是你晚上到书城、少年宫、中轴线城市客厅，都有大量的人在做各种各样有城市活力和公共文化的事情。我惊喜地发现，中心区有别于其他CBD的是它更有城市中心的活力。您觉得有什么举措，可以让中心区持续吸引人气呢？

陈一新：中心区前40年，是在一张"白纸"上按规划蓝图从无到有的造城典范，未来重要的是文化活动培育。目前我们到音乐厅、图书馆、书城一带，会看到自发的文化艺术活动，吹拉弹奏、绘画等。区政府应招标中心区文化运营公司，有组织地安排各种公益文化活动，与自由生长的群众活动相映成趣，逐渐形成中心区的文化品牌，这样的中心区一定能够持续吸引人气。硬件加软件、空间加文化，中心区就能成为一个储存文化、创造文化的"容器"。前几年福田区开始做中心区活力再生工作，首先全面实施中心区二层步行系统规划设计，未来一定非常有活力。

孔祥伟：对，因为城市还是让人用的，所以我们在这些精细化、提升城市养分上面下功夫，也许中心区未来能在深圳创立一个新的文化标本。

陈一新：所以城市跟建筑一样，要既好用又好看，既实用又有文化。

马诗梦：刚听陈总分享了中心区从谋划到发展至今发生许多大的事情，很受启发。我们也很好奇，陈总您作为深圳规划行业的一位前辈，在多年的从业经历中，发生了哪些有趣的小故事呢？

陈一新：中心区小故事也不少，例如，咱们规划界传说的中心区"十三姐妹"的故事。1998 年美国 SOM 建筑设计事务所来中心区做了 22、23-1 街坊城市设计，这次城市设计成果是非常详细、可实施的样本。我相信你们都看过《22、23-1 街坊城市设计导则》。当年我作为中心办负责人，实施这城市设计可不容易了，因为这是深圳首创。1998 年，我才 30 多岁，仍属于年轻辈的建筑师，经历了前辈资深建筑师对我的质疑和压力。"十三姐妹"中的第一个建筑工程方案报建未通过，被要求按《22、23-1 街坊城市设计导则》修改方案，结果负责该项目的一位赫赫有名的建筑大师气愤地批评我说："你们为什么非要按这个城市设计导则来报建呢？你这是教条主义，扼杀了繁荣建筑创作。"我只能恭敬地说："非常抱歉，我们深圳这么大，能创作的地方很多，而我们福田中心区要在这小小 10 hm² 地上做个试验，我们希望原原本本按该导则来实施，看看结果如何。"他看我们态度坚持，不得不回去修改方案了。紧接着第二个工程方案报建遇到类似问题，又有建筑师来指责我："你们年轻人这样教条干事是不行的。"之后再也没有第三个人来质问我了，我还觉得有点奇怪。我问了其他人才知道，前两个办公楼都按照导则设计竣工后，卖得很好。为什么在市场上好卖呢？据说，买家十分看好该片区城市设计环境，所以市场销售好。因此，"十三姐妹"城市设计导则就落地实施了。我反思总结它为什么能实施，关键是三点，我们在恰当时机，做了一个权威版本的城市设计导则，加上管理者坚定不移的信心。这三个因素缺一不可，缺一就会让城市设计很难实施。这是我在中心办工作期间难忘的小故事。

马诗梦：这个故事让我们也很受触动。即使是现在，城市设计也有很多项目难以像您那样坚持到真正落地实施的。以后我们在规划过程中，该坚持的也得坚持。

陈一新：是的，规划实施不仅要坚守理想信念，更要确保落地。

孔祥伟：我觉得刚才咱们边聊边带入另一个话题，关于规划师本身，或者规划行业在一个城市建设中发挥的作用。一个城市规划建设需要许多行业参与，我们多数是在寻求最大公约数下面的一个最好的规划方案，希望大家形成合力推动城市建设。那么您也说到，中心区在这三四十年里面其实有非常多的变化。

陈一新：是的，规划实施过程中有很多变数。但是，中心区大的构架没有变，功能定位没有变。

孔祥伟：对。所以我们规划师未来在应对变化时，应该发挥什么样的作用？应该有什么样的职业坚持？或者您对于规划行业有什么寄语？

陈一新：规划师是一个很崇高的职业，在社会经济发展中作用很大。城市规划不仅仅是一份工作，更重要的是一份事业。从福田中心区城市规划实施过程看，第一，超前的规划选址、准确的功能定位、国际化的建设标准等一直引领着中心区城市功能和经济产业目标的实现。第二，规划师一开始要搭好两个大的构架体系，一个是市政道路构架，另一个是蓝绿网的景观生态构架，在这两个构架搭建好了之后才逐步填充建筑，慢慢拼贴城市。第三，法定图则把上述两大构架体系作为不变的内容，这是"一张蓝图"干到底的主要内容。其他如建筑功能、容积率、市政配套等都是规划可变因素。如果再往深入规划实施的话，就是建筑师要做好城市设计，把详规转换到建筑单体的三维总图里面去，设计安排好建筑群的三维总图，提升公共空间品质。所以规划师最重要的是发挥好前面三个作用。

孔祥伟：陈总，我想问一下，福田中心区 1990 年代规划中，深规院也参与了重要项目，比如，南区城市设计、法定图则、详细蓝图等，深规院也有不少新的探索。但我想，其实那么多规划师在这个上面有这么多新的一些探索，一定会对后面深圳其他的建设，形成一个引领以及产生影响。您能谈一下，这些探索对深圳其他地方的影响或引领作用吗？

陈一新：深圳特区 40 年，深圳规划院 30 年，可以说深规院也与深圳共同成长进步的。创新是深圳的基因，同样也是深规院的基因。1994 年深规院为福田中心区招商引资做的南区城市设计，把南区每一个街坊的建筑群设计做得十分详细。1998 年做的中心区法定图则（第一版），也是法定图则试点探索的示范。后来 2002 年做的中心区详细蓝图（第一阶段），也进行了非常有意义的探索。可以说，深规院为深圳城市规划做了许多探索创新，并把深圳规划实践经验输出到其他城市，已成为全国规划界的引领者。

马诗梦：陈总，您作为深圳规划界的一位前辈，请您对我们规划行业的后辈们提出一些要求和期待。在我们深规院 30 周年院庆之际，我们在这里恳请您为我们深规院 30 周年送上您的祝福。

陈一新：我希望深规院的同行们，在未来我们国土空间规划的黄金时代，能够编制更实用、更生态、可实施的规划。对深规院 30 周年院庆，我寄予 19 字祝福深规院："与特区共成长，与湾区共发展，与示范区共辉煌。"

（以上全文内容登载于《深圳规划国土口述历史——福田中心区规划建设历史》·特区四十年陈一新接受采访系列访谈录）

故事 1-3 见证并参与深圳 CBD 从无到有的历程

原创：2020 年 6 月 28 日深圳广播电台·先锋"898"音频播出

采访缘由：深圳广电集团成立 16 周年之际启动深圳电台先锋"898"《深爱听》节目，作为该节目采访的第一位嘉宾，陈一新于 2020 年 6 月 19 日接受深圳电台先锋"898"记者杨瑜瑜的采访。

【访谈节选】

杨瑜瑜：陈总，请您说一下，您刚来深圳的时候是怎么样的一个情景？

陈一新：1985 年我首次来深圳旅游，第一印象是深圳城市特别小，从深南大道就到上海宾馆为止了，上海宾馆以西全部是临时土路。1989 年 5 月我到深圳大学工作，住在教师宿舍。每次进城都要乘坐中巴，一路摇摇晃晃经过尘土飞扬的深南大道，过了上海宾馆往东就算进城了，直到罗湖才算到了市中心。所以那几年我就待在深大校园，很少来市区。当时深大校园还没建围墙，环境优美迷人，我们建筑系和设计院都在图书馆五楼办公，天天可见一群群鸽子在办公楼屋顶、中心广场飞上飞下，蓝天白云绿树，大王椰子树很漂亮。1980 年代我还没出过国，见到的深大校园就像图片上的国外大学。我觉得自己到了一个非常理想的地方，尽管深圳城市很小，但跟我关系不大，因为我工作、居住都在校园里。我刚来深圳就是这个印象。

杨瑜瑜：您和中心区是怎么样的一个渊源呢？

陈一新：1992 年我从深大到深规院工作。当时深规院是深圳市规划国土局的下属事业单位，局里每次需要专业人才，都让院里推荐人选。1996 年市政府要在规划国土局成立一个深圳市中心区开发建设办公室，局里要院里推荐中心办负责人，在我和另外两位候选中，局里选择了我。所以 1996 年 6 月我调入市规划国土局负责中心办的工作，一干就是 9 年，直到 2004 年 6 月中心办撤销。其间，我亲历了中心区规划蓝图在我们手里逐步变成现实。

杨瑜瑜：一开始的时候，中心区是怎么样的呢？

陈一新：1996年我到中心办时，莲花山下面一大片方格路网空地，仅有几栋新建筑，如儿童医院、中银花园、投资大厦已经建好了，其他老房子有岗厦村、机电工程公司宿舍等。整个中心区道路建好了，就这几栋稀稀拉拉的房子，许多人来这里练开车。其实，这是市政府有意留下来的一块宝地。

杨瑜瑜：就是说一开始中心区仅有几栋房子，那怎么慢慢建起来的？这个图纸怎么在你们手中慢慢添加、一点一点起来的？

陈一新：中心区规划图纸在我们手里一边修改，一边落地实施。当年人事局编办确定我们中心办的职能是负责中心区开发建设的法定图则、地政管理、设计管理与报建、环境质量的验收以及对区内整体环境、物业管理实行监督。也就是说，从中心区的土地出让、法定图则，到城市设计、规划设计要点、建筑报建以及工程建成后的规划验收，中心区规划建设整个过程都由我们中心办全过程负责管理。中心区几次进行城市设计国际咨询，不断修改提升规划。我们还根据市场投资者需求按程序修改规划要点，所以那个年代不可能等规划修改完了、审批通过了再付诸实施。中心区蓝图是这样实现的，1996年我们中心办刚成立，首要任务是参与1996年城市设计国际咨询评审会，会后组织修改市政厅、水晶岛设计方案，推进工程实施。后来，开始筹备中海华庭、黄埔雅苑等几个住宅项目规划设计要点，准备出让土地。按照市政府要求规划选址中心区六大重点工程，以政府投资来带动市场开发。1998年亚洲金融危机后，市场对商业办公需求较少，开发商都想建住宅。针对"住宅热"，我们严格把控好，不能因为住宅需求大，就修改规划把办公改成住宅。恰恰相反，我们把中心区四个

角上原来规划的住宅用地，想办法缩小一点。为什么要悄悄缩小一点呢？因为我们知道中心区不能建成住宅区，尽管商务办公的市场还没起来，但我们一定要把土地留好。所以我们在法定图则（第一版）里多加一所中学，西北角又多加一块体育产业用地，南片CBD再预留几块发展备用地（给城管局种树苗，使用了好多年）。我们用规划技术办法留地，这一点对中心区2004年以后能够建成金融为主导产业的真正CBD贡献很大。如果没有我们用心预留土地，那么，2004年以后深圳金融业兴旺起来了，但中心区土地可能已经卖完了，或都到了开发商手里，或成了办公房地产，这个CBD是建不成了。所以，中心区规划实施的关键是预留土地。我们规划师就是要比别人想得更长远一点，不能被眼前利益所驱动。可以说，我们当时想办法预留发展用地，内心有一种使命感，觉得这个土地留在政府手里比提前给开发商好！后来果然，我们预留的发展用地2004年后全部用作金融总部办公建设，中心区不仅按规划蓝图全部建成行政中心、文化中心、商务中心，而且增加了交通枢纽中心，未来成为中央活力区就没有悬念了。总之，福田中心区是深圳市和规划国土局几届领导、几代规划师建筑师持续努力提升的成果，未来会越来越好。

（以下省略。全文内容登载于《深圳规划国土口述历史——福田中心区规划建设历史》·特区四十年陈一新接受采访系列访谈录）

故事1-4 中心区建筑要西装，不要时装

采访缘由：2020年福田区成立30周年举办历史档案展览，区档案馆邀请陈一新讲述中心区历史故事，并借用陈一新在1996—2004年负责"深圳市中心区开发建设办公室"工作10本笔记本参展。陈一新于2020年9月22日在规划大厦818室接受深圳市福田区

档案馆黄华吉馆长采访。

【访谈节选】

黄华吉：中心区整体优美漂亮的天际轮廓线是大家公认的。请陈总从城市设计的角度，给我们讲讲中心区城市设计实施过程中记忆深刻的典型故事。

陈一新：中心区之所以能呈现整体和谐优美的轮廓线，关键是我们中心办努力把中心区城市设计国际咨询成果落地实施了，每栋建筑都要遵守城市设计导则，中心区反对各种花哨的形体切割拉伸变化，中心区不要五花八门、奇奇怪怪的建筑立面，需要实用、经济、美观、节能的建筑。我们审批建筑方案时坚守一个原则：中心区建筑要西装，不要时装。我曾多次跟投资者和建筑师解释这句话的含义：设计中心区建筑外观要像设计西装那样，整体风格变化不大、比例漂亮、用料高档、剪裁精致、细部耐看、永不过时；而不要像一件时装，初看很亮眼，再过几年就觉得不好看了。我希望中心区建筑外观刚竣工时你看看很一般，说这个还行，但不难看。再过二十年，你再看看这些建筑，说还不错呀，比较耐看。我们要的就是这个效果。中心区城市设计能够建成今天这样子，真的不容易。例如，我还记得市民中心西侧的两栋大楼，开发商曾经执意要设计两个椭圆形建筑，说这是两个元宝，招财进宝。我们说不行，在市民中心旁边怎么可以建两个圆形建筑呢？放在这位置不合适。我们根据城市设计要求他们做方方正正的建筑。开发商不服，就把我们中心办同志叫到中心区现场，把这两个椭圆形塔楼效果图放在那儿，请市长去现场办公，希望领导当场拍板。我们向领导说明理由，中心区有明确的城市设计导则，市民中心是一个形象特别的标志建筑，其两侧建筑形象只能是陪衬，要大气、简洁，不宜突出标志性。领导听了我们汇报，觉得我们说

得有道理。于是，明确表态按中心办的意见修改。所以，经过那次现场"较量"，中心办"长"了威信，后来开发商就比较听我们的了，让中心区城市设计能够较顺利地实施。这要感谢深圳市领导的远见卓识及对科学和专业的尊重。

黄华吉：这个故事很典型，领导水平真的很高。

陈一新：中心区城市设计美学讲究"主从与重点"原则，少数标志建筑要突出，其他建筑都做和谐的背景。我认为，在一个城市或某个片区，标志建筑不能超过5%，其他建筑都应是背景建筑，这样的城市才可能给人以和谐优美的整体印象。中心区就是这样一个代表。在中心区建筑方案报建过程中，常有人来挑战我们这个原则。他们说，我们老板一辈子心血就都投在这栋大楼里了，我们一定要做成标志建筑。为什么不可以做成圆的，或做成尖的？为什么一定要遵守你们的城市设计导则做成外观规规矩矩、方方正正的建筑？但这些人最终都被我们说服了。所以，中心区除了市民中心、会展中心、平安金融中心等少数标志建筑外，其他建筑都要求做规整实用、外观耐看的"西装"。所以你现在看看中心区整体形象是"深圳名片"，相信过几十年再看看中心区也还不错。希望中心区成为一件耐看的"西装"。

（以下省略。全文内容登载于《深圳规划国土口述历史——福田中心区规划建设历史》·特区四十年陈一新接受采访系列访谈录）

故事1-5 福田自出生之日起就是特区中心

原文登载于《晶报》2020年11月19日。

采访缘由：2020年深圳福田建区30周年之际，《晶报》收集深圳奋斗者与福田区30周年的故事。陈一新应邀于2020年10月19日接受《晶报》记者邓晓偲采访，讲述自己

与中心区规划建设的故事。

【"陈一新口述福田"内容节选】

早在 1989 年，我就从上海南下深圳了。那个时候，上海宾馆以西还是农田、鱼塘和荔枝林，莲花山脚下自然也还是一派荒芜的郊区景象。此后的 7 年，我先后在深圳大学和深规院工作。1996 年，我被选调到深圳市规划国土局负责"深圳市中心区开发建设办公室"创建工作，从此，我的生命便与福田中心区紧密相连。我在中心办指定专人负责中心区规划设计成果和有关资料归档，我自己也用心收集国内外 CBD 规划建设研究资料。例如，2001 年我到法国进修 3 个月，研究了 2 个课题：一是德方斯 CBD 规划建设历程及其管理机制，二是巴黎城市设计的机制及其方法。即使如此，我们中心办收集到的中心区 1996 年之前的资料是零零星星的，中心区规划缺乏系统性。2008 年我博士论文开题后，下决心挖掘中心区规划历史资料，对中心区 30 年规划历史进行系统研究。经老同事介绍，我 2009 年拜访了孙俊先生，他保存了 1982—1989 年在市规划局工作期间的深圳规划资料和工作笔记，我借来后请局信息中心档案部同志复印存档，这才使福田中心区前 15 年的规划轨迹逐步清晰起来，同时也丰富了我局规划档案资料。

1980 年《深圳市经济特区城市发展纲要（讨论稿）》文字记载："皇岗区（现名福田中心区）设在莲花山下，以吸引外资为主的工商业中心，安排对外的金融、商业、贸易办公机构。为照顾该区居民生活方便，在适当地方亦布置一些商业网点。"实际上，1980 年深圳城市发展纲要就把未来的城市中心选址在莲花山下，而且是最早的产城融合规划。紧接着在 1981 年，深圳总规划说明书首次提出"全特区的市中心在福田市区"的规划定位。直到 1986 年深圳特区总规明确福

田区是特区主要中心，将逐步形成以金融、贸易、商业、信息交换和文化为主的中心区。1995 年，市政府同意正式将福田中心区定名为"深圳市中心区"。所以说，福田自出生之日起就是深圳经济特区的市中心。这是城市的远见，也是福田的幸运。

故事 1-6 "十三姐妹"城市设计

故事由来：2021 年 12 月 2 日，陈一新副总规划师受市规划和自然资源局政策法规处邀请，在规划大厦 209 会议室做了题为"美丽深圳的关键是城市设计"主题讲座，局国土空间规划条例的修订工作组及有关人员聆听了讲座，并进行了充分交流和讨论。本故事根据讲座录音整理节选。

深圳规划建筑界长期有中心区"十三姐妹"的传说，这里我向各位同事介绍一下当年我们中心办组织编制并实施的中心区"十三姐妹"城市设计的起因、过程及结果。

一、起因

1996 年中心区投资大厦刚建成，深圳规划建筑界舆论哗然。局里当年负责建筑报建审批的法规执行处也诟病这栋大厦立面"太难看"了，刚建成的新建筑立面就这么难看，也不好意思马上改造外观，而且当时只有这一栋楼孤零零地立在深南大道旁，其立面特别显眼。这事无奈了好几年，轮到我们中心办接手了，这个事情我们怎么做呀？这一片，土地划了 12 块，投资大厦是第 13 个，第 13 个已经建成了。边上又划了 12 个地块，土地出让了一当年是国土领导小组批地的，不是卖地的，是批的协议用地。因为 1998 年亚洲金融危机，房地产很不景气，原计划在中心区投资的几家港商纷纷退地。为了继续推进中心区建设，市国土领导小组批准了投资大厦周围的 12 个地块分别由 12 家

企业来投资，按协议用地统一地价标准（当年办公楼的楼面地价为 2 500 元 /m²，商业为 3 000 元 /m²）。然后，这 12 家企业各有一块地，分别做单体建筑方案构思，交给我们一个 1/500 小模型。等我们把这 12 个小模型往 1/500 总图底板上一摆，糟了！建筑群整体效果很差。我们马上意识到，中心区虽是新区，如果这么建的话，就是再造一个罗湖！罗湖商业中心建得还算成功，每个大楼都精心设计了，无可非议，但每个建筑"各自为政"，建筑群不和谐，步行道不连续，行人不舒服。我们中心区决不能"穿新鞋走老路"。

于是，我们就希望通过城市设计师解决建筑"各自为政"、建筑群不和谐以及投资大厦立面等问题。如果这组建筑群做漂亮了，即使群里某个单体建筑形象不佳，也无伤大雅。我们咨询打听哪家设计公司适合做这个城市设计，专家公认美国 SOM 建筑设计事务所对办公楼建筑及城市设计富有经验，于是在网上找到了该公司。后来，不仅通过传真联系上了该公司，把我们拟订的城市设计任务书传给他们，而且通过传真完成了设计合同的签订。

二、经过

请他们来做这个城市设计，他们怎么做呢？这些设计师到了深圳以后（那是他们第一次到深圳）做的第一件事就是去找所有的 12 家开发商座谈。了解投资者的需求，这是很重要的。这就是我为什么说不要早于土地出让两年以上去做城市设计。太早了，需求不明确，两年以后需求可能就变了。他们就找这 12 家，一家一家去座谈，问他们有什么想法。这 12 家公司座谈下来，他们发现了一个共同的诉求，说政府不公平。为什么不公平呀？这一排沿着深南大道，它的形象标志特别好，大家都要抢这个地的。这一排离购

物公园近，而且这个地方就是购物公园地铁站，购物公园限高 17 m，它不但景观好，而且交通好，大家都喜欢这一排建筑。就这中间这一排的 4 家认为特别不公平，说我们的地价跟他们是一致的，我们的条件完全不一样，景观不行，交通不行，都不行，我们没有优势，地价却是一致的，因为是协议用地嘛。这个设计师就开始从这 3 个要求入手（我们政府提了两点，商家提了一点），用这个方法解决了我们这 3 个问题。大家可以看一下，快速记一下这张图的路网结构。支路是这样的，这个是曲尺形的丁字路口，不完整的一个路网，当年我们的交通就做了这样一个路网，认为这个支路就差不多了，就这么划分的。

美国 SOM 建筑设计事务所就把它做成了这个路网，做了几个比较方案，最后我们选择了这个。这个方案一石三鸟，把我们 3 个问题全部解决。每一个地块的总建筑面积不变，但它的基底大小是可以变的，为什么？因为我们还没有跟那 12 家签土地合同，基底是可以变的，但是总面积不要变，所以这个方案就把每一个建筑地块（除了 22-1 这个已经建成、不能动的，其他的是可以变的）缩小一点，留出更多的公共空间，道路比原来更密了，每一个地块都环绕着 4 条路，公共空间增多了，还增加了两个小型的市政公园，大概 1 hm²。这样一来，怎么样解决了我们 3 个问题呢？

一个是步行系统，它就沿着这个公园和这些建筑，全部用骑楼给它们连接起来，这样一来就解决了步行的连续和舒适问题。

第二个，该方案解决了开发商提出的公平问题。为什么？你看中间这一排 4 家开发商，他们又有景观，又有交通，条件都改善了，这个问题解决了。

第三个建筑群的问题，我后面讲。

该城市设计把地块细分，支路环绕每个

地块，增加两个小公园，立马把政府和企业提出的3个问题全解决了。

这个就是两个对比，设计前的路网和设计后的路网是这样的，下面这个深色的部分就是骑楼部分，把公园和公园之间连接起来。就是我刚才说的城市设计要设计3个联系问题，它不但把建筑和建筑之间的空间全部联系起来了，而且把建筑和景观连接起来了，它还要把建筑和城市活动连接起来。你看它设计了什么，它不但设计了两个小公园，还设计了公园和公园之间连接的这条街，它起个名字叫灯笼街。灯笼街这个地方，下班以后就不能开车了，变成了一个步行道，晚上人们可以在街上喝啤酒、吃小吃等。下班的白领在这儿轻松地吃一点，会个面，交谈交谈，活动一下，再回家。所以，这是一个比较完整的城市设计，而且效果还不错。要说不满意的话，那就是我们后面实施和管理有差距。现在的效果，我走到那里，觉得很汗颜，我们这么好的一个城市设计，被管成这个样子了——这儿隔个栏杆，那儿隔个栏杆。这个就引发了我后面为什么要提出城市设计如何实施，怎么样的机制才能实施城市设计的问题。

这个是当年拍的照片，就是这一组建筑。你看，这个投资大厦，是不是在"合唱队"里面？不显眼了吧？这个建筑群还挺漂亮的。这十几个建筑就是这一次城市设计做的，从这里一直到这一圈，被我们深圳规划界称为"十三姐妹"，就是加上投资大厦，十三姐妹楼就是说的这个地方，就是我们做的城市设计。两个小公园被设计了一下，这是对公共空间的一个设计。

三、结果

我把"十三姐妹"街坊城市设计成果总结为以下8项设计导则：

导则1——细分地块，增加支路，让每栋大厦周围都有支路环绕，交通机会均等。这就是path路径的设计。

导则2——设置两个小公园，并用步行街（灯笼街）连接起来，灯笼街分时段管理，下班时间用于步行休闲、露天餐饮。这就是Node节点设计，而且与人的活动联系起来。

导则3——底层连续的骑楼，规定骑楼净宽3 m、层高6 m。标高、坐标全部要对准，才能形成一个连续的、舒适的公共空间步行系统。

导则4——设置连续街墙，沿骑楼位置。就是这个edge界面设计。要求沿骑楼设计14 m高的裙房作为街墙界面，围合限定两个小公园。

导则5——建筑主入口沿骑楼布置，人行出入口集中在有骑楼的街道。

导则6——车辆出入口集中在骑楼的背面街道。分开设置人车出入口，人在建筑的正立面，车在建筑的背立面。一边人为主，另一边车为主。支路分工了，行人的感受更好。这一点特别重要。

导则7——设计建筑群整体形象，确定塔楼在地块中的位置，并确定标志建筑（landmark）。高层建筑都标注了80~100 m、100~130 m、130~160 m，高楼是沿着公园来布置的，这里最高标志160 m。因此这组建筑群形成了优美的整体轮廓线。

我刚才说的一石三鸟的问题都解决了：设置两个小公园解决了交通、景观公平问题；采用骑楼保证了步行系统的连续舒适；设计建筑群整体形象。

导则8——统一规定建筑立面的收分比例、虚实比例。

就是说，每个建筑立面都要三次收分（每次缩进3 m），沿着骑楼界面是14 m高的两层裙房要收分一次；到建筑40%高度处要收分第二次；到80%高度处要收分第三次。另

附图 2　2005 年 3 月中心区 22、23-1 街坊实景
（来源：笔者摄）

附图 3　2012 年 7 月中心区 22、23-1 街坊实景
（来源：笔者摄）

附图 4　2021 年 8 月中心区 22、23-1 街坊实景
（来源：杜万平摄影）

外，还必须做窗间墙，规定了窗墙比，不主张用玻璃幕墙。建筑从底部到顶部，由下往上，由实到虚渐变，做一个退晕。这就是一个非常详细的城市设计样本。

该城市设计已实现了 3 个目标：中间地块的土地价值增值了，公平了；建成了舒适连续的步行系统；还有一个就是整体建筑群变得优美漂亮了（附图 2~ 附图 4）。该城市设计虽然已经过去 20 多年了，但深圳规划界乃至全国同行仍经常提起中心区"十三姐妹"的故事。

故事 2
黄伟文：深圳市中心区是城市设计的
大课堂

【中心办最早四位成员之一】黄伟文　未来＋学院联合创办人与创意总监，曾是深港城市／建筑双城双年展（2005 年）、深圳市城市设计促进中心（2010 年）、土木再生城乡营造研究所（2008 年）的主要创建者和推动者，哈佛设计学院 Loeb Fellow 学者，曾任职深圳规划管理部门 21 年，包括 1996—2003 年在深圳市规划与国土资源局中心办工作。现创建未来＋产学研团队，开展城乡营造实践探索和创新工具研发。

我有幸 1996 年加入中心区开发建设办公室——一个新组建的、专门负责市中心区土地、规划设计乃至建设的小团队，接触了不同专业的同事，更接触了很多重要的城市设计项目、活动和著名的专业人士。2003 之后我到规划局另一城市设计管理部门，继续参与市中心区的城市设计管理工作，可以说，与中心区城市设计有超过 13 年的缘分。谢谢原中心办创建主任陈一新博士的邀请，很高兴在这里回顾一下，我是怎么从中心区城市设计管理这个大课堂中学到系统知识的。

一、多维审视：有待充实内容以服务人吸引人的中轴线设计

说实话，在加入中心办之前，我的城市设计知识都还是书本化和挂图化的，尽管我在清华读研究生时的专业是城市规划与设计，在深圳市规划院也做了两年的城市规划和设计。一到中心办我们就赶上中心区核心地区城市设计国际咨询的评标，看着想象力丰富、造型各异的模型和效果图非常兴奋。但接下来的首个挑战就是如何细化和实施优胜的李名仪／廷丘勒建筑师事务所方案所强化和突出的超尺度（长达 2 km，宽达 250 m）标志性

中轴线概念。

这一课题历经 1997 年日本黑川纪章建筑师事务所的立体／生态／信息轴线、1999 年德国欧博迈亚公司中心区整体优化提出的悬浮“水晶岛”＋复合中轴绿地＋水系、2002 年株式会社日本设计 Nihon Seki 提出并被实施的中心广场“绿云”方案、2007 年中轴线延伸／皇岗村改造研究、2008 年 OMA+ 都市实践提出的中心广场“深圳之眼”＋大圆环＋地下街方案、2017 年都市实践的中心区公共空间活化研究，以及深圳书城及四小公园／市民中心／中心城／皇庭广场／会展中心等实施项目（附图 5），至 2022 年，也还未能呈现出一个可吸引人去体验的完整效果。可见城市设计的落地实施比各种宏大标志形式及概念的方案远为复杂和充满不确定性的挑战，涉及经济（开发／运营）、社会（参与／评价）、人文（内容／叙事）、治理（决策／管理）等维度，是通常仅以空间（形式／地标）与景观（绿化／美化）为焦点的城市设计无法回避的问题，也是我从中感悟和主张城市设计要系统升级拓展的领域。

二、地块细分：公共空间引导的街区设计

还是回到更具体的地块开发上。1998 年，陆续有企业有意向在中心区投资建办公楼，有些也提交了概念方案（俗称“拿地方案”）。管理者如何根据已有的定位规划（通常规划的超级大地块都可安排 6~7 家企业来建楼）、城市设计（通常以林立高楼效果图为主）和企业需求（通常拿地方案都是孤立的自说自话）来提出地块细分和城市设计指引？当时年轻的我曾尝试先把不同企业的拿地方案拼贴在一起，想看看超级街坊该如何细分、地块之间需要什么样的呼应或避让，但没理出头绪。这个环节非常像规划设计的“最后一公里”或“临门一脚”。显然，当时的国内专业界和管理部门都缺乏经验，于是我们邀

请美国 SOM 这样的老牌设计公司来示范一下中心区投资大厦所在片区两个超级街坊的细分和城市指引该如何做（附图 6）。

SOM 芝加哥总部的规划合伙人菲利普·恩奎斯特（Philip Enquist）亲自操刀，给我们上了可能是当时中国街坊城市设计最精彩的一堂实践课（我们确实邀请他在规划局做了演讲）。直到今天我认为这些启示都非常有价值，而且也并没有被好好消化吸收。

1. 土地细分的原则应该是发挥和提升每一块被分出的土地的潜力和价值。

2. 提升土地价值的有效办法是创造共享公共空间和步行优先的街道。

3. 公共空间地块的划分可通过缩小各建设地块面积、提升建筑覆盖率来获得，也就是在不影响开发总量的情况下，通过压缩原先各建设地块内低效甚至是消极的建筑非覆盖土地（多为围墙内的地面停车 / 硬地 / 碎片景观）来达到土地平衡和社区空间品质的整体提升。

4. 街区道路需要做人行主街和后勤辅街的定位及动线区分。

5. 裙房之间需要高度和退线的一致性来共同围合成主街界面（或称街墙）。

6. 适应南方气候的沿街骑楼形式（包括其他遮蔽形式）值得在主街继续使用。

我们迅速学习和消化这些城市设计原则（也包括德国欧博迈亚公司为中心区中轴线

附图 5　不同年代版本的深圳市中心区中轴线与不易被体验到全貌的建成现状
（来源：上图为黄伟文编辑各阶段中轴线总图与航片，下图网址，https://www.720real.com/t/cb246b81f3d89625

两侧地块提出的"九宫格"细分原则），并
检讨之前缺乏细分的超级地块出让方式，比
如大中华交易广场、深圳海关、凤凰卫视等
项目。通过对后两者所在街坊的再细分以及
土地合约的修订，我们成功将海关地块切小
到原街坊的 1/3 出头、凤凰卫视用地切小到原
街坊的 1/2，从而提高了土地利用率（其中原
海关用地内增加了中广核两栋大厦并还留着
一块未出让地块，原凤凰卫视用地内增加了
民生金融和国金金融两栋大厦），也改进了
中心区街坊空间的多样性和近人尺度。这些
街坊细分原则还继续被应用到深交所街坊（细
分为 8 塔楼块地 + 共享广场，后深交所独占
中间 4 块）、招商证券大厦街坊（细分为 7
栋塔楼 +2 栋小楼 +2 个小广场 +1 条步行街）、
卓越世纪中心街坊（4 栋楼 + 中心小广场），
以及部分被采纳到岗厦城市更新方案中。

　　之后我还把从中心区学习到的街坊细分
原则应用到龙华中心区、后海中心区、深圳
湾总部基地、高新区及深圳湾科技生态园、
坝光生物谷、大鹏龙岐湾开发等项目中，并
且将其转化为一种城市空间算法，开发了"信
模"城市设计生成软件。这些原则也与后来
中央城市工作会议倡导的密路网小街区原则
一致，只是深圳大约提前了 16 年来学习和先
行先试。

　　三、有机整改：包容历史与社会的更新设计

　　我们 1996 年接手的中心区是当时国内典
型的一种白纸规划：新洲河被改道取直，规
划完全忽略了原先这一蜿蜒穿越中心区的水
系对于城市中心的生态景观价值；对早期岗
厦河园片区发展也一直缺乏规划引导，直到
1999 年的法定图则对此片还是开"天窗"，
不予涉及或者说束手无策。但是岗厦河园
片区自发建设的粗放无序，又逼迫我们作
为规划管理者面对和思考城中村这一现实难
题——因为深圳村民不会坐等迟迟没有出现

附图 6　SOM 中心区两街坊城市设计（上）及实施效果（下）
（上图来源：SOM 公司城市设计水彩效果图；下图来源：macOS Big Sur 地图）

的任何理想规划，他们会与时俱进地抓紧在
祖辈土地上城市化所带来的发展机遇，实际
上也回应着越来越多的外来打工者对便宜落
脚处的需求。

　　对城中村的认知也不是一开始就能全面
的，最早接触岗厦村的"脏乱差"时我也是
深以为憾和焦虑，尤其是与美轮美奂的新规
划对比的话。随着村民楼的不断加高加密，
我越发觉得推倒重来的成本会太高（2005 年
之前深圳房价还相对平稳），急需寻找一种
更经济可行的改造提升方法。环视四周，我
注意到 2000 年上海新天地正在进行的旧民居
再生改造非常有启发性，就邀请当时参与其
中的宋照清来分享，并促成其为岗厦河园片
区做了一版改造规划。他提交了街道网络整

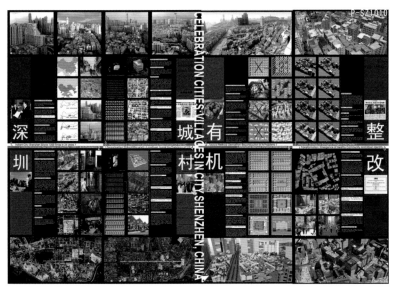

附图 7　独立研究"有机整改深圳城村"
（来源：黄伟文 + 都市实践）

理自原街巷脉络、保留部分位置合适的楼房并与新建楼房组成新围合街坊的方案，但因为规划委员会审查专家担心对拆谁家留谁家难以协调而被搁置。附图 7 为市中心办黄伟文等人独立研究的"有机整改深圳城村"的图片。

恰逢 2002 年世界建协主席贾梅·勒纳（Jaime Lerner）向全世界发起关注研究城市的方案征集活动——Celebration Cities（庆祝城市），还在困扰于城中村难题的我邀请办公室同事与都市实践的同行一起，将岗厦作为题目，研究深圳城中村的破解方法。我梳理了深圳城中村的形成机制、土地政策，评价了城中村对深圳容纳外来人口的积极作用以及环境治理的欠缺，推演了通过拆改（拆除 25%～30% 建筑以疏通道路形成院坊）、缝合（握手楼间距）、联顶（将各屋顶加建取平作为社区公共空间）、抬院（升高院落

地面以停车）、加梯（公共楼电梯）、插建（新房来平衡拆除损失）来系统提升城中村品质和价值的"有机整改"策略。这些策略虽然没有被 2010 年后开始实施的岗厦更新（房价飙升之下，高密度城中村推倒重来也成了可能）所接受，但我还是继续推动开发机构支持了更广泛的"岗厦罗生门"独立研究计划，带动和汇集了中外学者从空间、社会、经济、艺术甚至戏剧等各个学科角度对岗厦进行了研究。

2018 年水围村将一片村民楼统租整改成柠盟国际公寓（还有万村计划等类似项目）；2019 年深圳颁布城中村总体规划，划定 56% 以上面积的城中村适合综合整治；2021 年住建部发出防止城市更新大拆大建、拆除面积不得超过 20% 的通知；近些年，深圳也在探索拆除量控制在 30% 的城市微更新模式。这些实践案例及政策都与我当年在岗厦的城中村研究有着比较一致的结论和方向：城中村这种自发建造模式所形成的历史（记忆）、社会（保障）、空间（多样性）资源是有价值的，值得而且可以被用好，以弥补正规特别是白纸型规划的粗暴、单调和盲区。

如今中心区已经基本建成，我们有幸在刚开始职业生涯时就遇到这样的探索学习机会。来自各个专业的中心办成员虽然 2004 年随机构遗憾解散，不过我相信从中心区管理实践课堂中积累的知识，还会帮助我们在新的岗位中发挥着作用。只是这些知识还有待更系统的研究总结，以帮助到更多新的城市开发，可以在中心区经验不足的基础上，做得更好。

故事3
朱闻博：深圳市中心区两个"第一"

【中心办最早四位成员之一】朱闻博 现任深圳市水务规划设计院股份有限公司党委书记、董事长。教授级高级工程师、给水排水工程学士、工程硕士。1996年至2004年在深圳市规划与国土资源局中心办从事城市规划与技术管理工作；2006年至今，从事水污染、河流水环境综合治理规划设计研究和经营管理工作。被评为深圳市政府特殊津贴人才和高层次领军人才，当选深圳市第七届人大常委会委员，获得广东省五一劳动奖章（2021年），荣获第三届"深圳百名行业领军人物"（2017年）、中华人民共和国成立70周年全国勘察设计行业"杰出人物"等称号。

一、"市民中心"命名全国第一

"深圳市民中心"作为市政府办公大楼的命名为全国第一。现在大家熟悉的深圳市民中心，在1998年7月前的项目筹划等前期工作中，先后按"市政厅""市民广场"来称呼和起草相关文件。随项目使用功能、规模和设计方案不断探讨研究明确后，大约1998年5月份由市规划国土局开展征集"市政厅"名称活动，6月19日，时任局总规划师郁万钧主持评议会决定选用"市民中心"作为市政厅的新名称，并于7月15日由原市委书记主持召开的现场办公会同意将"市政厅"命名为"市民中心"。此名称由中心办朱闻博同志独创提出，具体大意是：因为该建筑物由市政府、人大办公、市博物馆、工业展览功能以及相关配套服务设施组成，规模大约20万 m^2，起名"市民中心"。含义是：为民服务、为民监督（有人大办公）、市民交流学习的场所；同时建筑物设计方案造型有别于当时各地政府办公楼"衙门"形象，中轴线南北二层连廊公共空间穿透建筑物而全天候开放。

起名"市民中心"体现了为民服务的亲民形象和服务理念，在当时还是全国首创。后续东莞等地都仿效"市民中心"和市民服务大厅，在全国传开。

二、"海绵城市"深圳第一

中心区早在1998年就尝试雨水资源综合利用（现称"海绵城市"）。中心区规划方案确定后，中心办同志不断开展国内外先进城市建设的调研学习，受先进国家开展的"低冲击影响开发"和"水敏性影响分析"启发，再结合深圳是一个降雨量很大但又是水资源大部分依赖境外引水的国际性城市，创新地开展规划研究了中心区雨水资源利用并得到实施：在中轴线公共空间大量绿地、莲花山公园规划建设中，充分收集、利用雨水，规划建设若干个蓄水塘、洼地、湿地；道路人行道、广场铺装多用透水性地砖；在南部商业综合体利用两侧下沉广场设置蓄水湿地等。中心区的雨水综合利用效果明显。这些办法与当下国家建设部门大力推广的"海绵城市"建设理念"渗、滞、净、用、排"相一致。可以说，中心区是深圳乃至全国最早提出"海绵城市"理念并得到实践应用的典范。

故事 4
沈葆久：中心区行道树规划

【中心办最早四位成员之一】沈葆久，上海人，1939 年出生，园林高级工程师。1962 年毕业于南京林学院，分配到海口市园林处；1980 年调入深圳特区。自幼热爱绘画，足迹遍布大半个中国，也游历过欧洲一些主要的国家和城市。考察过新加坡、英国、美国、加拿大等国的园林、建筑和自然风光。数十年如一日写风景、造园林，乐此不疲。在国内首创抽象式园林，出版过《深圳新园林——抽象式园林》和《沈葆久速写》，为深圳特区的园林事业做出了突出贡献，也被国内多个城市邀请协助他们的园林规划设计。1996 年调入深圳市规划国土局中心办工作，直至退休。

一、中心区行道树规划设计方案

我 1996 年到中心办工作后，为美化中心区环境设计献计献策。我们希望根据不同街道的功能性质、沿街商业布局情况及地质条件等因素选择不同姿态和风格的树种，以达到遮阴降温、滞尘、净化空气、减少噪声及美化环境的目的。根据市中心区深南大道以南土层较深厚、以北土层较浅薄（尤其在东北角）的具体条件，行道树宜作不同选择。根据市中心区的道路走向，景观上如无不宜，东西向街道宜优先选择树冠宽阔，产生浓荫的行树道，南北向街道，可优先选择树冠较高矗的行道树。我建议中心区选择行道树的主要原则，首先能适应深圳气候条件，其次要具备行道树的主要功能，要求栽植后在短期内能发挥较好的效果，并能保持较长的时间。如中心区能合理选择栽植行道树，则可使 CBD 特色鲜明。

为了使中心区行道树真正按规划实施绿化，避免重复栽种，确保中心区绿化更符合

深圳市行政文化中心和商务中心的功能"气质"，1997 年我拟定的《深圳市中心区行道树规划设计招标书》经程序批准后，1998 年 7 月，我们中心办开创性地组织了《深圳市中心区行道树规划设计方案》公开招标并组织深港专家评审，1998 年 10 月，我们将中标方案设计图及相关资料移交市城管办。2000 年 3 月，中心办又组织召开了"深圳市中心区道路行道树调整方案研讨会"，市土地投资开发中心、市城管办绿化管理处和有关园林、规划专家参加了会议。2000 年 9 月，中心办又向市城管办绿化管理处移交了一套《深圳市中心区道路行道树施工图》，但未能实施。如今中心区的行道树特色不明显，未能起到锦上添花的效果。

二、中心区园林小故事

中国园林提倡因地制宜，中心区的园林布局也不例外。1990 年代中期，深圳某居住区内的园林方案招标，选了有名望的设计公司，方案中有的用传统方案，有的用较现代的方案。当时我出版了一本《深圳新园林——抽象式园林》，我以为抽象式园林也应该因地制宜，投标方案中有一个为抽象式方案，该小区建筑密度大，其优美的线条图形虽然在平面图中看来效果不错，但实际建成的空间效果却将显得零碎，整体感并不理想，经讨论研究便否决了。而传统的手法由于与现代建筑风格难以协调，也未被接纳。最终选择了因地制宜、接近自然的方案，这样实际上便于施工、选苗，也无需过多的修剪。林冠线富于变化，使居民回家后有一种放松、回归自然的感觉。

我们常见到一些风景区入口前就修一条道路，两旁种了整齐的行道树，大门前砍掉原有树木，布置花台，与因地制宜的原则背道而驰。如果我们把阻碍道路的树木砍伐后建造一个有特色的、古朴的入口，路旁根本

不种规则的行道树，这样既节省资源，也与环境协调，岂不两全其美？我一直赞成就地取材、返璞归真、师法自然。

故事 5
李　明：深圳市中心区轶事

【中心办第五位成员】李明，原深圳市规划国土局城市与建筑设计处副调研员。1983 年清华大学建筑学专业本科毕业。1986 年中国科学院自然科学史研究所研究生毕业，1986—1997 年在中国科学院自然科学史研究所工作。1997—2004 年，在深圳市规划国土局中心办工作，任主任科员。2005—2018 年，在局城市与建筑设计处工作，任副调研员。

一、市民中心建筑后面的一些轶事

市民中心是中心区最重要的建筑之一，是 1996 年中心区核心区城市设计国际咨询的优选方案，美国李名仪 / 廷丘勒建筑师事务所提出的市民中心大鹏展翅的设计理念得到了国际评审委员会的认可，后续该建筑的实施方案也由李名仪事务所承担。市民中心建筑从 1996 年开始设计，到 2004 年建成投入使用，前后经历了 8 年时间。对于这个规模巨大、功能复杂的建筑工程来讲，设计建设过程中有很多鲜为人知的事情。我作为一名几乎从头至尾参与了该项目设计研究和管理的工作人员，确实有些故事可以言说。

1. 城市仿真改变了屋顶高度。市民中心是一个集政府办公、市民活动、会堂礼仪庆典、展览、档案和博物馆为一体的综合性公共建筑，其建筑规模在 1996 年国际咨询时拟定为 8 万 ~10 万 m^2。1997 年工程方案设计初期，政府和专家研究认为，在 9 万 m^2 的建设用地上，10 万 m^2 的总建筑规模显然是太小了，与近 500 m 长的巨大屋顶很不般配，整个建筑就像趴在地上一样，大鹏展翅的设计意向

很难展示出来。经反复论证，建议将建筑规模调整到 15 万 m^2，最终确定为 20 万 m^2，建筑屋顶长度为 470 m。增加建筑规模后的市民中心形象能否与深南大道等周围尺度，及其背景莲花山的景观相协调，似乎不够清楚。为此，中心办经请示特意组织了一次足尺（表示 1：1 比例）仿真模拟，采用 300 多个氢气球，按建筑屋顶的实际尺寸，勾勒外轮廓。氢气球模拟活动展示进行了一周，现场收集民意。其间，正好遇到中心区项目设计国际专家评审会，各国专家现场看了模拟展示后，认可增加建筑规模后的空间体量。此时，中心办首次采用计算机城市仿真对市民中心建筑扩容后的尺度和高度等进行动态验证，结果发现把市民中心屋顶最高点抬高至 75 m 时，与莲花山形成良好的景观环境。此次仿真模拟开创了国内运用城市仿真研究城市设计和建筑报建管理的先河。

2. 方筒、圆筒对调位置。还有一个设计改变是我在审核市民中心建筑设计方案时，发现市民中心中区西侧的红色方筒是 2 500 座的大会堂，距西区政府办公楼很近，开会或有重大活动时交通量大，会影响办公，特别是市领导办公也在西区。因此，在审查意见中建议大会堂方筒与东侧档案馆圆筒对换。1998 年 10 月 7 日，在由主管副市长主持的会议上明确了，为了使市民中心的功能更为合理，在下步设计中将方筒、圆筒对调位置。巧合的是，在 2000 年 10 月，市人大领导到市民中心现场办公，研究确定了在市民中心东区博物馆的西侧划出部分面积作为人大办公场所，人大办公与大会堂功能可以说十分吻合。

二、中轴线通还是不通，怎么通？

当你带着孩子在莲花山公园游玩，来到公园的最南边，你就会发现有一座桥连着一个长长的平台，通向不远处的市民中心建筑。

市民中心建筑中区是一个开敞的公共空间，与中轴线相连通，沿着通道可以来到建筑的下面并穿过建筑，前面是宽阔的市民广场（市民广场），向南望，跨过深南大道，可以看到一片郁郁葱葱的绿化公园，在公园绿树的后面可以看到一个横亘在远处的巨大建筑，那就是会展中心。对中心区规划和建设不太了解的市民可能不太清楚这一系列建筑和空间的关系，上面所介绍的这些建筑与空间就是中轴线上的主要内容。作为规划管理者，我们当然知道中轴线是南北连通的，为了使中轴线跨越深南大道，规划管理者和设计者费了很多心思。

1. 中轴线现状形态的由来。中轴线公共空间立体形态是 1996 年李名仪先生最早提出的优选方案，该方案确定了 250 m 宽、2 000 m 长、占地约 70 hm^2 的中央绿化带方案。中轴线可分为北中轴、市民广场、南中轴，三个部分通过天桥和绿化式平台连接莲花山。中轴线的空间形态犹如一条连绵起伏的绿色地毯，从北向南贯穿整个中心区。

1998 年，日本建筑师黑川纪章对中轴线公共空间系统进行了深化设计，经过了三个阶段的方案设计和评审。

黑川先生以共生的哲学思想，将生态公园和信息高科技有机共存；改变传统规划土地利用的二次元平面设计，以三次元、多空间层次的设计思想贯穿整个中轴线；将中轴线的动态、功能、形态、隐喻和视野等城市因素进行音乐总谱式组合。黑川先生的中轴线深化设计确定和丰富了中轴线公共空间功能，基本形成了中轴线现状形态。

2. 深南大道南北地下已连通。北中轴和南中轴都已具备连通的条件，只有中间的市民广场部分，表面上看，到了深南大道边就没有过街设施了。为了实现中轴线跨越深南大道，设计公司和规划管理部门是绞尽了脑

汁，费尽了心思，力图找到跨越深南大道连接北南中轴线的最佳方案。从 1996 年国际咨询至今，做了许多设计方案，但其实过街方式，无非就是地面、地上和地下三种。李名仪先生的方案就已给出了两种过街方式：一是在广场两侧各有一座人行天桥跨越市民广场和深南大道，连接市民广场南广场；二是在广场正中有一条地下步行街从市民中心建筑地下车库开始向南穿过市民广场、水晶岛，一直到南广场。后面很多的方案无非就是这两种方式的变体，现状看到的是 2004 年实施的日本设计公司的方案，但过深南大道问题并未解决。这才引出了后面 2009 年 6 月又举行水晶岛规划设计方案国际竞赛（竞赛主要是想解决市民广场活力问题，南北连接是内容之一）。在荷兰大都市建筑事务所与深圳都市实践设计公司联合设计的优胜方案中，提出了"深圳之眼"的大胆设计创意，一个直径大约为 500 m 的环形天桥跨越南市民广场之上，既是一座连接南北的桥，也是一个巨型构筑物，结合水晶岛位置的大型下沉空间形成"深圳之眼"整体设计形象，广场下设计了丰富的地下利用空间，同时也连通了广场南北。为了推进完善市民广场的功能与活力，尽早实施优胜方案，市规划部门多次组织修改调整，先后 7 次向市政府提出实施建议，至今市政府始终未下定实施该方案的决心，致使市民广场至今仍是 2004 年建设的面貌，跨越深南大道的问题似乎悬而未决。地面以上好像如此，但其实深南大道地下已经形成两条南北通道。一条是在广场西侧连接福田高铁综合枢纽的地下通道；另一条在市民广场的东侧，也可通过地铁 2 号线与 4 号线交会的地下通道跨越深南大道，从市民广场南侧出入口进入市民广场南侧公园。无论市民广场今后还会不会有新的设计方案，或是否有其他过街方式出现，中轴线跨越深南大道已然不再是问题。

故事 6
叶青：建科大楼是中轴线上绿色建筑

【人物简介】叶青，深圳市建筑科学研究院股份有限公司董事长，国家一级注册建筑师、教授级高级工程师，并担任住房和城乡建设部科技委建筑节能与绿色建筑专业委员会副秘书长、中国城市科学研究会绿色建筑与节能专业委员会副主任等社会职务，当选深圳市第七届人民代表大会常务委员会委员。

近 20 年来一直致力于具有中国特色的建筑节能与绿色建筑、生态城市技术研究，推动绿色低碳城市的可持续发展，主编多项国家及行业标准规范，主持和参与包括国家"三五"重点研发计划等 20 余项课题。为中国绿色建筑及绿色城市发展作出突出贡献，被评为深圳经济特区建立 40 周年先进表彰"杰出创新人才"（40 周年 40 人）。曾获全球华人青年建筑师、世界绿色建筑委员会亚太地区绿色建筑女性领袖、当代中国百名建筑师、全国优秀科技工作者、雄安新区规划评议专家、广东省工程勘察设计大师、深圳十大环保人物等荣誉。

一、故事由来

城市是人民的城市，建筑都是公民建筑。这是我们规划师、建筑师努力的方向。中心区基本践行了"人民城市"这一宗旨，但建筑的节能环保有待改进。2019 年，市规划部门原则通过了《福田区整体城市设计》项目成果[①]，以"未来经济、未来生活、未来空间、未来交通、未来生态"构建未来"福田中心区 2.0 版"。福田区打造"深港科技创新合作区—中心区 CBD—梅彩深圳智谷"的南北"大中轴"。叶青院长早在 2009 年完成的建科大楼是市中心区"大中轴"上第一栋绿色建筑（附图 8），在建筑生命周期中实现能源合理使用，减少污染，是国内首座被动式绿建，也是首批国家三星级绿建项目和国家级可再生能源示范工程。

二、建科大楼被动式技术介绍

建科大楼（附图 9）首先基于气候和场地具体环境，通过建筑体型和布局设计，创造利用自然通风、自然采光、隔声降噪和生态共享的先决条件。其次，基于建筑体型和布局，通过集成选用与气候相宜的本土化、低成本技术，实现自然通风、自然采光、隔热遮阳和生态共享，提供适宜自然环境下的使用条件。最后，集成应用被动式和主动式技术，

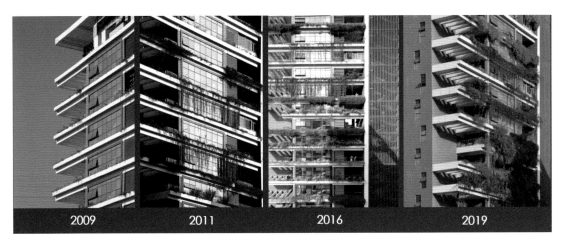

附图 8 建科大楼历年变化
（来源：深圳市建筑科学研究院）

---

① 《关于审议〈福田区整体城市设计〉等项目成果的业务会议纪要》，深圳市规划和自然资源局会议纪要（176），2019 年 10 月 15 日。

附图 9　建科大楼全景
（来源：深圳市建筑科学研究院）

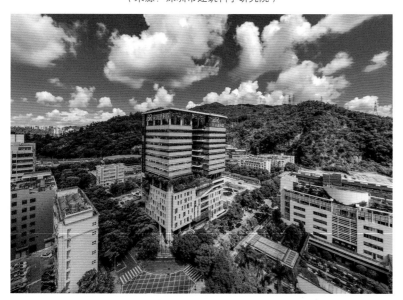

附图 10　建科大楼及周边（凹口面向夏季主导风向）
（来源：深圳市建筑科学研究院）

保障极端自然环境下的使用条件。

1. 基于气候和场地条件的建筑体型与布局设计。基于深圳夏热冬暖的海洋性季风气候和实测的场地地形、声光热环境和空气品质情况，以集成提供自然通风、自然采光、隔声降噪和生态补偿条件为目标，进行建筑体型和布局设计。

① "凹"字形设计增强自然通风和采光。通过风环境和光环境仿真对比分析，建筑体型采用"凹"字形。凹口面向夏季主导风向（附图 10），背向冬季主导风向，并合理控制开间和进深，为自然通风和采光创造基本条件。同时，东南侧内退，使得南区和北区前后两个空间稍微错开，进一步增强夏季通风能力。

② 垂直布局设计以改善交通和环境。结合功能区使用性质及其对环境的互动需求进行垂直布局设计，以获得合理的交通组织和适宜的环境品质。中底层主要布置为交流互动空间以便于交通组织，中高层主要布置为办公空间，以获得良好的风、光、声、热环境和景观视野，充分利用和分享外部自然环境，增大人与自然接触面。

③ 平面布局设计以提升隔热、采光和空气品质。结合朝向和风向进行平面布局设计，以获得良好的采光、隔热效果及空气品质。大楼东侧及南侧日照好，同时处于上风向，布置为办公等主要使用空间；大楼西侧日晒影响室内热舒适性，因此尽量布置为电梯间、楼梯间、洗手间等辅助空间，其中洗手间及吸烟区布置于下风向的西北侧。西侧的辅助房间对主要使用空间构成天然的功能遮阳。

④ 架空绿化设计获得城市自然通风和生态补偿。为使大楼与周围环境协调及与社区共享，首层、六层、屋顶均设计为架空绿化层，最大限度地对场地进行生态补偿。首层的开放式接待大厅和架空人工湿地花园，实现了与周边环境的融合和对社区人文的关怀。架空设计不仅可营造花园式的良好环境，还可为城市自然通风提供廊道。

⑤ 开放式空间设计提供多功能交流。结合"凹"字形布局和架空绿化层设计，设置开放式交流平台，灵活用作会议、娱乐、休闲等功能，以最大限度利用建筑空间。

2. 自然通风技术。突破传统开窗通风方式，建筑采用合理的开窗、开墙、格栅围护等开启方式，实现良好的自然通风效果。

① 适宜的开窗方式设计：根据室内外通风

模拟分析，结合不同空间环境需求，选取合理的窗户形式、开窗面积和开启位置。自然采光技术采用"凹"字形使建筑进深控制在合适的尺度，除提高室内可利用自然采光区域比例之外，大楼还利用立面窗户形式设计、反光遮阳板、光导管和天井等措施增强自然采光效果。

② 适宜的窗洞设计：对于实验和展示区等一般需要人工控制室内环境的功能区，采用较小窗墙比的深凹窗洞设计，有利于屏蔽外界日照和温差变化对室内的影响，降低空调能耗。对于可充分利用自然条件的办公空间，采用较大窗墙比的带形连续窗户设计，以充分利用自然采光。

③ 光导管及采光井设计：利用适宜的被动技术将自然采光延伸到地下室，设置光导管和玻璃采光井（顶）。

3. 立体遮阳隔热技术：建筑布局构成"功能遮阳""自保温铝板一体化""本体隔热""节能玻璃"等。"自遮阳"遮阳反光板在自然采光之余具有遮阳作用。此外，还利用绿化景观设计和太阳能技术，增强立体遮阳隔热效果。

① 屋顶绿化：屋面设置为免浇水屋顶花园，上方设有太阳能花架遮阳，光伏发电的同时具有遮阳隔热的作用。

② 空层绿化：建筑首层、中部和屋顶所设计的架空层均采用绿化措施，在最大限度实现生态补偿的同时，尽量改善周边热环境。

③ 垂直绿化：大楼每层均种植攀岩植物，包括中部楼梯间采用垂直遮阳格栅，北侧楼梯间和平台组合种植垂吊的绿化（附图11）。在改善大楼景观的同时，进一步强化了遮阳隔热的作用。

④ 光电幕墙遮阳+遮阳反光板+内遮阳设计：针对夏季太阳西晒强烈的特点，在大楼的西立面和部分南立面设置了光电幕墙，既可发电，又可作为遮阳设施减少西晒辐射得热，提高西面房间的热舒适度；幕墙背面

附图 11　建科大楼局部图
（来源：深圳市建筑科学研究院）

聚集的多余热量利用通道的热压被抽向高空排放。办公空间采用遮阳反光板+内遮阳设计，在适度降低临窗过高照度的同时，将多余的日光通过反光板和浅色顶棚反射向纵深区域。

⑤ 光电板遮阳：大楼南侧设置光电板遮阳构件，在发电的同时，起到遮阳作用。

4. 噪声控制。通过结构措施防噪，在一至五层设置展厅、检测室和实验室等非办公房间；减少开窗面积，减少室外噪声对人员的影响；采用双层窗，在受室外噪声的影响较大的房间采用 LOW-E 中空玻璃隔热与防噪，要求其计权隔声量不小于 30 dB；局部地方采取室内吸声降噪措施。

三、"绿色建筑"的共生目标

建科大楼是我们九年来孜孜以求的阶段性成果，用低成本打造绿色建筑。绿色事业的终极目标是没有"绿色建筑"，所有建筑都是"能呼吸的生命体"。只有一个地球，各个生命体之间、当代和后代之间不断争夺着有限的生存空间。希望这种争夺也能化为互利共生，永续和谐。

附录 2　深圳市中心区城市规划建设记事 [①]
（2011—2020 年）

2011 年

3 月

3 月 29 日　市领导听取水晶岛项目进展汇报，原则同意水晶岛深化设计方案，建议采用社会投资实施水晶岛项目的建设，并要求进一步完善设计方案，实施建设机制研究后，报市政府审批。

4 月

4 月 8 日　市领导在市民中心召开会议，研究关于地铁 4 号线市民中心站物业层、福田枢纽与市民广场地下空间连通等问题，会议确定市民广场地下空间中轴线通道，中轴线中部往东通道，中轴线南部往西通道，共"两横一纵"，作为市民中心广场近期与地铁 4 号线市民中心站物业层和福田枢纽的人行通道。福田枢纽是全市综合交通枢纽，周边地区地下空间开发和使用要符合枢纽交通统一规划要求，各相关单位应服从大局，全力支持和配合地铁实施地下人行通道连通建设。

8 月

8 月 3 日　市规土委请示市政府"关于加快推进中心区水晶岛建设项目有关问题"。

9 月

9 月 19 日　市领导召开会议研究推进水晶岛项目建设事宜，会议要求水晶岛项目充分考虑实施可行性和市场需求，适当调整商业空间布局和规模。会议明确该项目采用挂牌方式公开出让。要求抓紧深化完善设计方案，连同土地出让方案一并报市政府常务会审议。

10 月

10 月 17 日　市规土委提请市政府审议市中心区 5 宗总部闲置土地处置方案，这些用地自 2004 年至 2008 年签订土地出让合同以来，未按期开工建设。

2011 年　卓越皇岗中心竣工验收。

2012 年

1 月

1 月 17 日　市规土委请示市政府"关于水晶岛项目实施建设有关问题"。

3 月

3 月 30 日　市领导召开重大项目协调会，要求进一步深化水晶岛项目设计方案，细化出让条件，并专题报市委。

4 月

4 月 24 日　市规土委已深化完善并完成水晶岛建设项目规划设计条件和土地挂牌出让方案，提请市委领导听取水晶岛项目进展情况汇报。

5 月

5 月 22 日　市规土委领导主持召开会议听取水晶岛规划建设有关工作汇报，城市设计处、土地利用处、地区规划处参会。

5 月 23 日　市委领导听取水晶岛专题汇报

[①] 福田中心区城市规划建设 1980—2010 年记事详见陈一新著《深圳福田中心区（CBD）城市规划建设三十年历史研究（1980—2010）》附录。

后，原则同意水晶岛项目设计和开发方案，要求进一步深化方案，暂不考虑高架环，强调地面环形连接，加强公园的公共服务功能。水晶岛项目是一个文化性、公益性要求很高的项目，因此要求承建商应是有文化追求的、有文化产业实体运营经验和大型商业运营经验的商业地产开发企业。在项目经济分析的基础上，考虑地价及其他出让条件，项目短期内不宜分割销售。

8 月

8 月 31 日　市领导批示同意"两馆"BOT 与土地资源捆绑，采取综合招标方式公开招标确定"两馆"BOT 企业。

9 月

9 月 3 日　嘉里建设广场竣工验收。

10 月

10 月　《南方都市报》曝光中心区中轴线南端的皇庭广场地面一层屋顶违章加建，相关部门介入调查。

11 月

11 月 26 日　市政府领导主持召开会议研究"两馆"BOT 建设问题，深圳当代艺术馆与城市规划展览馆筹建办公室等参会。

11 月 28 日　深圳中海地产有限公司取得"两馆"项目建设和运营管理权。

12 月

12 月 16 日　市规划国土委关于水晶岛项目实施建设有关问题的请示，推进水晶岛建设。

12 月 28 日　市领导召开会议研究"两馆"项目建设有关问题。

2013 年

1 月

1 月 8 日　市规土委组织召开岗厦河园旧改项目城市设计及建筑方案专家评审会。

2 月

2 月 25 日　电力调度大厦竣工验收。

3 月

3 月 12 日　深圳融发投资有限公司申请开发建设南中轴皇庭广场福华三路地下市政空间系统连接事项。市规土委复函：皇庭广场与会展中心之间福华三路下方的 1 个地下人行通道和 2 个地下机动车道均已建成，目前在会展中心一侧设有卷闸门阻隔。该 3 个地下通道下穿福华三路，连接皇庭广场与会展中心地下室，同时，该地下人行通道在福华三路南北两侧均有通往地面的公共出口。

3 月　当代艺术与城市规划馆（"两馆"）开工建设。

5 月

5 月 8 日　荣超大厦竣工验收。

9 月

9 月 9 日　市规土委召开当代艺术与城市规划馆项目设计深化调整成果汇报会，奥地利蓝天组、深圳华森建筑与工程设计公司、中海地产商业发展（深圳）公司、中海地产有限公司等参会。

9 月 22 日　投行大厦竣工验收。

9 月　市规土委开始研究城市规划展览馆布展事宜。

12 月

12 月 30 日　市规土委关于深圳市中心区水晶岛建设项目实施有关问题的请示上报市政府。

2014 年

1 月

1 月 2 日　晶岛国际广场商铺认购书部分签约人（16 人）到市规土委上访，要求开发商融发公司履行认购书责任，要求撤销开发商与市规土委第一直属管理局签订的用地补充协议中"限整体转让，不得分割办理房产证"的条款内容。

1 月 24 日　汉森大厦竣工验收。

281

4月

4月 深圳新闻网再次曝光皇庭广场地面一层屋顶违章加建。

5月

5月8日 市规土委与人大代表沟通莲花山西法定图则公示情况。

5月30日 市领导召开加快平安国际金融中心项目用电变电站建设协调会。

9月

9月 《福田中心区及周边片区慢行系统规划》征求意见。

9月23日 岗厦河园片区（金地片区）更新改造项目正式启动，这是中心区规模最大的更新项目。

11月

11月5日 市规划国土委关于市中心区水晶岛建设项目实施有关问题的请示上报市政府，并补充水晶岛设计研究修改说明。

12月

12月29日 平安金融中心项目实现了核心筒结构成功封顶，其建筑结构高度突破至555.5 m。

12月30日 广深港高铁深圳北站到福田站隧道已经贯通，进行轨道铺设。

2015年

4月

4月13日 市规划国土委关于市中心区水晶岛建设项目实施有关问题的请示上报市政府。

4月16日 岗厦华嵘商务公寓竣工验收。

4月21日 市规划国土委关于福田中心区及周边片区慢行系统的规划函复市政府办公厅。

5月

5月14日 市领导听取水晶岛项目调整方案汇报。

7月

7月13日 兆邦基大厦竣工验收。

7月18日 市规划国土委关于市中心区水晶岛建设项目实施有关事项的请示上报市政府。

8月

8月24日 市规划国土委关于中心区水晶岛建设项目实施有关事项的请示上报市政府。

9月

9月16日 中广核大厦竣工验收。

9月29日 太平金融大厦竣工验收。

10月

10月8日 市规划国土委第一直属管理局关于福田中心区B116-0028号招拍挂地块规划设计方案相关问题的请示上报市规划国土委。

12月

12月30日 深圳福田站正式通车，标志着经过近八年建设的福田综合交通枢纽站启用运营。

2016年

5月

5月12日 华安保险大厦竣工验收。

6月

6月9日 市领导主持召开会议研究水晶岛规划建设有关问题。

6月 平安国际金融中心竣工。

6月24日 《深圳市中心区规划实施的社会经济综合效益评估》续建项目采购需求文件通过市规土委业务会议审议。

7月

7月21日 中洲大厦竣工验收。

8月

8月30日 "两馆"竣工验收。

10月

10月13日 生命保险大厦竣工验收。

12 月

12 月 1 日 市领导召开会议研究岗厦北综合交通枢纽工程规划设计方案等问题。

12 月 15 日 民生金融大厦竣工验收。

12 月 "两馆"试运行。市规划国土委开展城市规划馆策展布展的前期工作。

2017 年

1 月

1 月 25 日 市规划国土委关于中心区水晶岛建设项目有关情况报告市政府。

5 月

5 月 12 日 岗厦皇庭大厦竣工验收。

5 月 市规划国土委进行深圳城市规划馆策展布展工作。

6 月

6 月 2 日 京地大厦竣工验收。

7 月

7 月 14 日 鼎和大厦竣工验收。

10 月

10 月 18 日 招商证券大厦竣工验收。

10 月 23 日 能源大厦竣工验收。

12 月

12 月 29 日 中国人寿大厦竣工验收。

6 月

6 月 22 日 《深圳市福田中心区空中连廊详细规划（草案）》对外公示。

8 月

8 月 陈一新、刘颖、秦俊武三位合著的《深圳福田中心区（CBD）规划评估》新书出版。

2018 年

3 月

3 月 29 日 市领导到福田区调研，要求利用岗厦北轨道交通枢纽建设契机，深入研究深南大道市民广场段下穿的可行性，为中心区中轴线注入新的功能，打造城市客厅。

4 月

4 月 11 日 市规划国土委请示市政府审议《深圳市福田中心区中轴线城市客厅及立体连接规划研究》。

4 月 24 日 中信银行大厦（深圳）竣工验收。

5 月

5 月 7 日 免税大厦竣工验收。

5 月 16 日 市规划国土委关于推进福田中心区中轴城市客厅项目有关建议的请示报市政府。

6 月

6 月 8 日 天祥小学、天祥幼儿园竣工验收。

6 月 29 日 岗厦天元花园（一期）竣工验收。

8 月

8 月 3 日 市规土委业务会议审议福田中心区法定图则（草案）及公示意见处理。

9 月

9 月 29 日 深圳市城市规划委员会法定图则委员会 2018 年第 6 次会议原则通过了福田中心区法定图则（草案）及公示意见处理。

9 月 京广深港客运专线高铁福田站通车。

10 月

10 月 19 日 福田区领导主持召开福田中心区二层空中连廊及配套设施建设工程工作会议。

11 月

11 月 8 日 深圳当代艺术馆（"两馆"的一部分）对外开放。

12 月

12 月 10 日 福田区政府召开《福田中心区公共空间活力提升》专家研讨会。

12 月 10 日 岗厦天元花园（二期）竣工验收。

2019 年

1 月

1 月 7 日 市规土委福田局和深规院召开

福田区整体城市设计第二轮专家咨询会。

6月

6月6日 福中一变电站竣工验收。

7月

7月3日 基金大厦竣工验收。

7月31日 110 kV 变电站竣工验收。

7月16日 福田区政府召开专题会议审议并通过《福田中心区公共空间活力提升》方案。

7月26日 由市规资局、福田区政府主办，深规院、荷兰KCAP规划建筑事务所承办的"福田整体城市设计中期成果专家咨询会"举行。

9月

9月3日 市规资局业务会审议通过《福田中心区公共空间活力提升》项目成果。

9月6日 岗厦天元花园（三期）竣工验收。

10月

10月12日 市规资局业务会审议并原则通过《福田区整体城市设计》项目成果。

11月

11月6日 福田区政府、市规资局提请市政府审议《福田区整体城市设计》《福田中心区公共空间活力提升》成果。

12月

12月18日 岗厦城竣工验收。

2020年

1月

1月20日 国信金融大厦竣工验收。

3月

3月20日 福田区建筑工务署向区有关部门发函征求《福田中心区二层空中连廊及配套设施建设二期工程项目现场指挥部工作方案》意见。

3月25日 深圳文学艺术中心项目（位于中心区东北角、中银花园北侧）正式开工建设。

5月

5月28日 市规资局福田管理局复函区建筑工务署关于平安金融中心区域二层市政连廊统一规划建设的事项。

6月

6月 深圳市城市规划展览馆正式对外开放。两馆建筑设计方案从2007年开始进行国际招标，2008年确定实施方案。

8月

8月18日 市规划委员会法定图则委员会2020年第18次会议审议并原则通过中心区06-10地块容积率调整。

12月

12月9号 市规资局福田管理局请示市规资局关于福田中心区法定图则10-29地块调整用地性质的事项。

12月24日 平安金融中心竣工验收。

参考文献

[1] 齐康 . 建筑课 [M]. 北京 : 中国建筑工业出版社 , 2008.

[2] 齐康 . 规划课 [M]. 北京 : 中国建筑工业出版社 , 2010.

[3] 刘佳胜 . 花园城市背后的故事 [M]. 广州 : 花城出版社 , 2001.

[4] 深圳市规划和国土资源委员会 . 深圳改革开放十五年的城市规划实践（1980—1995 年）[M]. 深圳 : 海天出版社 , 2010.

[5] 中共深圳市委党史研究室 , 深圳市史志办公室 . 深圳改革开放四十年 [M]. 北京 : 中共党史出版社 , 2021.

[6] 陈一新 . 深圳城市规划简史 [M]. 北京 : 中国社会科学出版社 , 2022.

[7] 王建国 . 城市设计 [M]. 北京 : 中国建筑工业出版社 , 2009.

[8] 孟建民 . 本原设计 [M]. 北京 : 中国建筑工业出版社 , 2015.

[9] 宋彦 , 陈燕萍 . 城市规划评估指引 [M]. 北京 : 中国建筑工业出版社 , 2012.

[10] 叶青 . 共享设计·一座建筑和她的故事 第一部 共享设计 [M].2 版 . 北京 : 中国建筑工业出版社，2010 .

[11] 叶青 . 基于中国特色的绿色建筑 "共享设计" [J]. 建设科技 , 2011(22): 44-47.

[12] 王世福 , 邓昭华 . "城水耦合" 与规划设计方法 [M]. 广州 : 华南理工大学出版社 , 2021.

[13] 许鲁光 . 城市转型发展抉择的时代思考 : 深圳转型发展的框架、路径与机制 [M]. 广州 : 广东人民出版社 , 2017.

[14] 叶伟华 . 深圳城市设计运作机制研究 [M]. 北京 : 中国建筑工业出版社 , 2012.

[15] 陈一新 , 刘颖 , 秦俊武 . 深圳福田中心区 (CBD) 规划评估 [M]. 北京 : 人民出版社 , 2017.

[16] 陈一新 . 规划探索 : 深圳市中心区城市规划实施历程（1980—2010 年）[M]. 深圳 : 海天出版社 , 2015.

[17] 陈一新 . 深圳福田中心区（CBD）城市规划建设三十年历史研究（1980—2010）[M]. 南京 : 东南大学出版社 , 2015.

[18] 陈一新 . 中央商务区 (CBD) 城市规划设计与实践 [M]. 北京 : 中国建筑工业出版社 , 2006.

[19] 薛求理 . 中国设计院 : 价值与挑战 [M]. 北京 : 中国建筑工业出版社 , 2022 .

[20] 薛求理 . 城境 : 香港建筑 1946—2011 [M]. 北京 : 商务印书馆 , 2014 .

[21] 薛求理 . 世界建筑在中国 [M]. 古丽茜特 , 译 . 上海 : 东方出版中心 , 2010 .

[22] 中共深圳市委党史研究室 , 深圳市史志办公室 . 深圳大事记（1978—2020）[M]. 深圳 : 深圳报业集团出版社 , 2021 .

[23] 陈美玲 . 珠三角湾区城市群空间优化研究 : 基于生态系统的视角 [M]. 北京 : 中国社会科学出版社 , 2019.

[24] 深圳市福田区地方志编纂委员会 . 深圳市福田区志（1979—2003 年）: 上册 [M]. 北京 : 方志出版社 , 2012.

[25] 深圳市福田区地方志编纂委员会. 深圳市福田区志（1979—2003 年）：下册 [M]. 北京：方志出版社，2012.

[26] 李浩. 八大重点城市规划：新中国成立初期的城市规划历史研究（上卷）[M]. 北京：中国建筑工业出版社，2016.

[27] 李浩. 八大重点城市规划：新中国成立初期的城市规划历史研究（下卷）[M]. 北京：中国建筑工业出版社，2016.

[28] 卢济威. 城市设计创作：研究与实践 [M]. 南京：东南大学出版社，2012.

[29] 雷布琴斯基. 嬗变的大都市：关于城市的一些观念 [M]. 叶齐茂，倪晓晖，译. 北京：商务印书馆，2016.

[30] 张庭伟，王兰. 从 CBD 到 CAZ: 城市多元经济发展的空间需求与规划 [M]. 北京：中国建筑工业出版社，2011.

[31] 张一莉. 改革开放 40 年深圳建设成就巡礼：城市设计篇 [M]. 北京：中国建筑工业出版社，2018.

[32] 深圳市建筑设计研究总院有限公司. 深圳四十年：产业与城市 [M]. 北京：中国建筑工业出版社，2019.

[33] 桑尼. 百年城市规划史：让都市回归都市 [M]. 付云伍，译. 桂林：广西师范大学出版社，2018.

[34] 深圳市规划和国土资源委员会，《时代建筑》杂志. 深圳当代建筑：2000—2015[M]. 上海：同济大学出版社，2016.

[35] 司马晓，李凡，吕迪. 塑造 21 世纪的深圳城市中心形象：深圳市中心区城市设计概述 [J]. 中外房地产导报，1996(7): 24–27.

[36] 谭峥，江嘉玮，陈迪佳. 邻里范式：技术与文化视野中的城市建筑学 [M]. 上海：同济大学出版社，2020.

[37] 深圳市史志办公室. 深圳村落概览（第二辑 福田南山卷）[M]. 广州：华南理工大学出版社，2020.

[38] 郭亮，单菁菁，周颖，等. 商务中心区蓝皮书：中国商务中心区发展报告 No.6（2020）：CBD: 引领中国服务业扩大开放 [M]. 北京：社会科学文献出版社，2020.

[39] 张晓春，邵源，安健，等. 数据驱动的活动规划技术体系构建与实践探索：以深圳市福田中心区街道品质提升为例 [J]. 城市规划学刊，2021(5): 49–57.

[40] 唐子来，程蓉. 法国城市规划中的设计控制 [J]. 城市规划，2003, 27(2): 87–91.

[41] 王建国. 基于城市设计的大尺度城市空间形态研究 [J]. 中国科学 (E 辑：技术科学)，2009, 39(5): 830–839.

[42] 段进. 控制性详细规划：问题和应对 [J]. 城市规划，2008, 32(12): 14–15.

[43] 周俭. 新城市街区营造：都江堰灾后重建项目"壹街区"的规划设计思想与方法 [J]. 城市规划学刊，2010(3): 62–67.

[44] 吴志强，李德华. 城市规划原理 [M]. 4 版. 北京：中国建筑工业出版社，2010.

[45] 深圳经济特区年鉴编辑委员会主编. 深圳经济特区年鉴 1985(创刊号)[M]. 香港：香港经济

导报社，1985.

[46] 陈一新. 深圳 CBD 中轴线公共空间规划的特征与实施 [J]. 城市规划学刊, 2011(4): 111–118.

[47] 陈一新. 探讨深圳 CBD 规划建设的经验教训 [J]. 现代城市研究，2011,26(3): 89–96.

[48] 陈一新. 探究深圳 CBD 办公街坊城市设计首次实施的关键点 [J]. 城市发展研究，2010,111(12): 84–89.

[49] 陈一新. 巴黎德方斯新区规划及 43 年发展历程 [J]. 国外城市规划，2003,71(1): 38–46.

[50] 陈一新. 谈 "城市设计职业后教育" [J]. 城市建筑，2018(27): 6–8.

[51] 陈一新. 深圳福田中心区规划实施 30 年回顾 [J]. 城市规划，2017, 41(7): 72–78.

[52] 陈一新. 福田中心区的规划起源及形成历程 [J]. 注册建筑师，2013, 2(2):12–31.

[53] 陈一新. 深圳中心区中轴线公共空间的规划与实施 [J]. 城市规划学刊，2011, 196 (4): 111–118.

[54] 陈一新. 探讨深圳中心区规划建设的经验教训 [J]. 现代城市研究，2011, 26(3): 89–96.

[55] 陈一新. 探究深圳中心区办公街坊城市设计首次实施的关键点 [J]. 城市发展研究，2010,111(12): 84–89.

[56] 陈一新. 规划实施中的设计控制：谈深圳中心区设计控制的实践 [J]. 规划评论， 2004，12(6): 12–18.

[57] 陈一新. 深圳市中心区规划实施中的建筑设计控制：读 "法国城市规划中的设计控制" 有感 [J]. 城市规划，2003, 27(12): 71–73.

[58] 陈一新. 巴黎德方斯新区规划及 43 年发展历程 [J]. 国外城市规划，2003，18(1):38–46.

[59] 陈一新. 深圳中心区规划与城市设计历程 [J]. 世界建筑导报，2001(S): 5–9.

[60] 陈一新. 深圳福田中心区规划建设 35 年历史回眸 [M]// 深圳市规划和国土资源委员会，《时代建筑》杂志. 深圳当代建筑：2000—2015. 上海：同济大学出版社，2016：279–285.

[61] 陈铠. 新世纪神话 [M]// 刘佳胜. 花园城市背后的故事. 广州：花城出版社，2001：354–357.

[62] 孙俊，深圳经济特区总体规划简述 [M]// 广州地理研究所. 深圳自然资源与经济开发. 广州：广东科技出版社，1986：302–310.

[63] 周干峙. 在努力攀登先进水平的城市规划道路上前进 [M]// 深圳市城市规划委员会，深圳市建设局. 深圳城市规划：纪念深圳经济特区成立十周年特辑. 深圳：海天出版社，1990：11–12.

[64] 孙克刚. 深圳城市规划和规划管理 [M]// 深圳市城市规划委员会，深圳市建设局. 深圳城市规划：纪念深圳经济特区成立十周年特辑. 深圳：海天出版社，1990：69.

[65] 陆爱林戴维斯规划公司，深圳市城市规划局，王红，等. 深圳城市规划研究报告 [R]. 中规院情报所，1987：61–66.

[66] 深圳市城市规划委员会，深圳市建设局. 深圳城市规划：纪念深圳经济特区成立十周年特辑 [M]. 深圳：海天出版社，1990.

[67] 深圳市史志办公室编. 中国经济特区的建立与发展（深圳卷）[M]. 北京：中共党史出版社，1997.

[68] 深圳市规划与国土资源局. 深圳市中心区中轴线公共空间系统城市设计 [M]. 北京：中国建筑工业出版社，2002.

[69] 深圳市规划与国土资源局.深圳市民中心及市民广场设计[M].北京：中国建筑工业出版社，2003.

[70] 深圳市规划与国土资源局.深圳市中心区22、23-1街坊城市设计及建筑设计[M].北京：中国建筑工业出版社，2002.

[71] 深圳市规划与国土资源局.深圳市中心区专项规划设计研究[M].北京：中国建筑工业出版社，2003.

[72] 深圳市规划与国土资源局.深圳市中心区城市设计及地下空间综合规划国际咨询[M].北京：中国建筑工业出版社，2002.

[73] 深圳市规划局.深圳市中心区中心广场及南中轴景观环境方案设计[M].北京：中国建筑工业出版社，2005.

[74] 宋华.福田CBD经济规模全国第一[N].深圳商报，2017-09-14（A04）.

[75] 科特金.全球城市史（典藏版）[M].王旭，等译.北京：社会科学文献出版社，2014.

后 记

个人的命运可以折射出时代变迁。从历史角度看，我们每天的创新和实践都将成为明天的历史。光阴似箭，日月如梭。作为深圳第一代"移民"，我们越来越珍惜深圳城市规划史料。深圳市中心区作为深圳特区 40 年成功规划建设的典范，其历史图文资料弥足珍贵。我从 1996 年开始负责深圳市中心区开发建设办公室工作以来，一直潜心收集和研究世界经典 CBD 资料，用心积累中心区规划设计图文资料及现场实景照片，近年来我自费向几位专业摄影师购买了中心区前 18 年照片的使用权，把这些珍贵的记录一并倾情贡献给社会。

一、两个不易——落户深圳不易，出中心区不易

35 年前，我落户深圳不易；35 年后，我心远离中心区亦感艰难。我对深圳特区第一印象始于 1985 年暑假。那时深圳刚起步，上海宾馆以东的深南大道两边都是工地，以西是农村土路。20 世纪 80 年代的特区急需人才，深圳大学建筑系 1989 年在《建筑学报》刊登《招聘启事》，在全国招聘建筑和结构专业人才，我和丈夫双双被录用。但万万没想到我俩竟在深大干了 3 年"临时工"，无法落户深圳。感谢上海交通大学为我"免费保留"了 3 年工作档案和上海户口。1992 年深规院初创时期急需人才，市长特批"干部调动"指标，才帮我解决了工作调动和深圳户口。这是我"入深不易"的经历。

1995 年底，我在深规院参加中国一级注册建筑师首次全国统考，一次通过全部考试科目，成为中国首批一级注册建筑师，也是深圳市 8 名考试一次通过者之一。1996 年，我从深规院被选调到深圳市规划国土局负责深圳市中心区开发建设办公室（中心办）工作，投身于中心区规划建设事业。我当时深感自己责任重大，不敢有丝毫松懈，珍惜工作的每一天，以身作则带领中心办同志们加班加点尽全力工作。那时，我心里只有一个信念：一定要把福田中心区规划建设好，对人民负责，少留遗憾。没想到中心办这个临时机构仅存 9 年，2004 年市规划国土分设为两个局时撤销了中心办。但中心办不辱使命，在深圳首先实施了中心区城市设计，使福田中心区成为深圳"城市名片"。我的孩子于 1993 年出生，1996 年我到中心办工作，因此我把中心区看成自己的"第二个孩子"，犹如母亲对待孩子，付出再多也无怨无悔。二十多年来，我一直心系中心区，经常利用晚上和周末、节假日认真研究中心区资料、搜集中心区历史，希望把我长期收集的资料和参与规划建设的中心区规划历史保存下来，给深圳城市规划记录一些故事。如今我欲"放下"中心区也不易，所以把我"移民"深圳 35 年的职业生涯概括为"落户深圳不易，出中心区不易"。

二、两个对得起——对得起中心区所有的事，对得起中心办所有的人

2004 年中心办撤销时，我说过："我对得起中心区所有的事，我对得起中心办所有的人。"这些年我之所以能内心宁静著书，是因为有这"两个对得起"。事实上，尽管中心办领导岗位 9 年空缺，但是中心区领导决策的事都由我负责落实，中心区所有工程项目的领导审批也都由我审核签字，再报局领导审批。我把握工作的底线就是"良知"，我常用王阳明的正心、正念、致良知、知行合一作为言行标杆。"是非审之于己，毁誉听之于人，得失安之于数。"（岳麓书院的楹联）近些年，我把"心不清则无以见道，志不确则无以立功"（林逋《省心录》）这两句名言贴在卧室，每天提醒自己要心清志确，此心光明，朝梦想奋进。

基于我从大学时代就养成了做笔记和留存资料的习惯，我至今完整保存了在中心办工作时的 10 本工作笔记本和几乎所有研究项目过程资料，多次办公室搬迁时我都不忍舍弃，它们实证了福田中心区城市设计实施最重要的 9 年，也为本书许多历史细节提供了佐证图文。每次我到中心区走一走、看一看，或翻阅这些陈旧资料，甚至每次翻看自己以往的著作文字，也常看常新，总有新的感悟。文章千古事，我作为亲历者写此书，本着对历史负责的态度，必须认真全面收集资料，以历史眼光甄选史料，细致考证比对图文内容。在写作过程中我反复问自己，这些文字能经得起历史检验吗？秉持客观公正，力求全面理性，尽量减少个人偏见，"知行合一"是我永恒的追求。

三、两位导师——吴景祥、齐康，师恩永存

感谢我的硕士导师吴景祥教授，他是法国留学归国的中国第一代著名建筑师，他是 1952 年同济大学建筑系创立时的元勋之一。吴先生 20 世纪 50 年代就开始翻译介绍与评析柯布西耶的现代建筑理论与作品，并将当时法国工业化住宅建设的现况介绍到中国。他潜心于以实际需求为导向的学术研究，从 50 年代的船舶设计中的建筑问题探索、60 年代的小面积住宅研究直至 80 年代的高层建筑设计研究，他始终走在时代的前列。1984 年，我从同济大学建筑学本科毕业后考取吴先生的硕士研究生，那时他已经八十高龄，对我这位"孙辈"学生，以他的专业远见引领我研究住宅建筑工业化路径及方法，我的硕士论文《盒子建筑的标准化和多样化》在 40 年后的今天仍是住宅建筑工业化发展方向。自 1989 年我离沪到深圳工作后，每年圣诞节，我都要给导师寄一张贺年卡，也常写信向导师汇报我的工作和生活情况。每次到沪出差，我一

图 1　笔者和导师吴景祥教授合影（1994 年 4 月 23 日于吴景祥教授家中）

定到上海市复兴西路 246 号（吴先生自己设计的 3 层住宅楼，我读研时常去他家中上课）看望导师。1994 年吴先生九十华诞之际，我到他家拜访，我和恩师这张合影（图 1）是我多年来的珍藏。

感谢我的博士生导师齐康院士引领我工作二十年后（2007 年）重返校园读博，走上学术之路。齐先生是建筑学家、建筑教育家，1993 年被选为中国科学院院士，2000 年获得全国首届"梁思成建筑奖"。齐老师是"三多先生"，他的建筑作品多，学术著作多，培养的学生多。齐先生为人师表，知行合一，是建筑界集思想理论和建筑实践于一体的名副其实的大师。回顾 2006 年我出版第一本个人专著前请齐先生写序时，他欣然答应并动员我读博，他说："陈一新，你不读博士已写书，你读博士一定能完成博士论文。"后来我通过博士考试后成了齐先生的学生。我记得齐先生常说，"小孩子不能油了，中年人不能俗了，老年人不能僵了""人生最重要的是事业，最珍贵的是友谊，最难得的是勤奋"。我也践行了齐先生"两件事情一起做"的谆谆教诲，中年读博不易，我潜心研究深圳市中心区规划建设历程中的经验教训。2013 年 6 月，我顺利通过博士论文答辩。2014 年 3 月，东南大学授予我博士学位之际，我和导师在校园合影留念（图 2）。我对博士论文进行两年的修改和补充，在此基础上于 2015 年出版专著《深圳福田中心区（CBD）城市规划建设三十年历史研究（1980—2010）》。又经过八年蓄势待发，我于 2023 年出版本书《深圳市中心区城市规划史》，也是对中心区 40 年规划建设历史的图文补充。回首无数顿盒饭和无数次挑灯夜战，人生无悔。我希望以自己的勤奋脱俗，践行恩师的教诲。

图 2　笔者和导师齐康院士合影（2014 年 3 月 21 日于东南大学）

四、两次缘起——续写深圳市中心区 40 年规划史

深圳市中心区是我职业生涯深度实践、长期耕耘之地。因为有这段工作经历，所以要理论总结提升，深耕写作。本书执笔缘起于 2020 年福田区档案馆为了筹办"福田建区 30 周年发展历程展"，希望我提供一些中心区规划建设的历史资料和实物，用于福田建区 30 周年展览。结果我整理时发现自己不仅留有 1999—2020 年连续 22 年在莲花山顶俯瞰中心区的照片，而且还完整保存着 1996—2004 年本人负责深圳市中心区开发建设办公室工作时期留存的 10 本工作笔记等一批珍贵历史档案。我女儿得知此事后建议我把珍藏照片出版贡献给全社会，我的梦想再次被"激活"，于是我只争朝夕，笔耕不辍，下决心出版这本中心区 40 年最全历史书。我整理了自己长年积累的中心区规划图片和实景照片近万张，从中挑选了 300 余张图片作为本书插图。本书记录中心区历史，续写深圳故事，积累城市历史，惠泽子孙后代，以我绵薄之力为社会再作贡献。这两次缘起唤醒了我的梦想——"撸起袖子加油干"。我在深圳 30 多年，荣幸见证了深圳社会经济发展奇迹，幸运参与了中心区从无到有的规划实践。既然我内心始终牵挂着中心区，就应该把我收集到的中心区规划建设所有历史资料全部分享给社会。

五、两次亲笔——笔者获吴良镛院士题字和亲笔书信

吴良镛院士是我国著名的建筑学家、城乡规划学家和教育家，人居环境科学的创建者。20 世纪 80 年代至 90 年代是深圳城市规划建设构建大框架的关键时期，吴良镛、齐康、周干峙 3 位院士曾多次亲临深圳参加深圳城市规划委员会会议，为深圳城市规划及重大项目把关，贡献卓著。特别是 1996—2003 年期间，3 位院士都热心献策中心区规划建设，多次莅临深圳市中心区城市设计专家评审会及市民中心、图书馆、音乐厅、会展中心等重点工程建筑方案设计国际竞标评标会。记得 2001 年春吴良镛院士在深参会期间，曾挥毫为我题写了一副对联："一法得道，新象万千。"先生的寄语一直激励着我认真耕耘，寻求真知。时隔 16 年后，吴良镛院士仍心系深圳市中心区规划建设。2017 年 9 月，我在深圳市福田区香蜜湖规划大厦办公室收到顺丰快递，打开邮件一看，里面是清华大学信封，哇，里面竟然是吴良镛院士亲笔信（图 3~图 7）。我做梦都没想到，吴良镛院士居然给我这位"小字辈"亲笔写信，抬头称"一新同道"，我实在惭愧。很明显，这封信他写了两次，钢笔竖版共 4 页纸。这是近 20 年来我收到的唯一一封最传统的竖版书信，让我受宠若惊，亦十分感动。那年吴先生已 96 岁高龄，居然还保持阅读习惯，还看城市规划专业杂志，心里仍惦记着深圳，关心中心区规划建设。这是常人难以企及的执着事业心和家国情怀。我阅信后立即回寄了《深圳福田中心区（CBD）城市规划建设三十年历史研究（1980—2010）》一书，敬请吴良镛院士斧正，感谢他一直以来心系深圳市中心区规划建设。

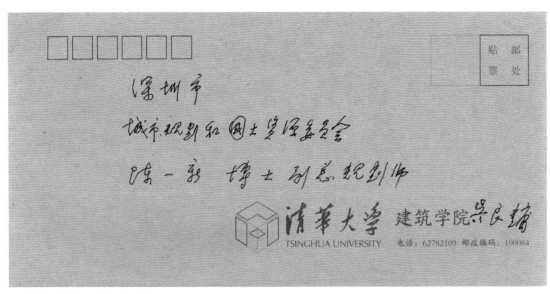

图 3　吴良镛院士亲笔信封

图 4　吴良镛院士致笔者的亲笔信第 1 页　　　　　　　图 5　吴良镛院士致笔者的亲笔信第 2 页

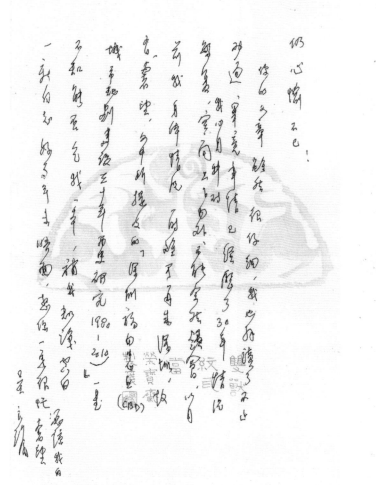

图 6　吴良镛院士致笔者的亲笔信第 3 页　　　　　　　图 7　吴良镛院士致笔者的亲笔信第 4 页

六、"两个期待"——深圳城市更美好、中心区更吸引人

　　贝聿铭先生说："人类只是地球上匆匆的旅行者，唯有城市将永久存在。"他提醒规划师肩负历史使命，城市规划是分配资源，规划工作者决不能妄用公权牟私利。我们虽不能要求规划师做圣人，但规划师必须摆正"大我"与"小我"的关系，克己奉公，守"良知"守底线，立足城市长远发展。我国大规模快速城市化建设已成历史，在"一张白纸"上做规划的时代一去不复返。未来国土空间规划更重视城市空间规划和自然资源生态和谐，实现低碳节能、环境友好的目标。相信深圳城市规划和自然资源事业将不断创新，"曲高和众""润物无声"；相信深圳市中心区的步行系统将更顺畅，实现几代规划师"人车分流"的梦想，中心区越来越吸引人。

　　期待深圳城市更美好，期待深圳市中心区在粤港澳大湾区中发挥更大的作用。

陈一新

2023 年 8 月

感　谢

感谢深圳市规划和自然资源局历届领导的高瞻远瞩和创新担当，感恩城市规划前辈们共同栽培了深圳市中心区这棵"参天大树"，感恩时代的馈赠，让我有幸成为深圳市中心区城市设计实施的亲历者之一。我撰写本书，旨在和全社会共享中心区规划历史资料，表达对深圳城市规划历史的礼赞，以及对深圳规划建设者们的致敬。

感谢我的硕士生导师吴景祥教授和博士生导师齐康院士，我将永远铭记两位恩师对我的栽培，他们宽厚待人的品质和深厚的学养令我高山仰止。

感谢孟建民院士亲自为本书作序，感谢深圳大学陈燕萍教授，她连续十几年每年邀请我到深圳大学做一次讲座，她常这样介绍我："一位不需要靠论文著作考评升职称的人，却每天晚上在办公室写书。"感谢深圳大学范晓燕教授和耿继进教授，感谢深圳社科院方映灵教授和许鲁光教授，感谢深圳建筑科学院叶青院长多年的支持和帮助，他们"大道至简"的哲学思维常鼓励我继续奋进。

我在写作收集资料的过程中得到了许多人的帮助。感谢老前辈孙俊局长将自己保存的1980年代深圳经济特区初期城市规划的宝贵资料慷慨捐赠给我局信息中心档案部存档，为丰富充实规划档案作出巨大贡献。感谢朱荣远大师专门为本书补充回忆了中心区1985—1993年期间规划建设轶事。感谢陈卫国处长、陈宗浩先生、马庆芳先生、苏顺清先生、顾新所长、王红衷高工、邓肯工程师、刘新宇博士、虞稚哲建筑师为本书提供了宝贵的历史图片资料。感谢市交通规划研究中心邵源院长为本书提供了专业资料。感谢福田档案馆黄华吉馆长，感谢深圳市史志办公室陈美玲博士，感谢陈美云部长、杜万平研究员、杨晓萍调研员、朱倩科长、佟庆高工、翁锦程工程师等同事的支持帮助。

感谢东南大学出版社戴丽老师，她的鼎力支持才使得本书能顺利出版。感谢深圳市福田区宣传文化体育事业发展专项资金资助出版，感谢深圳市城市规划学会司马晓会长、深圳市城市规划协会邹兵会长、赵迎雪秘书长、孙悦华副秘书长、高斌工程师及学、协会全体工作人员在组织出版工作中的倾力付出。

衷心感谢亲人们，我一直深深怀念外婆吴凤珍给我儿时的儒学启蒙，教育子孙要有良知、苦读书、意志坚，给了我自信做人、勤勉读书和执着事业的底气。衷心感谢我的慈父陈银海伟大无私的父爱，始终呵护着子女们的成长。衷心感谢我的慈母蔡琴媛，她慎言敏行，为人处事有分寸，在我负责中心办工作最繁忙的阶段帮我承担家务和照顾孩子，使我能专心工作。感谢我的丈夫以坚强的意志力和对建筑事业锲而不舍的精神激励我勇往直前。感谢我的女儿开阔的视野并睿智提醒我撰写本书。在此对他们一并表达我最诚挚的谢意。

内容提要

本书属于"白描型历史"和"反思型历史"相结合的史书。以时间轴线为经,"专记"和"故事"为纬,以白描历史为主,反思历史为辅,图文并茂地记载了深圳市中心区城市规划40年历史。

全书以编年体形式书写了深圳市中心区1980—2020年从"一张白纸"到超大城市中心的规划建设历史。为避免每年度事件的琐碎繁杂,以前言、绪论统领全书概要,并将深圳市中心区40年规划史分为五个阶段,分别具体进行阐述;接下来采用"中轴线城市设计及实施历程"和"市中心区规划实施经验教训"两篇专记,犹如项链的"绳子"把各年度重要事件的"珠宝"串联起来;再用中心区亲历者的故事,从不同视角有温度、有细节地阐述中心区规划建设过程中那些令人难忘的历史事件。

本书坚持严谨核实史料、客观公正的原则,对于已出版过的深圳市中心区图文资料,采取多补充少重复、非必要不重复的方法。

本书既是深圳城市规划建设历史的重要组成内容,也是我国改革开放后新城新区规划建设典型代表的缩影。本书适于城市规划、建筑学、风景园林等专业师生使用,也可供道路交通、地下工程等基础设施建设领域人士参考,亦可作为城市规划历史研究人员的参考文献。

图书在版编目(CIP)数据

深圳市中心区城市规划史 / 陈一新著.--南京:
东南大学出版社,2023.10
ISBN 978-7-5766-0646-1

Ⅰ.①深… Ⅱ.①陈… Ⅲ.①城市规划–城市史–深
圳 Ⅳ.①TU984.265.3

中国版本图书馆CIP数据核字(2022)第249926号

深圳市中心区城市规划史
Shenzhen Shi Zhongxinqu Chengshi Guihuashi

著　　　　者	陈一新
责 任 编 辑	戴　丽
责 任 校 对	周　菊
封 面 摄 影	陈卫国
封 面 设 计	皮志伟
责 任 印 制	周荣虎
出 版 发 行	东南大学出版社
出 版 人	白云飞
社　　　　址	南京市四牌楼 2 号(邮编:210096　电话:025-83793330)
网　　　　址	http://www.seupress.com
电 子 邮 箱	press@seupress.com
经　　　　销	全国各地新华书店
印　　　　刷	上海雅昌艺术印刷有限公司
开　　　　本	889 mm×1194 mm　1/16
印　　　　张	19.5
字　　　　数	560千字
版　　　　次	2023年10月第 1 版
印　　　　次	2023年10月第 1 次印刷
书　　　　号	ISBN 978-7-5766-0646-1
定　　　　价	298.00元

本社图书若有印装质量问题,请直接与营销部联系,电话:025-83791830。